U0304682

CAD/CAM 专业技能视频教程

# Protel DXP 2004 电路设计技能课训

云杰漫步科技 CAX 教研室

尚　蕾　张云杰　编著

电子工业出版社

Publishing House of Electronics Industry

北京·BEIJING

## 内容简介

Protel DXP 是 Protel 公司推出的电路 CAD 系列设计软件之一，是电路和电气设计的专业软件。本书针对 Protel DXP 电路和电气设计功能，详细介绍其设计基础、原理图、PCB 设计的基本操作、编辑环境设置、元器件封装生成、PCB 生成和布局布线、各种报表的生成、电路的仿真和信号完整性分析的方法和技术等，给读者最实用的 Protel DXP 的设计方法和职业知识。本书还配备了交互式多媒体教学光盘，便于读者学习使用。

本书结构严谨、内容翔实、知识全面、可读性强，设计实例专业性强、步骤明确，是广大读者快速掌握 Protel DXP 进行电路设计的实用指导书，更适合作为职业培训学校和大专院校计算机辅助设计课程的指导教材。

**图书在版编目（CIP）数据**

Protel DXP 2004电路设计技能课训 / 尚蕾，张云杰编著. —北京：电子工业出版社，2016.8
CAD/CAM专业技能视频教程
ISBN 978-7-121-29062-6

Ⅰ. ①P… Ⅱ. ①尚… ②张… Ⅲ. ①印刷电路—计算机辅助设计—应用软件—教材 Ⅳ. ①TN410.2

中国版本图书馆CIP数据核字（2016）第131918号

策划编辑：许存权
责任编辑：许存权　　特约编辑：谢忠玉　等
印　　刷：三河市华成印务有限公司
装　　订：三河市华成印务有限公司
出版发行：电子工业出版社
　　　　　北京市海淀区万寿路 173 信箱　邮编　100036
开　　本：787×1 092　1/16　印张：26.5　字数：680 千字
版　　次：2016 年 8 月第 1 版
印　　次：2016 年 8 月第 1 次印刷
定　　价：59.00 元（含光盘 1 张）

凡所购买电子工业出版社图书有缺损问题，请向购买书店调换。若书店售缺，请与本社发行部联系，联系及邮购电话：（010）88254888，88258888。

质量投诉请发邮件至 zlts@phei.com.cn，盗版侵权举报请发邮件至 dbqq@phei.com.cn。

本书咨询联系方式：（010）88254484，xucq@phei.com.cn。

本书是"CAD/CAM 专业技能视频教程"丛书中的一本，本套丛书是建立在云杰漫步科技 CAX 教研室和众多 CAD 软件公司长期密切合作的基础上，通过继承和发展了各公司内部培训方法，并吸收和细化了其在培训过程中客户需求的经典案例，从而推出的一套专业课训教材。丛书本着服务读者的理念，通过大量的内训用经典实用案例对功能模块进行讲解，提高读者的应用水平。使读者全面地掌握所学知识，投入到相应的工作中去。丛书拥有完善的知识体系和教学套路，采用阶梯式学习方法，对设计专业知识、软件的构架、应用方向以及命令操作都进行了详尽的讲解，循序渐进地提高读者的使用能力。

本书主要介绍的是 Protel DXP 电路和电气设计，Protel DXP 作为一种电气和电路图纸设计工具，是 Protel 公司推出的电路 CAD 系列设计软件之一，以其拥有的方便快捷而被广泛使用。Protel DXP 2004 是当前最新版本，它相对于以前版本具有更加强大的功能以及更友好的设计界面。为了使读者能更好地学习软件，同时尽快熟悉 Protel DXP 2004 的设计功能，笔者根据多年在该领域的设计经验，精心编写了本书。本书拥有完善的知识体系和教学套路，按照合理的 Protel DXP 软件教学培训分类，采用阶梯式学习方法，对 Protel DXP 软件的构架、应用方向以及命令操作都进行了详尽的讲解，循序渐进地提高读者的使用能力。全书分为 10 章，讲解主要包括基本设置、原理图设计、原理图编辑、层次原理图设计、印制电路板设计、PCB 设计布线、元器件原理图库操作、PCB 元件封装库和集成元件库操作等内容，详细介绍了 Protel DXP 软件的设计方法和设计职业知识。

笔者的 CAX 教研室长期从事 Protel 的专业设计和教学，数年来承接了大量的项目，参与 Protel 设计的教学和培训工作，积累了丰富的实践经验。本书就像一位专业设计师，将设计项目时的思路、流程、方法和技巧、操作步骤面对面地与读者交流，是广大读者快速掌握 Protel 的自学实用指导书，也可作为大专院校计算机辅助设计课程的指导教材和公司

Protel 设计培训的内部教材。

本书还配备了交互式多媒体教学演示光盘，将案例制作过程制作为多媒体视频进行讲解，有从教多年的专业讲师全程多媒体语音视频跟踪教学，以面对面的形式讲解，便于读者学习使用。同时光盘中还提供了所有实例的源文件，以便读者练习使用。关于多媒体教学光盘的使用方法，读者可以参看光盘根目录下的光盘说明。另外，本书还提供了网络的免费技术支持，欢迎大家登录云杰漫步多媒体科技的网上技术论坛进行交流：http://www.yunjiework.com/bbs。论坛分为多个专业的设计板块，可以为读者提供实时的软件技术支持，解答读者问题。

本书由云杰漫步科技 CAX 教研室编著，参加编写工作的有张云杰、靳翔、尚蕾、张云静、郝利剑、金宏平、李红运、刘斌、贺安、董闯、宋志刚、郑晔、彭勇、刁晓永、乔建军、马军、周益斌、马永健等。书中的设计范例、多媒体和光盘效果均由北京云杰漫步多媒体科技公司设计制作，同时感谢出版社的编辑和老师们的大力协助。

由于本书编写时间紧张，编写人员的水平有限，因此在编写过程中难免有不足之处，在此，编写人员对广大用户表示歉意，望广大用户不吝赐教，对书中的不足之处给予指正。

编　者

# Contents/目 录

# 第1章 Protel DXP 2004 基础

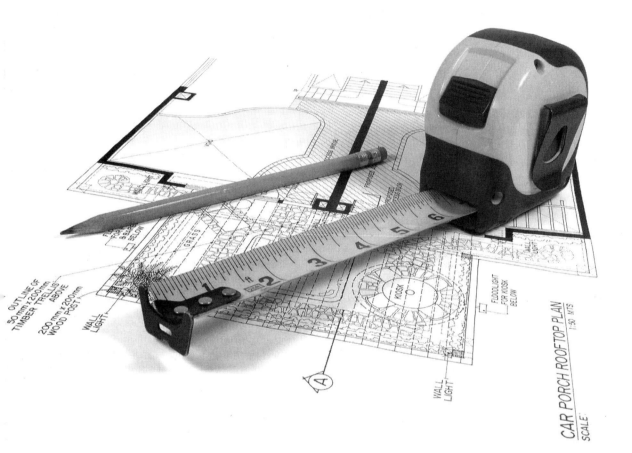

| 内 容 | 掌握程度 | 课 时 |
|---|---|---|
| 界面结构和基本设置 | 了解 | 2 |
| 文件管理 | 熟练运用 | 2 |
| | | |
| | | |

课训目标

**课程学习建议**

电路即电子回路，是由电气设备和元器件，按一定方式连接起来，为电荷流通提供了路径的总体，也叫电子线路或称电气回路，简称网络或回路。如电阻、电容、电感、二极管、三极管和开关等构成的网络。根据所处理信号的不同，电子电路可以分为模拟电路和数字电路。

本章主要介绍了 Protel DXP 2004 的基础知识，其中包括了软件的设置，以及软件界面结构。最后介绍 Protel DXP 中原理图的文件管理方法，包括原理图文件的创建、打开、关闭、保存、删除等操作。

本课程主要讲解软件界面结构、基本设置和文件管理的操作，其培训课程表如下。

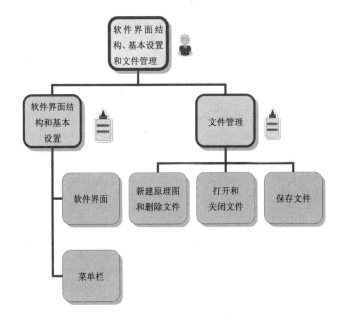

# 1.1　界面结构和基本设置

**基本概念**

Protel 不同的版本其界面和设置不尽相同。

1985 年诞生了 dos 版 Protel；

1991 年 Protel 发布了 Widows 版本；

1998 年 Protel 98 这个 32 位产品是第一个包含 5 个核心模块的 EDA 工具；

1999 年 Protel 99 既有原理图逻辑功能验证的混合信号仿真，又有 PCB 信号完整性；分析的板级仿真，构成从电路设计到真实板分析的完整体系；

2000 年 Protel 99 se 性能进一步提高，可以对设计过程有更大控制力；

2002 年 Protel DXP 集成了更多工具，使用方便，功能更强大。下面介绍的界面结构和基本设置就是基于 Protel DXP 版本。

 课堂讲解课时：2 课时

 **1.1.1 设计理论**

Protel DXP 软件的设置和应用有下面几个特点。

（1）软件通过设计档包的方式，将原理图编辑、电路仿真、PCB 设计及打印这些功能有机地结合在一起，提供了一个集成开发环境。

（2）软件提供了混合电路仿真功能，为设计实验原理图电路中某些功能模块的正确与否提供了方便。

（3）软件提供了丰富的原理图组件库和 PCB 封装库，并且为设计新的器件提供了封装向导程序，简化了封装设计过程。

（4）软件提供了层次原理图设计方法，支持"自上向下"的设计思想，使大型电路设计的工作组开发方式成为可能。

（5）软件提供了强大的查错功能。原理图中的 ERC（电气法则检查）工具和 PCB 的 DRC（设计规则检查）工具能帮助设计者更快地查出和改正错误。

（6）软件全面兼容 Protel 系列以前版本的设计文件，并提供了 CAD 格式文件的转换功能。

（7）软件提供了全新的 FPGA 设计的功能，这是以前的版本所没有提供的功能。

 **1.1.2 课堂讲解**

1. 界面

Protel DXP 的所有电路设计工作都必须在 Design Explorer（设计管理器）中进行，同时设计管理器也是 Protel DXP 启动后的主工作接口。设计管理器具有友好的人机接口，而且设计功能强大，使用方便，易于上手。启动软件后进入如图 1-1 所示的 Protel DXP 设计管理器窗口。Protel DXP 的设计管理器窗口类似于 Windows 的资源管理器窗口。

工作主页面中有几个选项需要介绍一下，如图 1-2 所示。

工具栏　菜单栏

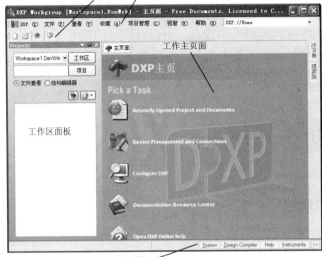

工作主页面

工作区面板

状态栏

图 1-1　Protel DXP 设计管理器窗口

①【Printed Circuit Board Design】：新建一项设计项目。
Protel DXP 中以设计项目为中心，一个设计项目中可以包含
各种设计文件，如原理图 SCH 文件、电路图 PCB 文件及
各种报表，多个设计项目可以构成一个 Project Group（设计
项目组）。因此，项目是 Protel DXP 工作的核心，所有设计
工作均是以项目来展开的。

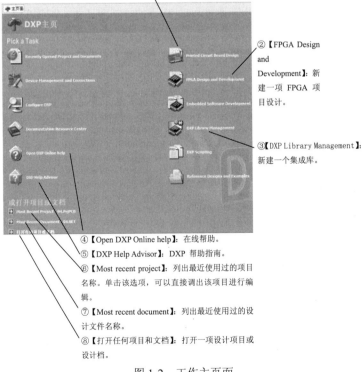

②【FPGA Design
and
Development】：新
建一项 FPGA 项
目设计。

③【DXP Library Management】：
新建一个集成库。

④【Open DXP Online help】：在线帮助。
⑤【DXP Help Advisor】：DXP 帮助指南。
⑥【Most recent project】：列出最近使用过的项目
名称。单击该选项，可以直接调出该项目进行编
辑。
⑦【Most recent document】：列出最近使用过的设
计文件名称。
⑧【打开任何项目和文档】：打开一项设计项目或
设计档。

图 1-2　工作主页面

在工作主页面中单击【FPGA Design and Development】选项，将弹出如图 1-3 所示的新建 FPGA 项目设计的工作面板，可以选择相应的选项新建项目。

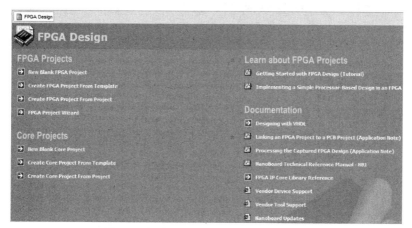

图 1-3　新建 FPGA 项目设计的工作面板

在工作主页面中单击【打开任何项目和文档】选项，将弹出如图 1-4 所示的【Choose Document to Open】对话框，可以选择文件打开项目或文档。

图 1-4　【Choose Document to Open】对话框

## 2. 菜单栏

当用户完成一张原理图的设计工作后，需要对其进行保存。在以后的工作中，如果需要对以前的设计进行重新编辑、修改，用户就必须打开相应的文件。修改完毕进行保存后，还要关闭相应的文件。有时，用户还需要对文件进行移动、复制、重命名、删除等操作。这些操作都要用到菜单栏。

菜单栏位于软件标题栏的下方，如图 1-5 所示。

①【文件】菜单主要用于实现对设计数据库及设计文件的创建、打开、保存、导入、导出、关闭及原理图的打印设置和打印等操作；

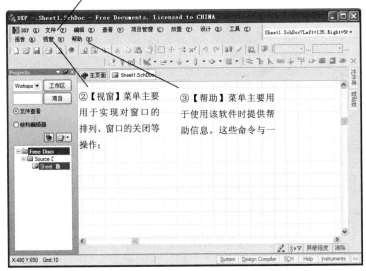

②【视窗】菜单主要用于实现对窗口的排列、窗口的关闭等操作；

③【帮助】菜单主要用于使用该软件时提供帮助信息。这些命令与一

图 1-5  菜单栏

现在把原理图设计界面菜单栏中的特色菜单【编辑】、【查看】、【放置】、【设计】、【工具】和【报告】菜单进行介绍。

（1）【编辑】菜单

在编辑区按 E 键，也可以出现【编辑】菜单，如图 1-6 所示。

【编辑】菜单由以下组成：Undo、Nothing to Redo、裁剪、复制、粘贴、粘贴队列、清除、查找文本、置换文本、查找下一个、选择、取消选择、删除、剪断配线、橡皮图章、变更、移动、排列、跳转到、选择存储器、增加元件号码和查找相似对象。在这些命令中从 Undo 到清除与其他软件相似，而从选择到导出到增加元件号码命令是 Protel 所特有的。

图 1-6  【编辑】菜单

（2）【查看】菜单

【查看】菜单主要用于对编辑区的显示进行管理。在编辑区按 V 键，也可出现该菜单，如图 1-7 所示。

【查看】菜单由以下子菜单组成：显示整个文档、显示全部对象、整个区域、指定点周围区域、指定的对象、50%（50%显示）、100%（100%显示）、200%（200%显示）、400%（400%显示）、放大（编辑区放大显示）、缩小（编辑区缩小显示）、中心定位显示、更新、全屏显示、工具栏、工作区面板、桌面布局、器件视图、主页、状态栏、显示命令行、网格和切换单位。

图 1-7  【查看】菜单

（3）【放置】菜单

原理图设计界面菜单栏中的【放置】菜单，主要用于放置原理图的对象，如图 1-8 所示。在编辑区按 P 键，也可出现该菜单。

【放置】菜单由以下子菜单组成：总线、总线入口、元件、手工放置节点、电源端口、导线、网格标签、端口、图纸连接符、图纸符号、加图纸入口、指示符、文本字符串、文本框、描图工具和注解。

图 1-8  【放置】菜单

（4）【设计】菜单

在编辑区按 D 键，也可出现【设计】菜单，如图 1-9 所示。

【设计】菜单由以下子菜单组成：浏览元件库、追加/删除元件库、建立设计项目库、生成集成库、模板、设计项目中的网表、文档的网络表、仿真和创建图纸元件等选项。

图 1-9 　【设计】菜单

（5）【工具】菜单

在编辑区按 T 键，也可出现【工具】菜单，如图 1-10 所示。

【工具】菜单由以下子菜单组成：查找元件、改变设计层次、参数管理、图纸编号、从元件库获取元件的更新信息、注释、重置标识符、快捷注释文件、强制注释全部文件、恢复注释、转换、交叉探测、切换快速交叉选择模式、选择 PCB 文件和原理图优先设定。

图 1-10 　【工具】菜单

（6）【报告】菜单

菜单中的【报表】菜单，主要生成有关该电路原理图的报表文件，在编辑区按 R 键，也可出现该菜单，如图 1-11 所示。

图 1-11 　【报表】菜单

# 1.2　文件管理

**基本概念**

Protel DXP 的文件管理包括新建、打开、关闭、保存和删除原理图文件这些内容。

**课堂讲解课时：2 课时**

 **1.2.1　设计理论**

在介绍文件管理的各项内容之前，我们首先要对 Protel DXP 的文件特点进行说明。在 Protel DXP 中，文件的存储形式与以往版本的 Protel 软件有很大的不同，例如，原理图文件是 ".schdoc"、印制电路板文件是 ".schpcb" 等。在 Protel DXP 中，所有与设计有关的各种信息都可以创建在一个项目下，所有与设计有关的文件都存储在一个单独的、集成化的数据库中，而不是像以前一样单独存储，用户在计算机中只能查找到单独相关的设计数据库文件。

将各种相关信息封装在一个单独的、集成化的数据库文件中是 Protel DXP 的一个显著的特点，这不仅便于用户的管理，而且增加了安全性。

 **1.2.2　课堂讲解**

1. 新建原理图

新建一个原理图文件，就是启动软件之后进行文件的创建，这里我们介绍步骤，如图 1-12 所示。

2. 打开原理图文件

对于如何打开一个原理图文件，分两种情况，如图 1-13 所示。

软件能打开的主要文件类型如下：

（1）PCB Design files（*.Pcbdoc）：Protel PCB 的设计数据库文件。

（2）PCB 3D files（*.PCB3D）：Protel 3D 印制电路板文件。

（3）OrCAD Layout file（*.max）：OrCAD Layout 文件。

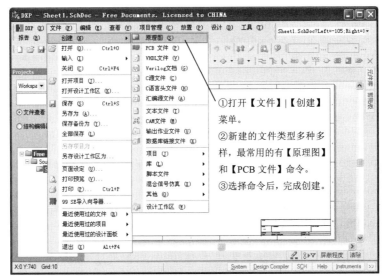

图 1-12　新建原理图

图 1-13　打开文件

3. 关闭一个文件

关闭文件的具体操作如下，如图 1-14 所示。

4. 保存文件

保存文件的操作，如图 1-15 所示。

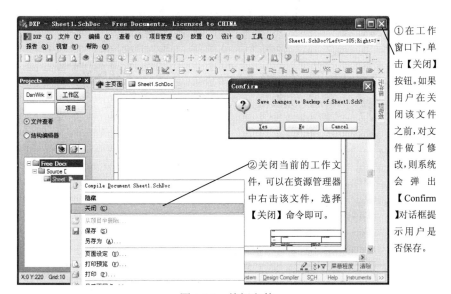

①在工作窗口下，单击【关闭】按钮。如果用户在关闭该文件之前，对文件做了修改，则系统会弹出【Confirm】对话框提示用户是否保存。

②关闭当前的工作文件，可以在资源管理器中右击该文件，选择【关闭】命令即可。

图 1-14　关闭文件

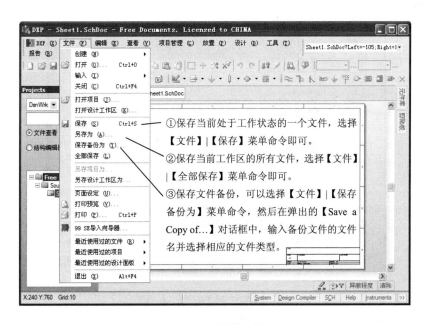

①保存当前处于工作状态的一个文件，选择【文件】|【保存】菜单命令即可。

②保存当前工作区的所有文件，选择【文件】|【全部保存】菜单命令即可。

③保存文件备份，可以选择【文件】|【保存备份为】菜单命令，然后在弹出的【Save a Copy of...】对话框中，输入备份文件的文件名并选择相应的文件类型。

图 1-15　保存文件

选择【文件】|【保存】或【全部保存】菜单命令，弹出【Save As...】对话框，如图 1-16 所示；选择【文件】|【保存备份为】菜单命令，弹出的【Save a Copy of...】对话框，如图 1-17 所示。保存文件备份对于减少工作中由于误操作而带来的损失是非常重要的，该备份文件也保存在与原文件相同的设计数据库文件中。

图 1-16 【Save As...】对话框

图 1-17 【Save a Copy of...】对话框

5. 文件的删除

Protel DXP 可以直接对设计数据库中的各种文件进行删除。

要删除一个文件,首先要在工作区内关闭该文件,也就是要使该文件退出工作状态(尽管有时当前的工作窗口显示的不是该文件的内容)。关闭一个文件的方法前面已经做了相应的介绍,这里不再重复。之后在设计数据库文件夹中进行删除操作即可。

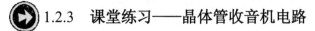

### 1.2.3　课堂练习——晶体管收音机电路

课堂练习开始文件：ywj /01/01.exb

课堂练习完成文件：ywj /01/01.exb

多媒体教学路径：光盘→多媒体教学→第 1 章→1.2 练习

**Step 1** 新建文件，如图 1-18 所示。

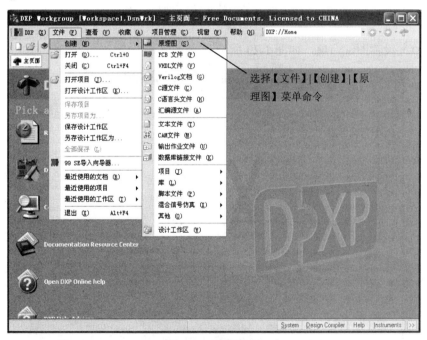

选择【文件】|【创建】|【原理图】菜单命令

图 1-18　新建文件

**Step2** 打开绘图界面，如图 1-19 所示。

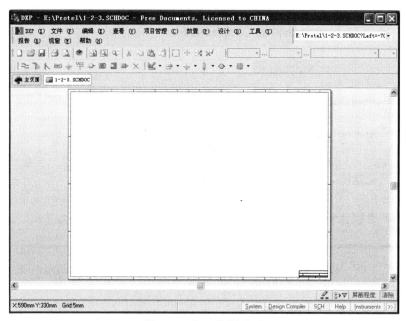

图 1-19    打开绘图界面

**Step3** 设置图纸选项，如图 1-20 所示。

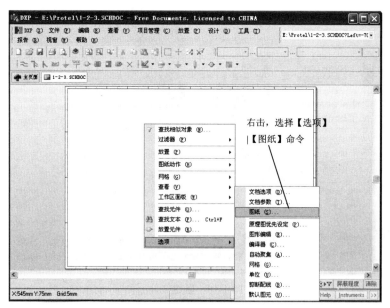

图 1-20    设置图纸选项

**Step4** 修改图纸参数，如图 1-21 所示。

图 1-21  修改图纸参数

**Step5** 创建开关，如图 1-22 所示。

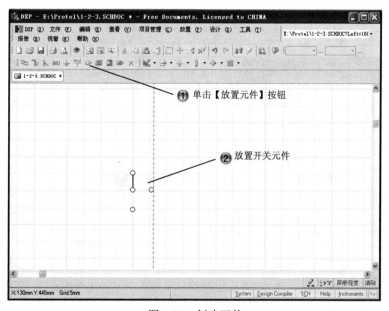

图 1-22  创建开关

**Step6** 创建开关 2，如图 1-23 所示。

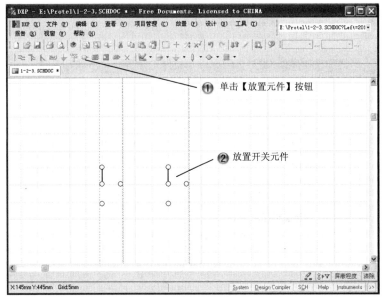

图 1-23　创建开关 2

**Step7** 创建 430P 电容，如图 1-24 所示。

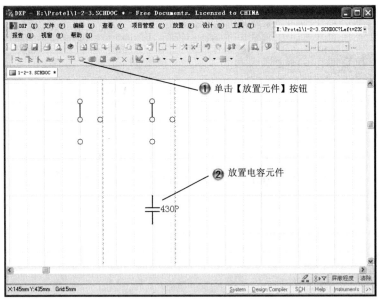

图 1-24　创建 430P 电容

**●Step8** 创建电容 2。如图 1-25 所示。

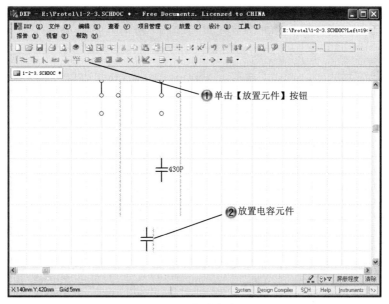

图 1-25　创建电容 2

**●Step9** 创建两个可调电容，如图 1-26 所示。

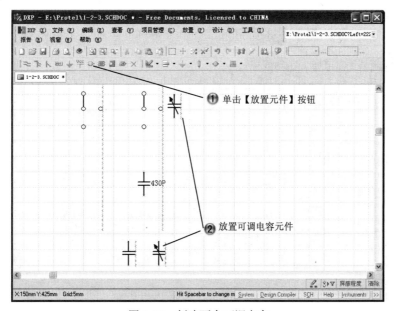

图 1-26　创建两个可调电容

**Step 10** 创建三个电感，如图 1-27 所示。

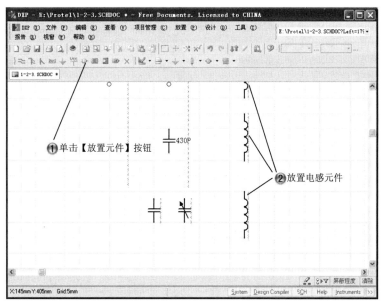

图 1-27　创建三个电感

**Step 11** 绘制导线，如图 1-28 所示。

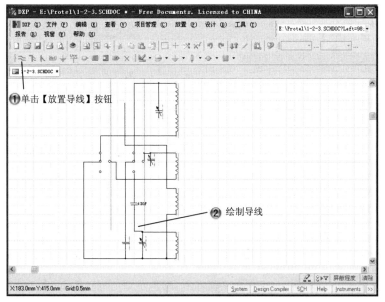

图 1-28　绘制下边的导线

**Step12** 创建电源，如图 1-29 所示。

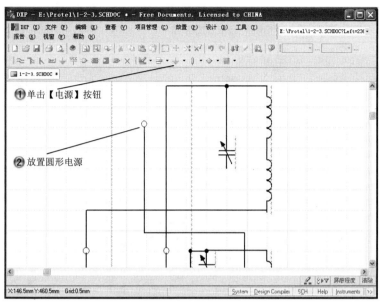

图 1-29　创建电源

**Step13** 创建 2 个条状电源，如图 1-30 所示。

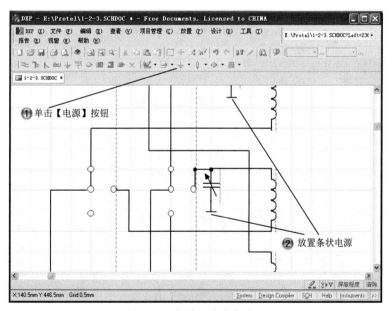

图 1-30　创建 2 个条状电源

**Step14** 创建条状电源 3，如图 1-31 所示。

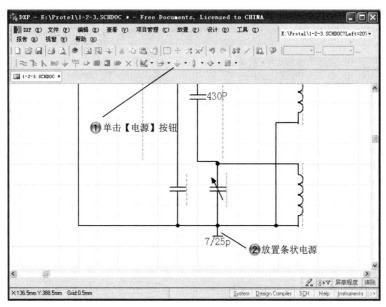

图 1-31　创建条状电源 3

**Step15** 创建电感，如图 1-32 所示。

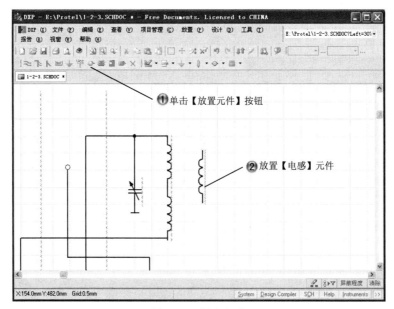

图 1-32　创建电感

**Step16** 创建电阻，如图 1-33 所示。

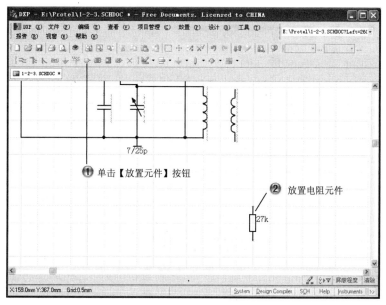

图 1-33　创建电阻

**Step17** 创建开关，如图 1-34 所示。

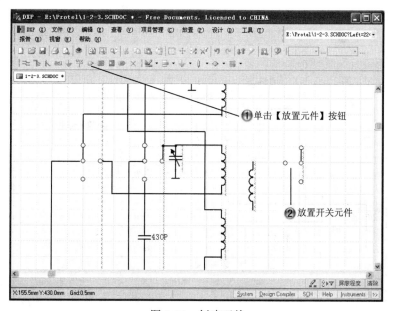

图 1-34　创建开关

**Step18** 创建 3 个电阻，如图 1-35 所示。

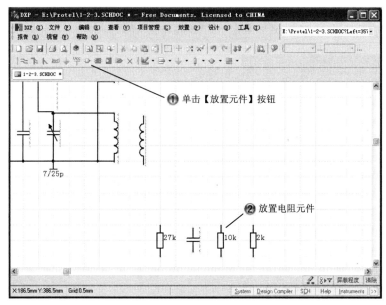

图 1-35　创建 3 个电阻

**Step19** 创建 100k 电阻，如图 1-36 所示。

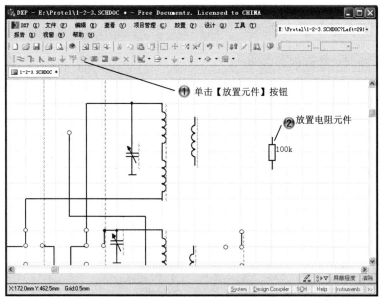

图 1-36　创建 100k 电阻

**Step20** 创建三极管，如图 1-37 所示。

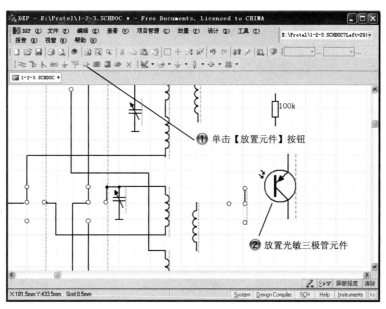

图 1-37　创建三极管

**Step21** 创建开关，如图 1-38 所示。

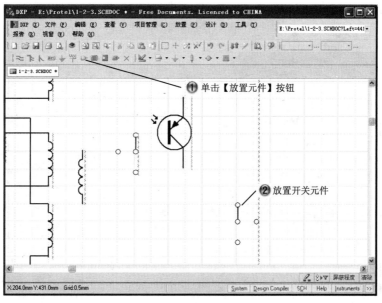

图 1-38　创建开关

**Step22** 创建 2 个电容，如图 1-39 所示。

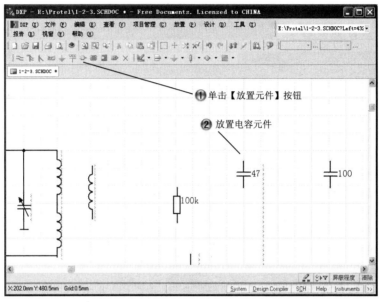

图 1-39　创建 2 个电容

**Step23** 创建 2 个可变电容，如图 1-40 所示。

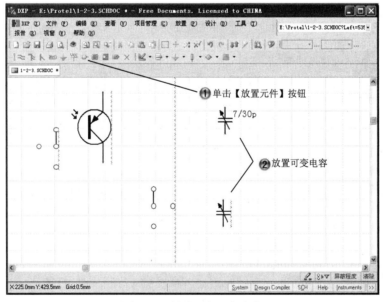

图 1-40　创建 2 个可变电容

**Step24** 创建 4 个电容，如图 1-41 所示。

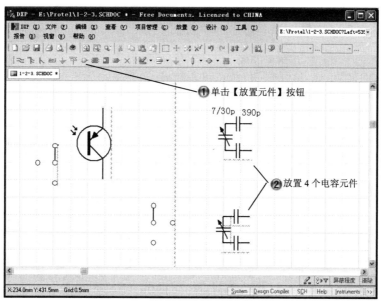

图 1-41　创建 4 个电容

**Step25** 创建开关，如图 1-42 所示。

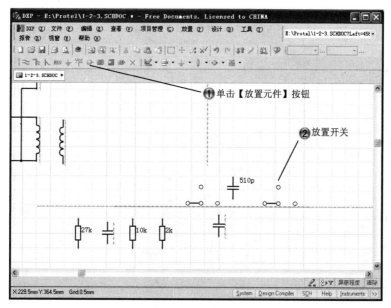

图 1-42　创建开关

**Step26** 创建电感，如图 1-43 所示。

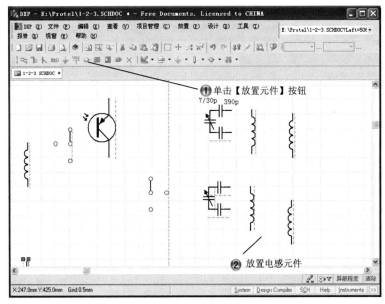

图 1-43　创建电感

**Step27** 绘制导线，如图 1-44 所示。

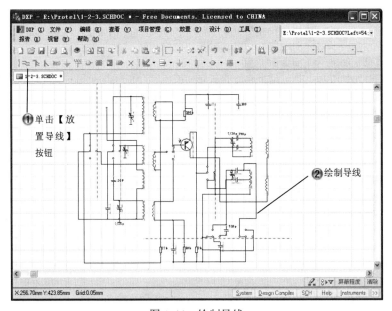

图 1-44　绘制导线

**Step28** 创建电容，如图 1-45 所示。

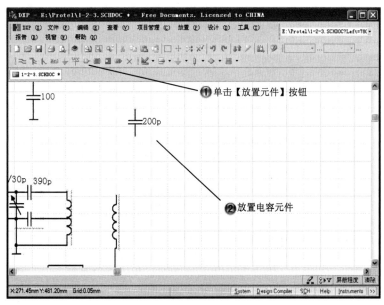

图 1-45　创建电容

**Step29** 创建电感，如图 1-46 所示。

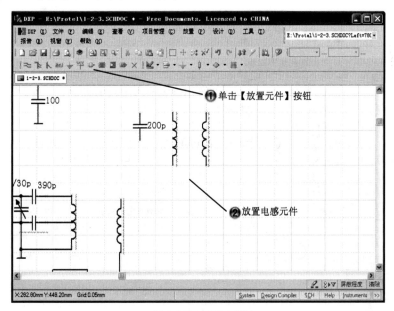

图 1-46　创建电感

**Step30** 创建电容，如图 1-47 所示。

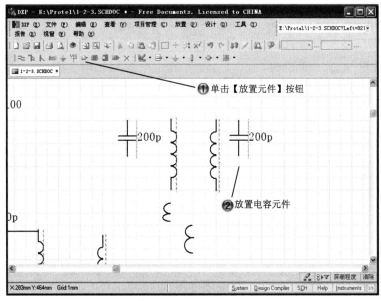

图 1-47 创建电容

**Step31** 创建 3 个电阻，如图 1-48 所示。

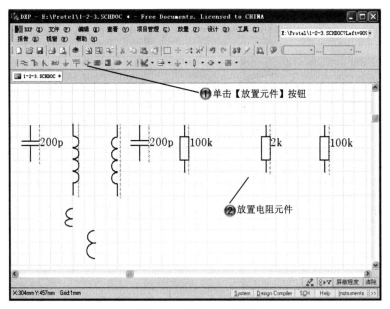

图 1-48 创建 3 个电阻

**Step32** 创建光敏二极管，如图 1-49 所示。

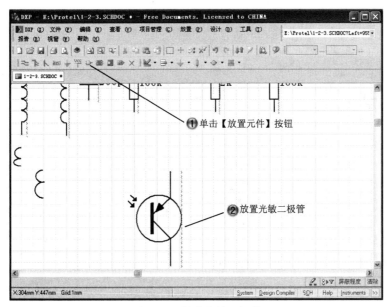

图 1-49　创建光敏二极管

**Step33** 创建 2 个电容，如图 1-50 所示。

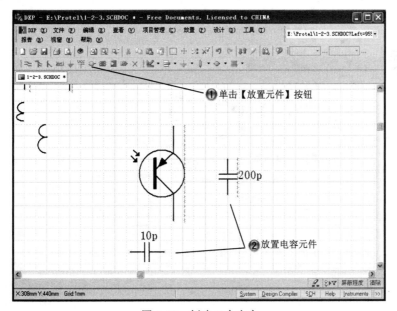

图 1-50　创建 2 个电容

**Step34** 创建电感，如图 1-51 所示。

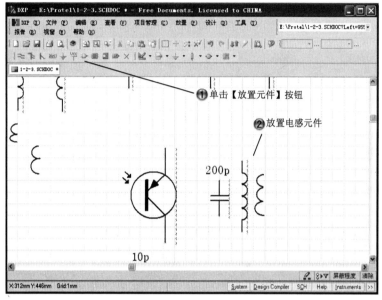

图 1-51　创建电感

**Step35** 创建电阻，如图 1-52 所示。

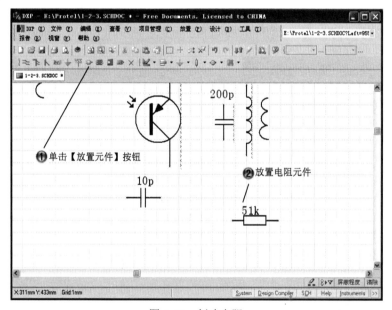

图 1-52　创建电阻

**Step36** 创建 2 个电容，如图 1-53 所示。

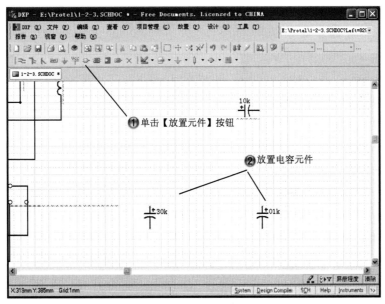

图 1-53　创建 2 个电容

**Step37** 创建电容，如图 1-54 所示。

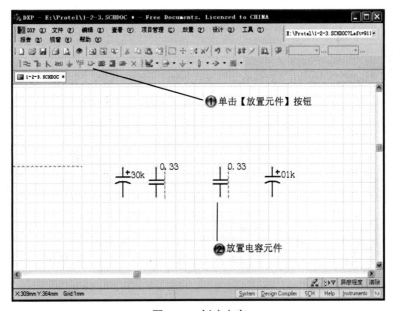

图 1-54　创建电容

**Step38** 创建 2 个电阻，如图 1-55 所示。

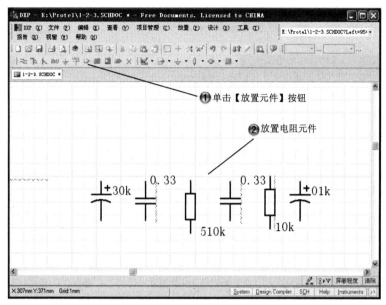

图 1-55　创建 2 个电阻

**Step39** 创建二极管，如图 1-56 所示。

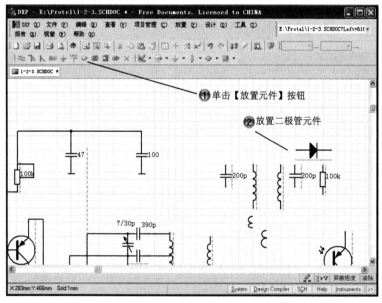

图 1-56　创建二极管

**Step40** 绘制导线，如图 1-57 所示。

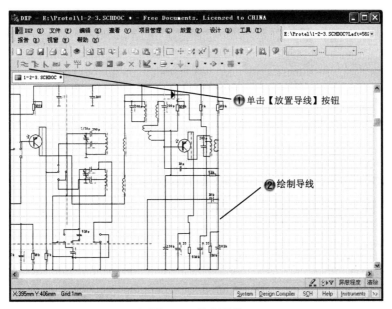

图 1-57　绘制导线

**Step41** 创建感光二极管，如图 1-58 所示。

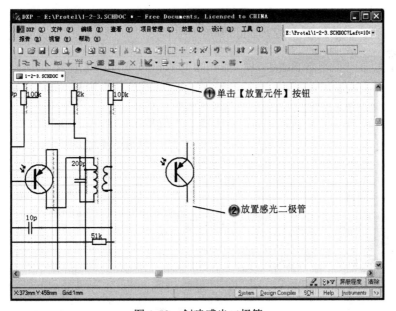

图 1-58　创建感光二极管

**Step42** 创建电容，如图 1-59 所示。

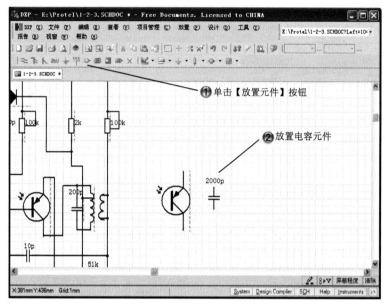

图 1-59　创建电容

**Step43** 创建 3 个电阻，如图 1-60 所示。

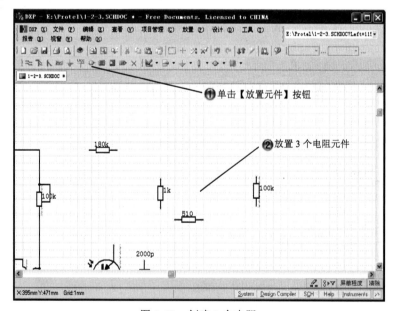

图 1-60　创建 3 个电阻

**Step44** 创建电容，如图 1-61 所示。

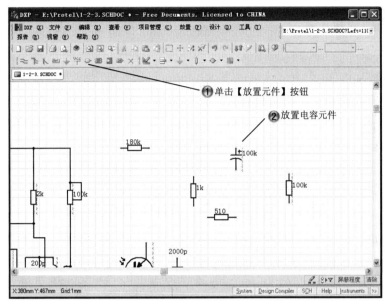

图 1-61　创建电容

**Step45** 创建电阻，如图 1-62 所示。

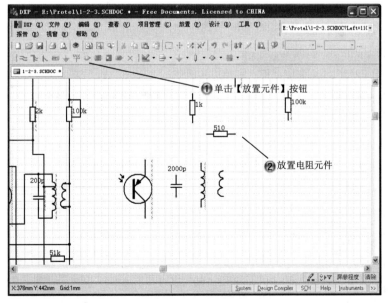

图 1-62　创建电阻

**Step46** 创建电容和二极管，如图 1-63 所示。

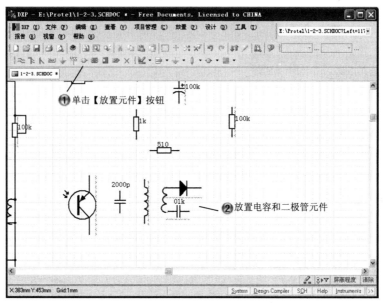

图 1-63　创建电容和二极管

**Step47** 创建 3 个电容，如图 1-64 所示。

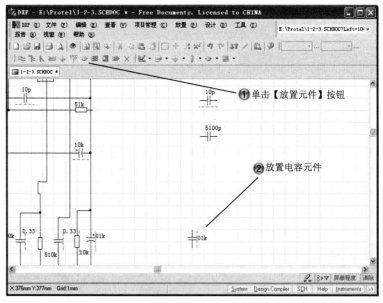

图 1-64　创建 3 个电容

**Step48** 创建电容，如图 1-65 所示。

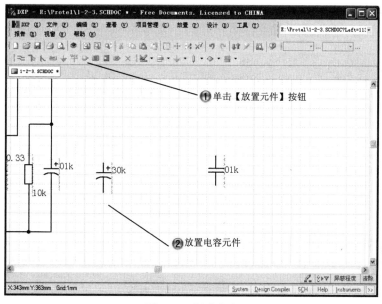

图 1-65　创建电容

**Step49** 创建 4 个电阻，如图 1-66 所示。

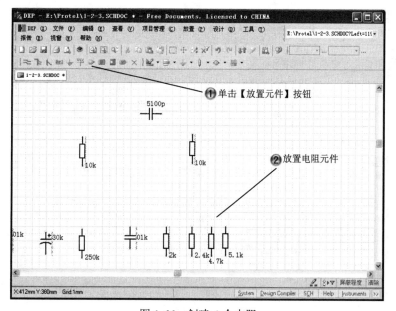

图 1-66　创建 4 个电阻

**Step50** 创建 2 个电容，如图 1-67 所示。

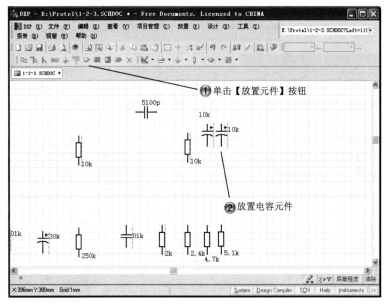

图 1-67　创建 2 个电容

**Step51** 绘制导线，如图 1-68 所示。

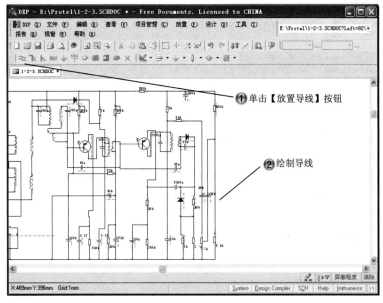

图 1-68　绘制导线

**Step52** 创建电阻，如图 1-69 所示。

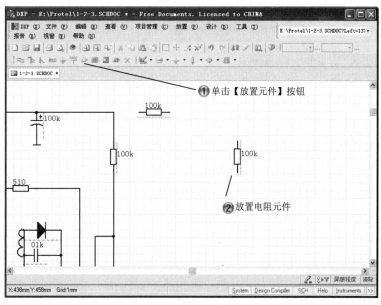

图 1-69　创建电阻

**Step53** 创建光敏二极管，如图 1-70 所示。

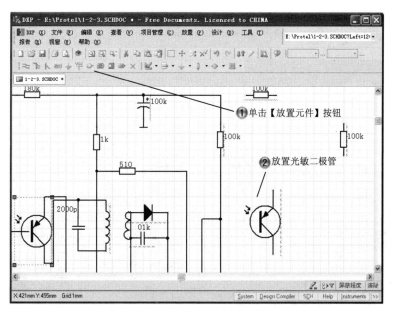

图 1-70　创建光敏二极管

**Step54** 创建电感，如图 1-71 所示。

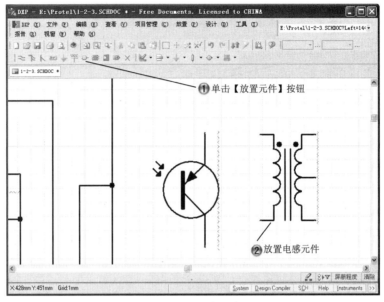

图 1-71    创建电感

**Step55** 创建 2 个光敏二极管，如图 1-72 所示。

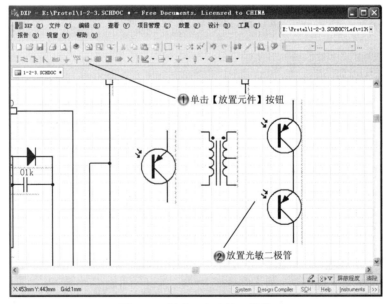

图 1-72    创建 2 个光敏二极管

**Step56** 创建电容，如图 1-73 所示。

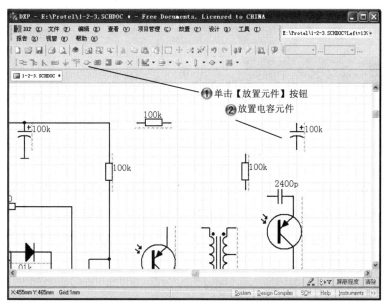

图 1-73　创建电容

**Step57** 创建电感，如图 1-74 所示。

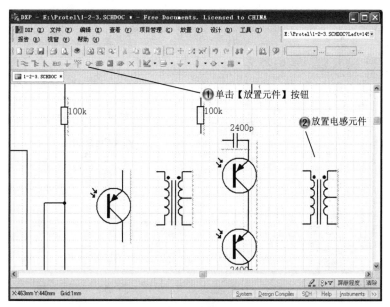

图 1-74　创建电感

Step58 创建 4 个电阻，如图 1-75 所示。

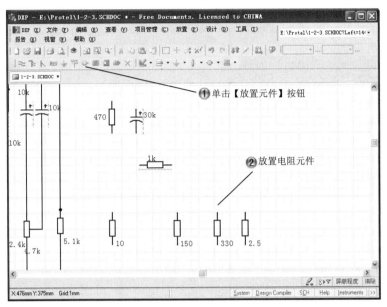

图 1-75　创建 4 个电阻

Step59 创建 3 个电源，如图 1-76 所示。

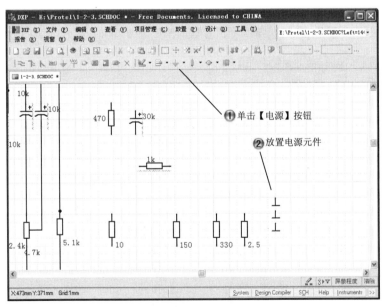

图 1-76　创建 3 个电源

**Step60** 创建开关，如图 1-77 所示。

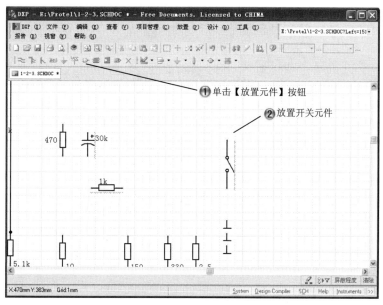

图 1-77 创建开关

**Step61** 创建按压开关，如图 1-78 所示。

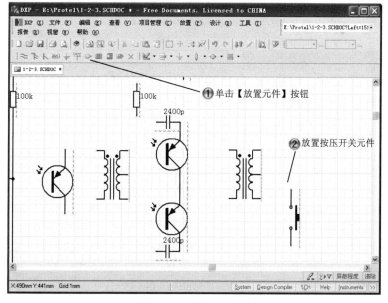

图 1-78 创建按压开关

**Step62** 绘制导线，如图 1-79 所示。

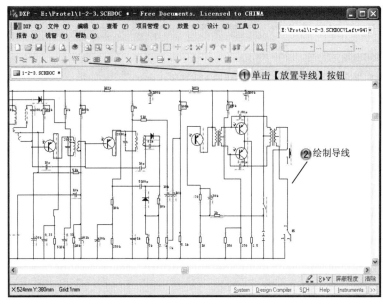

图 1-79　绘制导线

**Step63** 创建开关，如图 1-80 所示。

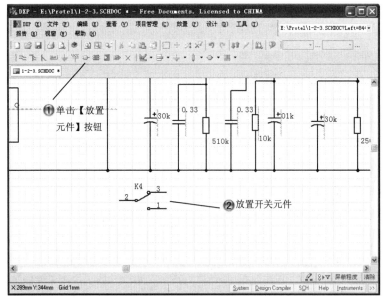

图 1-80　创建开关

**Step64** 创建电感，如图 1-81 所示。

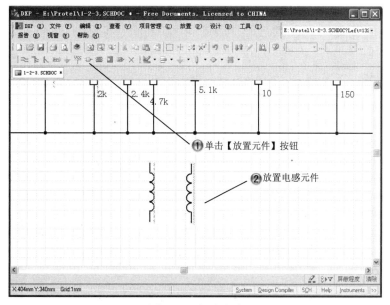

图 1-81　创建电感

**Step65** 创建扬声器，如图 1-82 所示。

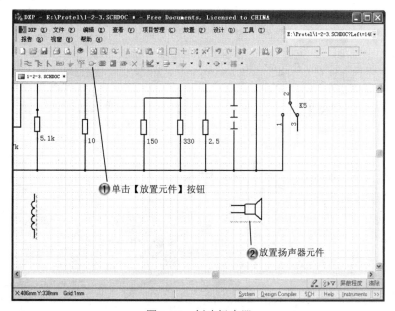

图 1-82　创建扬声器

**●Step66** 绘制导线，如图 1-83 所示。

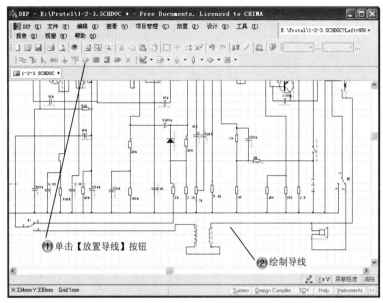

图 1-83　绘制导线

**●Step67** 创建电源，如图 1-84 所示。

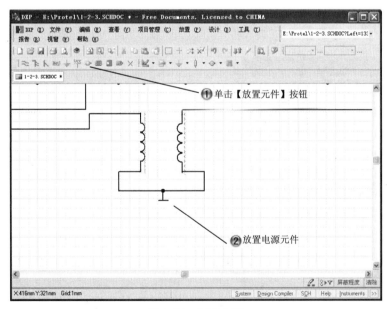

图 1-84　创建电源

**Step68** 完成晶体管收音机电路设计，如图 1-85 所示。。

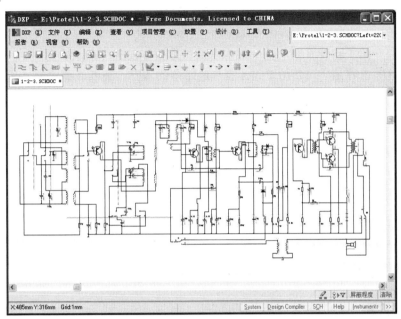

图 1-85 完成晶体管收音机电路设计

**Step69** 保存文件，如图 1-86 所示。

图 1-86 保存文件

## 1.3　专家总结

　　本章主要介绍了软件界面的基础知识以及参数基本设置；在最后介绍了 Protel 文件的操作方法，这些内容是学习使用 Protel 制作电路图的基础，需要认真掌握。

## 1.4　课后习题

### 1.4.1　填空题

　　（1）Protel 的保存命令有＿＿＿＿＿＿种。
　　（2）关闭文件的方法有＿＿＿＿＿＿。
　　（3）【文件】菜单的作用是＿＿＿＿＿＿＿＿＿＿。

### 1.4.2　问答题

　　（1）如何删除文件？
　　（2）工作主页面有几个命令？

### 1.4.3　上机操作题

　　使用本章学过的文件操作命令来创建和保存原理图。
　　一般创建步骤和方法：
　　（1）新建原理图。（2）添加一些元件。（3）保存文件。

# 第 2 章　原理图设计基础

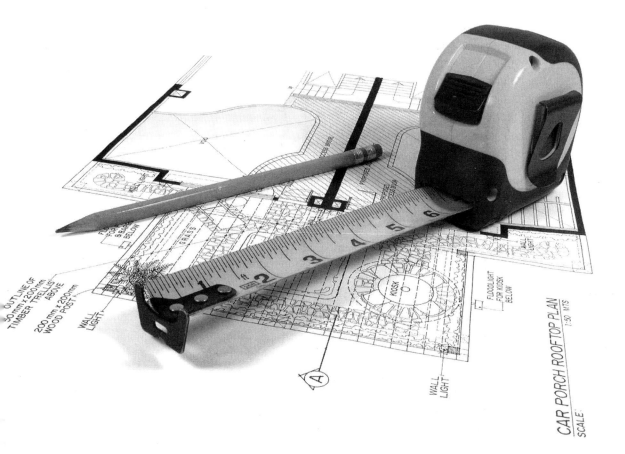

| | 内　容 | 掌握程度 | 课　时 |
|---|---|---|---|
| 课训目标 | 原理图编辑环境设置 | 理解 | 2 |
| | 设置图纸和优先选项 | 理解 | 2 |
| | 原理图设计流程 | 熟练 | 2 |
| | | | |

**课程学习建议**

本章主要介绍 Protel DXP 2004 的原理图设计基础，其中包括电路原理图编辑环境设置的介绍；以及软件图纸和优先选项的设置；原理图的设计流程包括放置电路图纸，放置元件、布线、编辑调整、打印输出等步骤，设计原理图时一般都围绕上述步骤进行。

本课程主要基于原理图设计基础进行学习，其培训课程表如下。

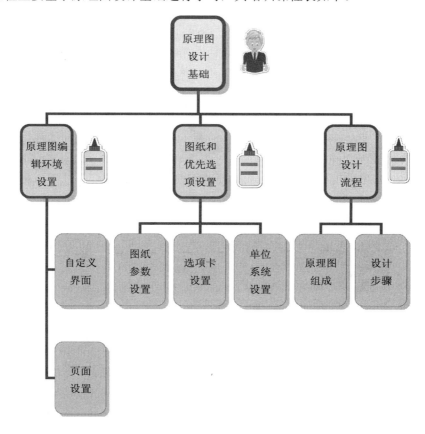

## 2.1　原理图编辑环境设置

**基本概念**

电路图是人们为了研究和工程的需要，用国家标准化的符号绘制的一种表示各元器件组成的图形。通过电路图可以详细地知道电器的工作原理，是分析性能、安装电子、电器产品的主要设计文件。在设计电路时，也可以从容地在纸上或电脑上进行，确认完善后再进行实际安装，通过调试、改进，直至成功；而现在，我们更可以应用先进的计算机软件来进行电路的辅助设计，甚至进行虚拟的电路实验，大大提高了工作效率。

 **课堂讲解课时：2 课时**

 **2.1.1　设计理论**

电路图的定义：用导线将电源、开关（电键）、用电器、电流表、电压表等连接起来组成电路，再按照统一的符号将它们表示出来，这样绘制出的图就叫做电路图，如图 2-1 所示。

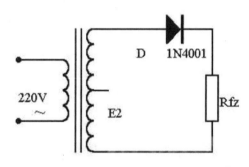

图 2-1　电路原理图

常遇到的电子电路图有原理图、方框图、装配图和印板图等。

（1）原理图，又被叫做"电原理图"。这种图，由于它直接体现了电子电路的结构和工作原理，所以一般用在设计、分析电路中。分析电路时，通过识别图纸上所画的各种电路元件符号，以及它们之间的连接方式，就可以了解电路实际工作时的原理，原理图就是用来体现电子电路工作原理的一种工具。

（2）方框图，方框图是一种用方框和连线来表示电路工作原理和构成概况的电路图。从根本上说，这也是一种原理图，不过在这种图纸中，除了方框和连线，几乎就没有别的符号了。它和上面的原理图主要的区别就在于原理图上详细地绘制了电路的全部元器件和它们的连接方式，而方框图只是简单地将电路按照功能划分为几个部分，将每一个部分描绘成一个方框，在方框中加上简单的文字说明，在方框间用连线（有时用带箭头的连线）说明各个方框之间的关系。所以，方框图只能用来体现电路的大致工作原理，而原理图除了详细地表明电路的工作原理之外，还可以用来作为采集元件、制作电路的依据。

（3）装配图，它是为了进行电路装配而采用的一种图纸，图上的符号往往是电路元件实物的外形图。我们只要照着图上画的样子，依样画葫芦地把一些电路元器件连接起来就能够完成电路的装配。装配图根据装配模板的不同而各不一样，大多数作为电子产品的场合，用的都是印刷线路板，所以印板图是装配图的主要形式。在初学电子知识时，为了能早一点接触电子技术，易选用螺孔板作为基本的安装模板，因此安装图也就变成另一种模式。

（4）印板图，印板图的全名是"印刷电路板图"或"印刷线路板图"，它和装配图其实属于同一类的电路图，都是供装配实际电路使用的。印刷电路板是在一块绝缘板上先覆上一层金属箔，再将电路不需要的金属箔腐蚀掉，剩下的部分金属箔作为电路元器件之间的连接线，然后将电路中的元器件安装在这块绝缘板上，利用板上剩余的金属箔作为元器件之间导电的连线，完成电路的连接。由于这种电路板的一面或两面覆的金属是铜皮，所以印刷电路板又叫"覆铜板"。印板图的元件分布往往和原理图中大不一样。这主要是因为，在印刷电路板的设计中，主要考虑所有元件的分布和连接是否合理，要考虑元件体积、散热、抗干扰、抗耦合等诸多因素，综合这些因素设计出来的印刷电路板，从外观上看很难和原理图完全一致；而实际上却能更好地实现电路的功能。随着科技发展，现在印刷线路板的制作技术已经有了很大的发展。

 **2.1.2 课堂讲解**

Protel 软件的环境设置包括自定义界面和页面设定。选择【DXP】|【用户自定义】菜单命令，弹出【Customizing Sch Editor】对话框，其中【命令】选项卡的设置，如图 2-2 所示。

图 2-2 【命令】选项卡设置

【工具栏】选项卡的设置，如图 2-3 所示。

①选择工具栏
②选择工具栏类型
③选择【新建】、【复制】、【删除】等按钮编辑工具栏

图 2-3 【工具栏】选项卡

选择【文件】|【页面设定】菜单命令，弹出【Schematic Print Properties】对话框，其中的设置，如图 2-4 所示。

①设置打印尺寸

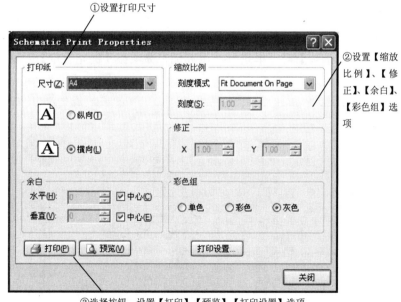

②设置【缩放比例】、【修正】、【余白】、【彩色组】选项

③选择按钮，设置【打印】、【预览】、【打印设置】选项

图 2-4 【Schematic Print Properties】对话框设置

# 2.2　设置图纸和优先选项

基本概念

电气原理图是用来表明设备电气的工作原理及各电器元件的作用，相互之间关系的一种表示方式。运用电气原理图的方法和技巧，对于分析电气线路，排除机床电路故障是十分有益的。在绘制电气原理图之前，要熟悉电气图纸的属性设置和 Protel 软件的优先选项设置。

课堂讲解课时：2 课时

## ▶▶ 2.2.1　设计理论

电气原理图一般由主电路、控制电路、保护、配电电路等几部分组成，如图 2-5 所示。绘制电气原理图前，首先要设置图纸属性，同时设置必要的优先选项，方便自己的绘图。设置图纸属性在【文档选项】对话框进行，设置优先选项在【优先设定】对话框进行。

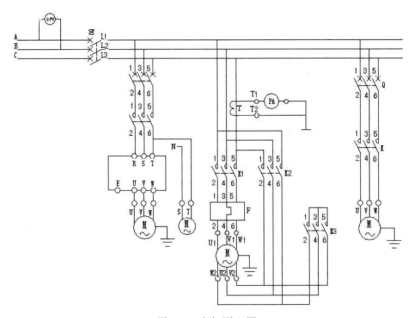

图 2-5　电气原理图

**2.2.2 课堂讲解**

**1. 图纸设置**

**（1）设置图纸大小**

在电路原理图编辑接口下，选择【设计】|【文档选项】菜单命令，将弹出【文档选项】对话框，如图 2-6 所示。也可以在当前原理图上右击，弹出快捷菜单，从弹出的菜单中选择【选项】|【文档选项】 命令，同样可以弹出【文档选项】对话框。

① 在【标准风格】下拉列表中选择"A1"选项，更改成为标准 A1 图纸。

Protel DXP 所提供的图纸样式有以下几种：

美制：A0、A1、A2、A3、A4，其中 A4 最小。

英制：A、B、C、D、E，其中 A 型最小。

其他：Protel 还支持其他类型的图纸，如 Orcad A、Letter、Legal 等。

② 如果【文档选项】对话框的图纸设置不能满足用户要求，可以自定义图纸大小。自定义图纸大小可以在【自定义风格】区域中设置。设置时，选中【自定义风格】区域中的【使用自定义风格】复选项，如果没有选中此项，则相应的设置选项灰化，不能进行设置。

图 2-6 【文档选项】对话框

**（2）参数设置**

【文档选项】对话框【参数】选项卡可以进行各种参数的设置。在【文档选项】对话框中单击【参数】标签，即可打开【参数】选项卡，如图 2-7 所示。

Address1：第一栏图纸设计者或公司地址；

Address2：第二栏图纸设计者或公司地址；

Address3：第三栏图纸设计者或公司地址；

Address4：第四栏图纸设计者或公司地址；

Approvedby：审核单位名称；

Author：绘图者姓名；

DocumentNumber：文件号等内容。

图 2-7 【参数】选项卡

（3）图纸单位系统设置

在【文档选项】对话框中单击【单位】标签，即可打开【单位】选项卡，如图 2-8 所示。在【单位】选项卡中，选择相应的复选框，即可选择得到英制或者公制单位系统。

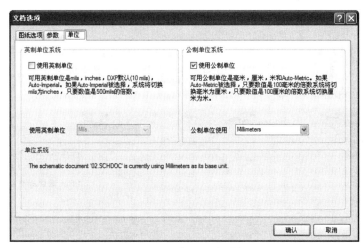

图 2-8 【单位】选项卡

2. 设置优先选项

在 Protel DXP 原理图图纸上右击，选择【选项】|【原理图优先设定】命令，弹出【优先设定】对话框，如图 2-9 所示。

图 2-9 【优先设定】对话框

（1）Schematic 节点下 General 选项卡设置

General 选项卡左侧的选项组和设置，如图 2-10 所示。

General 选项卡右侧的选项组和设置，如图 2-11 所示。

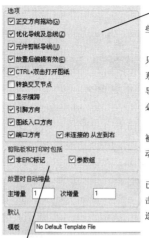

① 【选项】选项区域主要用来设置连接导线时的一些功能，分别介绍如下。

【转换交叉节点】：选定该复选项，在绘制导线时，只要导线的起点或终点在另一根导线上（T 型连接），系统会在交叉点上自动放置一个节点。如果是跨过一根导线（十字型连接），系统在交叉点处不会放置节点，必须手动放置节点。

【正交方向拖动】：选定该复选项，当拖动组件时，被拖动的导线将与组件保持直角关系。不选定，则被拖动的导线与组件不再保持直角关系。

【放置后编辑有效】：选定该复选项，当光标指向已放置的组件标识、文本、网络名称等文本文件时，单击鼠标可以直接在原理图上修改文本内容。若未选中该选项，则必须在参数设置对话框中修改文本内容。

【优化导线及总线】：选定该复选项，可以防止不必要的导线、总线覆盖在其他导线或总线上，若有覆盖，系统会自动移除。

【元件剪断导线】：选定该复选项，在将一个组件放置在一条导线上时，如果该组件有两个引脚在导线上，则该导线被组件的两个引脚分成两段，并分别连接在两个引脚上。

② 【剪贴板和打印时包括】选项区域主要用来设置使用剪切板或打印时的参数。

选定【非 ERC 标记】复选项，则使用剪切板进行复制操作或打印时，对象的"No-ERC"标记将随对象被复制或打印。否则，复制和打印对象时，将不包括"No-ERC"标记。

选定【参数组】复选项，则使用剪切板进行复制操作或打印时，对象的参数设置将随对象被复制或打印。否则，复制和打印对象时，将不包括对象参数。

图 2-10　General 选项卡左侧选项组设置

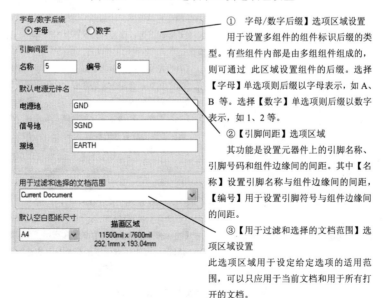

① 字母/数字后缀】选项区域设置用于设置多组件的组件标识后缀的类型。有些组件内部是由多组组件组成的，则可通过 此区域设置组件的后缀。选择【字母】单选项则后缀以字母表示，如 A、B 等。选择【数字】单选项则后缀以数字表示，如 1、2 等。

② 【引脚间距】选项区域

其功能是设置元器件上的引脚名称、引脚号码和组件边缘间的间距。其中【名称】设置引脚名称与组件边缘间的间距，【编号】用于设置引脚符号与组件边缘间的间距。

③ 【用于过滤和选择的文档范围】选项区域设置

此选项区域用于设定给定选项的适用范围，可以只应用于当前文档和用于所有打开的文档。

图 2-11　General 选项卡右侧选项组设置

（2）Graphical Editing 选项卡的设置

在【优先设定】对话框中，单击【Graphical Editing】节点，对话框如图 2-12 所示。

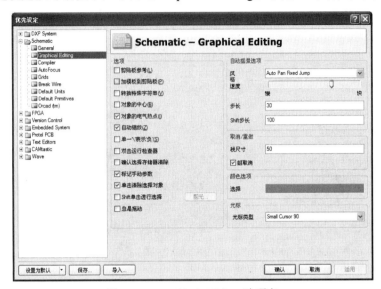

图 2-12　Graphical Editing 选项卡

Graphical Editing 选项卡中的【选项】区域的设置，如图 2-13 所示。

【剪贴板参考】：用于设置将选取的组件复制或剪切到剪切板时，是否要指定参考点。如果选定此复选项，进行复制或剪切操作时，系统会要求指定参考点。

【加模板到剪贴板】：当执行复制或剪切操作时，系统会把模板文件添加到剪切板上。当取消选定该复选项时，可以直接将原理图复制到 Word 文档。

【转换特殊字符串】：用于设置将特殊字符串转换成相应的内容，选定此复选项时，在电路图中将显示特殊字符串的内容。

【对象的中心】：该复选项的功能是设定移动组件时，光标捕捉的是组件的参考点还是组件的中心。

【对象的电气热点】：选定该复选项后，将可以通过距对象最近的电气点移动或拖动对象。建议用户选定该复选项。

【自动缩放】：用于设置插入组件时，原理图是否可以自动调整视图显示比例，以适合显示该组件。

【确认选择存储器清除】：该选项可用于单击原理图编辑窗口内的任意位置来取消对象的选取状态。

图 2-13　【选项】区域的设置

Graphical Editing 选项卡右侧区域的设置，如图 2-14 所示。

①【自动摇景选项】选项区域设置

此选项区域主要用于设置系统的自动摇景功能。自动摇景是指当鼠标处于放置图纸组件的状态时，如果将光标移动到编辑区边界上，图纸边界自动向窗口中心移动。

【Auto Pan Off】：取消自动摇景功能。

【Auto Pan Fixed Jump】：以【步长】和【Shift 步长】所设置的值进行自动移动。

【Auto Pan Recenter】：重新定位编辑区的中心位置，即以光标所指的边为新的编辑区中心。

【速度】选项：用于调节滑块设定自动移动速度。

【步长】文本框：用于设置滑块每一步移动的距离值。

【Shift 步长】文本框：用于设置加速状态下的滑块第五步移动的距离值。

②【颜色选项】选项区域设置

【选择】：用于设置所选中的对象组件的高亮颜色，即在原理图上选取某个对象组件，则该对象组件被高亮显示。颜色带用于设置原理图上栅网格线的颜色。

③【光标】选项区域设置

此选项区域用于设置光标和格点的类型。

图 2-14　Graphical Editing 选项卡右侧区域设置

（3）Default Primitives 选项卡的设置

在【优先设定】对话框中，单击【Default Primitives】节点，将打开 Default Primitives 选项卡，如图 2-15 所示。

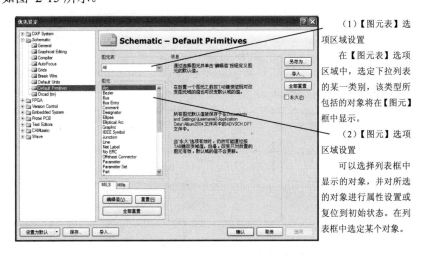

（1）【图元表】选项区域设置

在【图元表】选项区域中，选定下拉列表的某一类别，该类型所包括的对象将在【图元】框中显示。

（2）【图元】选项区域设置

可以选择列表框中显示的对象，并对所选的对象进行属性设置或复位到初始状态。在列表框中选定某个对象。

图 2-15　Default Primitives 选项卡

单击 Default Primitives 选项卡中的【编辑值】按钮，将弹出【总线】属性设置对话框，如图 2-16 所示。修改相应的参数设置，单击【确认】按钮即可。

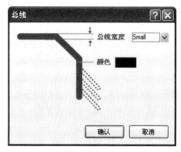

图 2-16 【总线】对话框

### 2.2.3 课堂练习——伴音电路

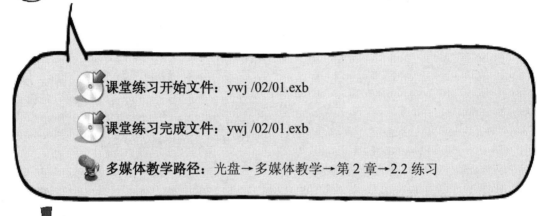

课堂练习开始文件：ywj /02/01.exb

课堂练习完成文件：ywj /02/01.exb

多媒体教学路径：光盘→多媒体教学→第 2 章→2.2 练习

Step1 创建 2 个电容，如图 2-17 所示。

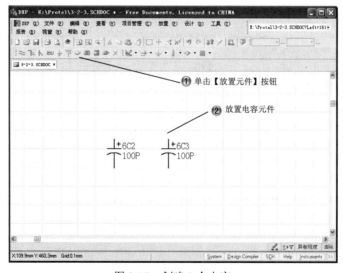

图 2-17 创建 2 个电容

**Step2** 创建 3 个电容，如图 2-18 所示。

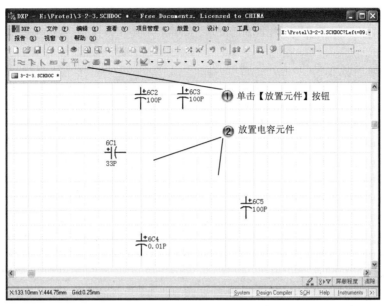

图 2-18　创建 3 个电容

**Step3** 创建 7 个电阻，如图 2-19 所示。

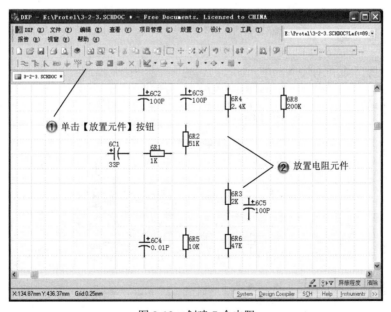

图 2-19　创建 7 个电阻

**Step4** 创建三极管，如图 2-20 所示。

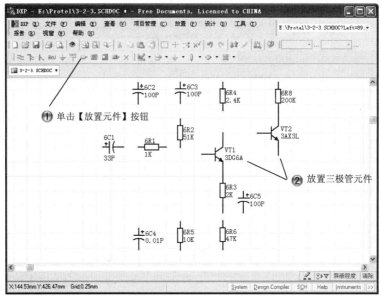

图 2-20　创建三极管

**Step5** 创建电感，如图 2-21 所示。

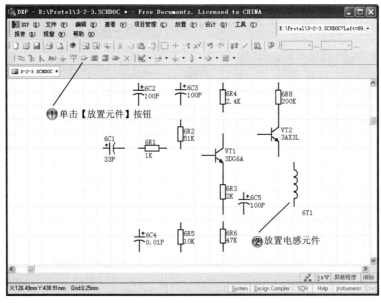

图 2-21　创建电感

Step6 绘制导线，如图 2-22 所示。

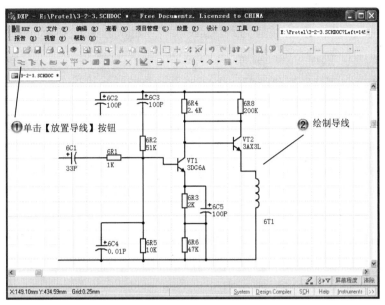

图 2-22　绘制导线

Step7 创建电源，如图 2-23 所示。

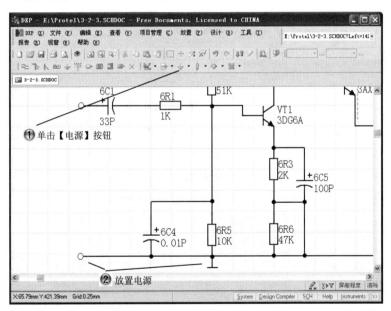

图 2-23　创建电源

**Step8** 创建条状电源，如图 2-24 所示。

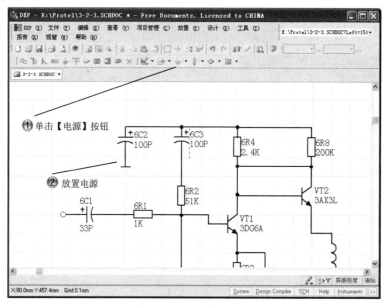

图 2-24　创建条状电源

**Step9** 创建电阻，如图 2-25 所示。

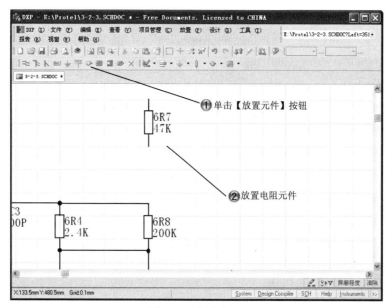

图 2-25　创建电阻

**Step10** 绘制导线，如图 2-26 所示。

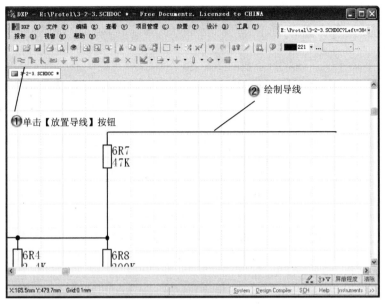

图 2-26　绘制导线

**Step11** 创建电源，如图 2-27 所示。

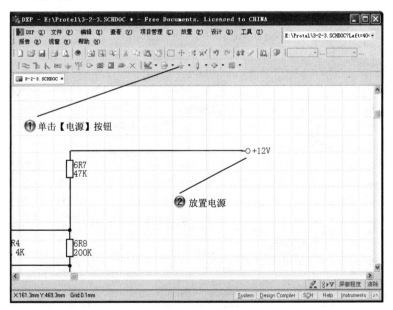

图 2-27　创建电源

!**Step 12** 创建电阻，如图 2-28 所示。

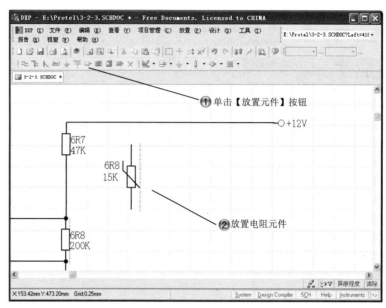

图 2-28　创建电阻

!**Step 13** 创建 4 个电阻，如图 2-29 所示。

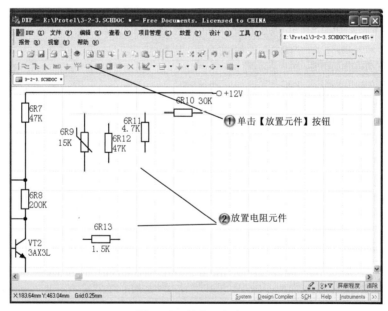

图 2-29　创建 4 个电阻

**Step14** 创建电容，如图 2-30 所示。

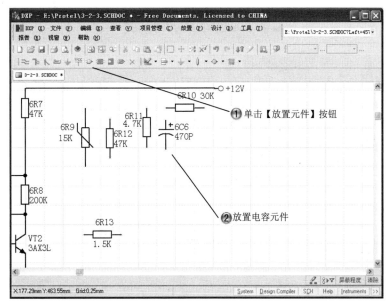

图 2-30　创建电容

**Step15** 创建三极管，如图 2-31 所示。

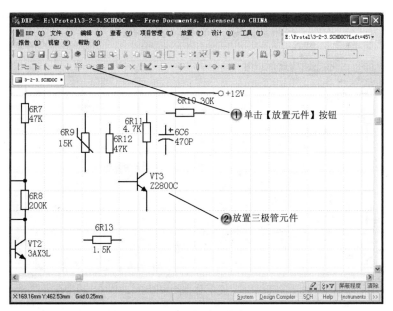

图 2-31　创建三极管

**Step 16** 创建电感，如图 2-32 所示。

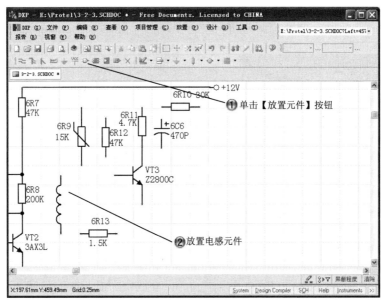

图 2-32　创建电感

**Step 17** 绘制导线，如图 2-33 所示。

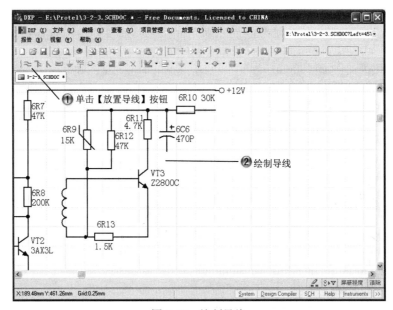

图 2-33　绘制导线

**Step 18** 创建条状电源，如图 2-34 所示。

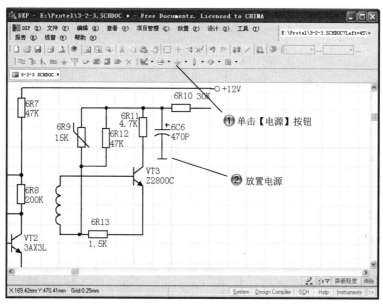

图 2-34　创建条状电源

**Step 19** 创建 19V 电源，如图 2-35 所示。

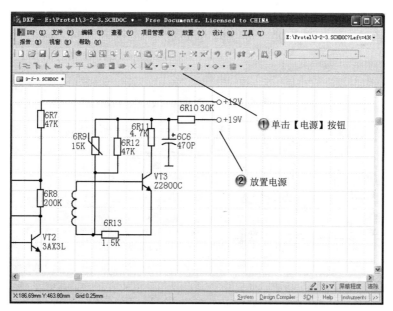

图 2-35　创建 19V 电源

**Step20** 创建电阻，如图 2-36 所示。

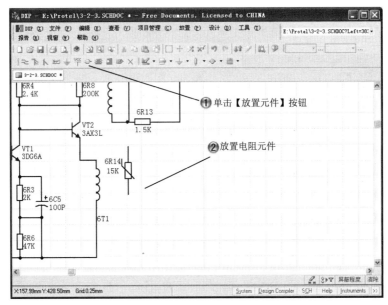

图 2-36　创建电阻

**Step21** 创建 4 个电阻，如图 2-37 所示。

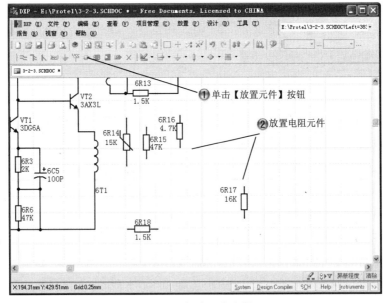

图 2-37　创建 4 个电阻

**Step22** 创建电容，如图 2-38 所示。

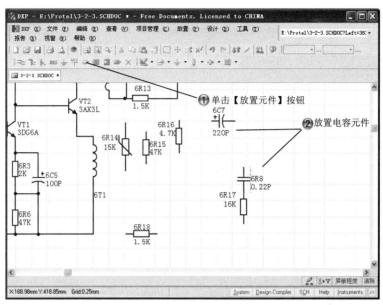

图 2-38　创建电容

**Step23** 创建三极管，如图 2-39 所示。

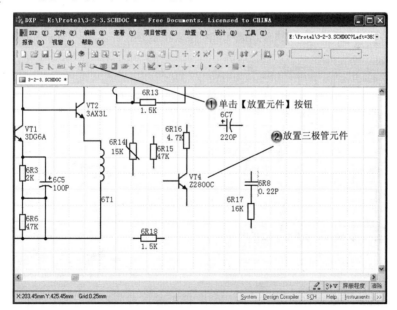

图 2-39　创建三极管

**Step24** 创建电感，如图 2-40 所示。

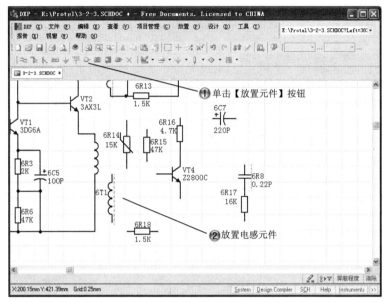

图 2-40　创建电感

**Step25** 创建扬声器，如图 2-41 所示。

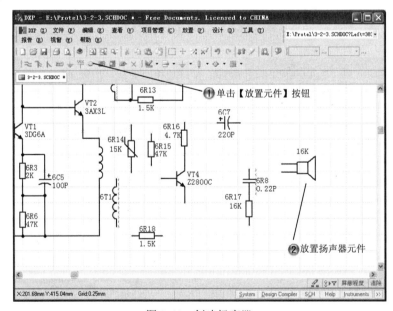

图 2-41　创建扬声器

**Step26** 绘制导线，如图 2-42 所示。

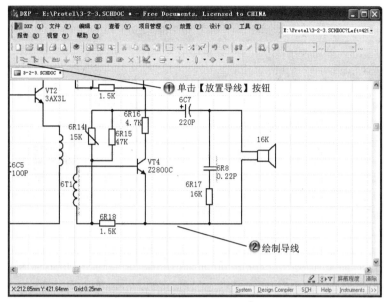

图 2-42　绘制导线

**Step27** 创建电源，如图 2-43 所示。

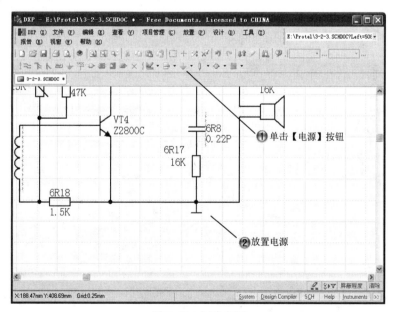

图 2-43　创建电源

**Step28** 创建电阻，如图 2-44 所示。

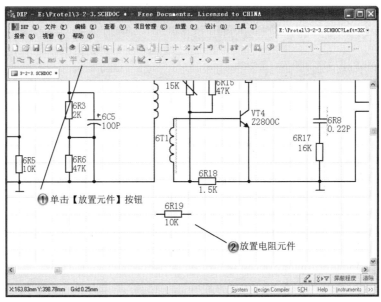

图 2-44　创建电阻

**Step29** 创建电容，如图 2-45 所示。

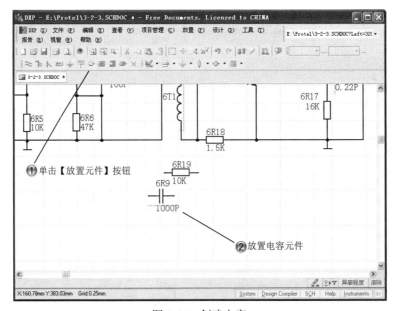

图 2-45　创建电容

**Step30** 绘制导线，如图 2-46 所示。

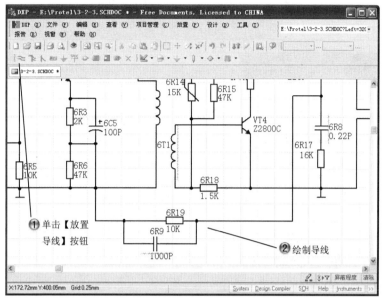

图 2-46　绘制导线

**Step31** 完成伴音电路的绘制，如图 2-47 所示。

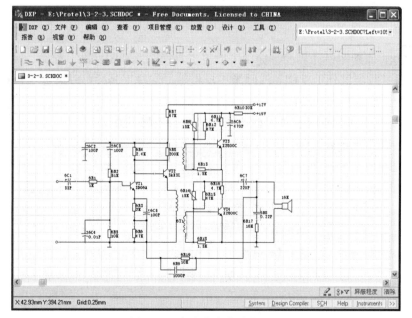

图 2-47　完成伴音电路的绘制

# 2.3 原理图设计流程

**基本概念**

电气原理图用来表明设备的工作原理及各电器元件间的作用，由于它直接体现了电子电路与电气结构以及其相互间的逻辑关系，所以一般用在设计、分析电路中。分析电路时，通过识别图纸上所画各种电路元件符号，以及它们之间的连接方式，就可以了解电路的实际工作时的情况。电气原理图又可分为整机原理图和单元部分电路原理图，整机原理图是指所有电路集合在一起的分部电路图。所有的原理图设计都遵循通用的设计流程。

**课堂讲解课时：2 课时**

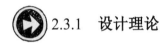

## 2.3.1 设计理论

原理图的绘制需要下面几种工具和步骤。

### 1. 使用工具按钮创建元件

Protel DXP 原理图设计界面，提供了以下工具栏：原理图标准、配线、高级绘图工具栏、实用工具、数字器件工具栏和激励源工具栏等。这些工具栏可以通过【查看】|【工具栏】菜单命令，进行打开和关闭。

【原理图标准】工具栏位于菜单栏的下方，如图 2-48 所示。

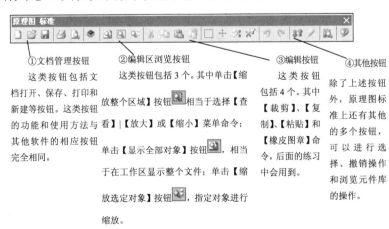

①文档管理按钮

这类按钮包括文档打开、保存、打印和新建等按钮。这类按钮的功能和使用方法与其他软件的相应按钮完全相同。

②编辑区浏览按钮

这类按钮包括 3 个。其中单击【缩放整个区域】按钮 相当于选择【查看】|【放大】或【缩小】菜单命令；单击【显示全部对象】按钮 ，相当于在工作区显示整个文件；单击【缩放选定对象】按钮 ，指定对象进行缩放。

③编辑按钮

这类按钮包括 4 个。其中【裁剪】、【复制】、【粘贴】和【橡皮图章】命令，后面的练习中会用到。

④其他按钮

除了上述按钮外，原理图标准上还有其他的多个按钮，可以进行选择、撤销操作和浏览元件库的操作。

图 2-48 【原理图标准】工具栏

## 2. 配线

【配线】工具栏共有 11 个常用放置工具组成，分别与【放置】菜单下的命令相对应，如图 2-49 所示。通过使用改变部件元件按钮 可以使用同一部件的不同元件。在多个数字部件组成的数字器件中，各部件一般是用英文字母标识来区别的。

工具栏中的按钮按从左到右，从上到下的顺序依次为放置导
线按钮，放置总线按钮，放置总线入口按钮，放置网络标签
按钮，GND 端口按钮，VCC 电源端口，放置元件按钮，放
置图纸符号按钮，放置图纸入口按钮，放置忽略 ERC 检查指
示符按钮。

图 2-49　【配线】工具栏

## 3. 实用工具

【实用工具】工具栏由 6 个常用绘图工具组成，如图 2-50 所示。用【实用工具】下拉菜单中的工具放置的对象是不具有电气性能的。因此放置导线绝对不能用画线代替。

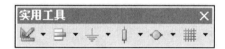

工具栏中的按钮按从左到右的顺序依次为实用工具、调准工
具、电源、数字式设备、仿真电源和网格。

图 2-50　【实用工具】工具栏

## 4. 其他工具

（1）电源

打开【实用工具】工具栏的【电源】下拉菜单，如图 2-51 所示，该菜单共有 11 个常用的电源和地的形式。在绘制原理图时，可以使用同一器件的不同部件。绘制的图形如图 2-52 所示。

图 2-51　【实用工具】下拉菜单

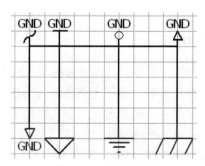

图 2-52　绘制的图形

（2）数字实体工具

打开【实用工具】工具栏【数字式设备】下拉菜单，如图 2-53 所示，该工具栏共有 20 个按钮：电阻常用值 5 个、电容常用值 5 个以及常用数字逻辑器件 10 个。

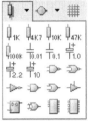

常用电阻，其阻值从左到右分别是 1K、4.7K、10K、47K、100K；常用电容，左边两个是普通电容，后面三个是电解电容；常用逻辑器件，分别是 74F00、74F02、74F04、74F08、74F32、74F126、74F74、74F86、74F138 和 74F245。

图 2-53    【数字式设备】下拉菜单

（3）仿真源工具

打开【实用工具】工具栏【仿真电源】下拉菜单，该工具栏共有三类激励源，即直流电源、正弦信号和脉冲信号，如图 2-54 所示。绘制的图形如图 2-55 所示。

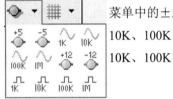

菜单中的 ±5 和 ±12 是直流电源；1K、10K、100K 和 1MHz 正弦信号；1K、10K、100K 和 1MHz 脉冲信号。

图 2-54    【仿真电源】菜单

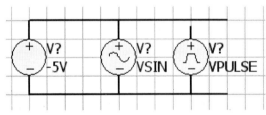

图 2-55   绘制的仿真电源图形

 **2.3.2   课堂讲解**

**1. 原理图组成**

电气原理图主要由元器件符号标记、注释、连接线、连结点四大部分组成。

（1）元件符号表示实际电路中的元器件，它的形状与实际的元件不一定相似，甚至完全不一样。但是它一般都表示出了元器件的特点，而且引脚的数目均与实际元件保持高度一致，一般有电气连接符号、IC 符号、离散元器件符号（有源件与无源件）、输入/输出连接器、电源与地的符号等。

（2）连接线表示的是实际电路中的导线，在原理图中虽然是一根线，但在常用的印刷电路板中往往不是单独的线而是各种形状且联通的块状铜箔导电层。在电原理图中总线的画法一般是采用一条粗线，在这条粗线上再分支出若干连到各总线分支单元。

（3）结点表示几个元件引脚或几条导线之间相互的连接关系。所有和结点相连的元件引脚、导线，不论数目多少，都是导通的。在电路中还会有交叉的现象，为了区别交叉相连接与不相连，在电路图制作时，以实心圆点表示相连接，以不加实心圆点或画个半圆则表示不相连的交叉点；也有个别的电路图是用空心圆来表示不相连的。

（4）注释在电路图中是十分重要的，电路图所有的文字都归入注释一类。在电路图的各个地方都会有注释存在，它们被用来说明元件的型号、名称等。如果采用彩色的电路图，一般给某种线路以某种特定颜色来加以区别表示，这也属于注释的一种。一般的约定是：供电的线路使用红色，发射的线路使用橙色，接收的线路使用绿色，扬声器线路使用绿色，其他部分一般用黑色。

2. 设计步骤

一个符合电气规则的原理图是进行印刷电路板自动布局和自动布线的基础，电路原理图的设计流程如图 2-56 所示。

（1）启动原理图编辑器。

创建原理图文件的方法，已经在第 1 章介绍过。

（2）对图纸进行设置。

在进行电路原理图设计之前，首先要根据所画电路图对图纸尺寸，网格大小等进行设置。

（3）放置所有元器件并布局。

在设置好了的图纸上，放置本电路图的所有元器件。对元器件库中没有的元器件要在原理图元器件库中进行编辑。放置完所有的元器件后，要根据电路图对元器件布局作出调整。

（4）连接元器件。

对布局好了的元器件进行连接。

（5）进行电气规则检查，生成网络表。

最后，对电路图进行电气规则检查，生成网络表等操作，此时电路原理图的设计基本结束。

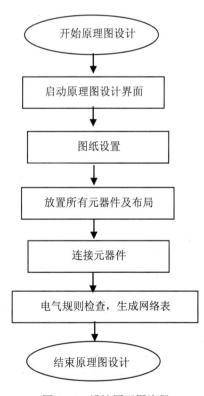

图 2-56　设计原理图流程

### 2.3.3 课堂练习——放大电路

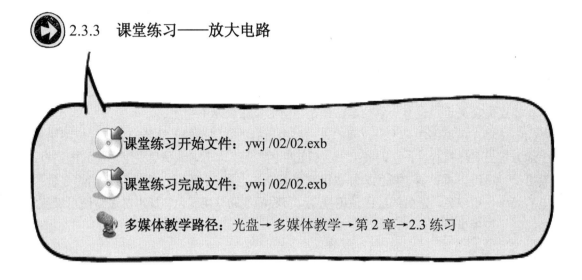

课堂练习开始文件：ywj /02/02.exb

课堂练习完成文件：ywj /02/02.exb

多媒体教学路径：光盘→多媒体教学→第 2 章→2.3 练习

**Step 1** 创建电阻，如图 2-57 所示。

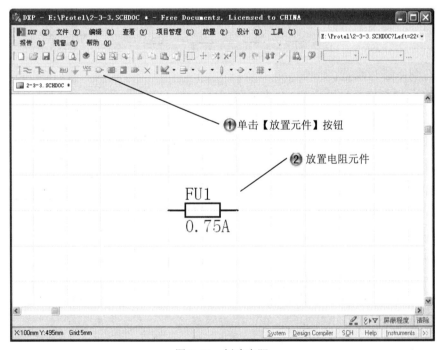

图 2-57 创建电阻

**Step2** 创建电感，如图 2-58 所示。

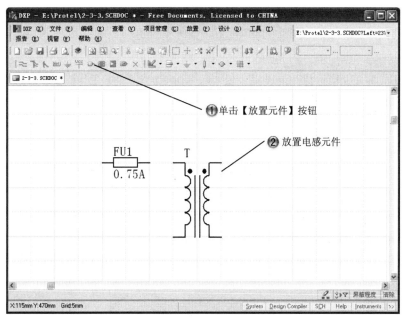

图 2-58　创建电感

**Step3** 创建开关，如图 2-59 所示。

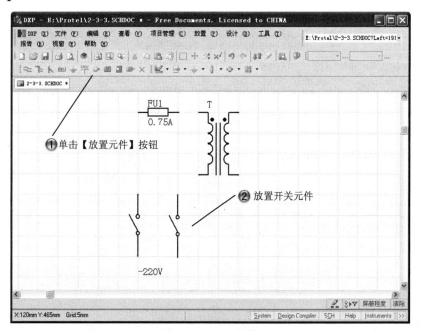

图 2-59　创建开关

**Step4** 绘制导线，如图 2-60 所示。

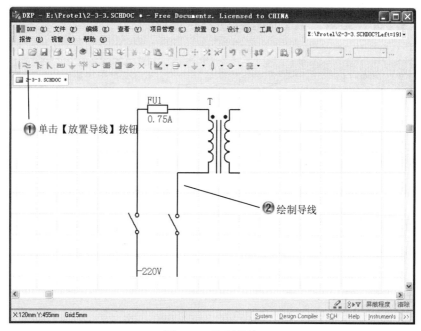

图 2-60  绘制导线

**Step5** 创建开关元件，如图 2-61 所示。

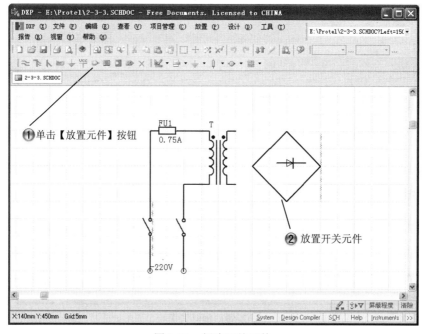

图 2-61  创建开关元件

**Step6** 创建电阻，如图 2-62 所示。

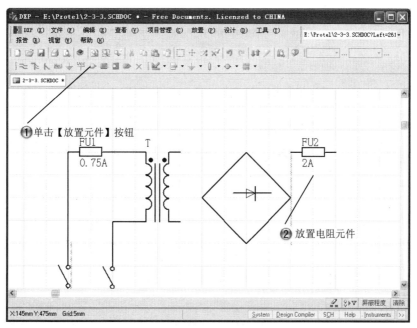

图 2-62　创建电阻

**Step7** 创建电容，如图 2-63 所示。

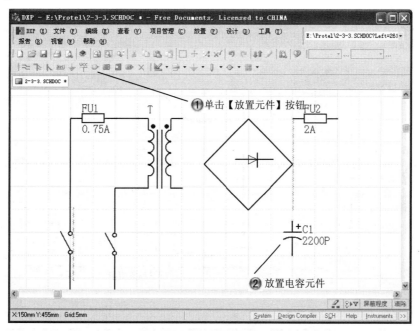

图 2-63　创建电容

**Step8** 绘制导线，如图 2-64 所示。

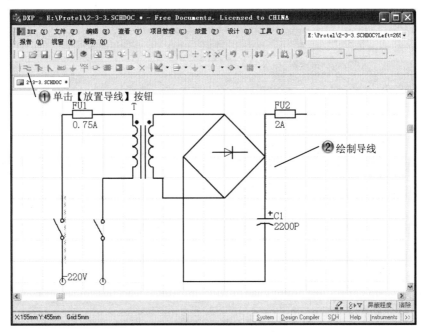

图 2-64　绘制导线

**Step9** 创建电源，如图 2-65 所示。

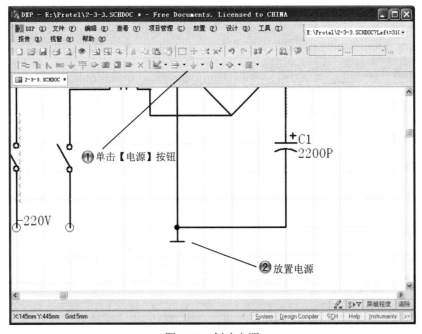

图 2-65　创建电源

**Step 10** 创建 4 个电阻，如图 2-66 所示。

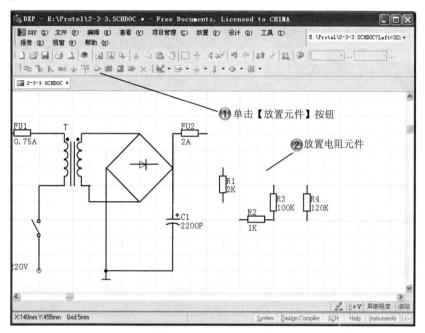

图 2-66　创建 4 个电阻

**Step 11** 创建 2 个电容，如图 2-67 所示。

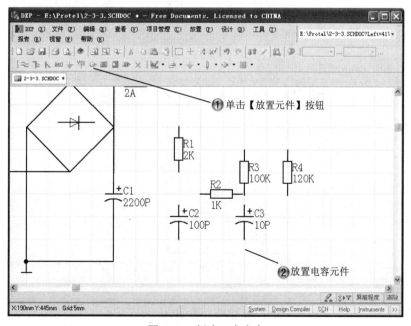

图 2-67　创建 2 个电容

**⑥Step12** 创建三极管，如图 2-68 所示。

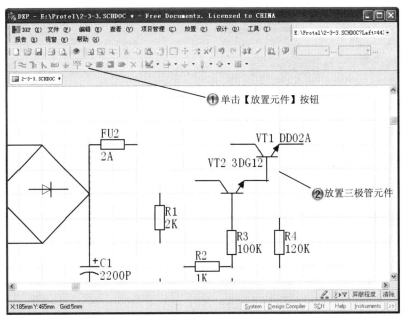

图 2-68　创建三极管

**⑥Step13** 绘制导线，如图 2-69 所示。

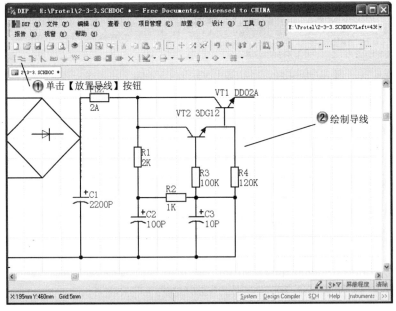

图 2-69　绘制导线

**Step14** 创建二极管，如图 2-70 所示。

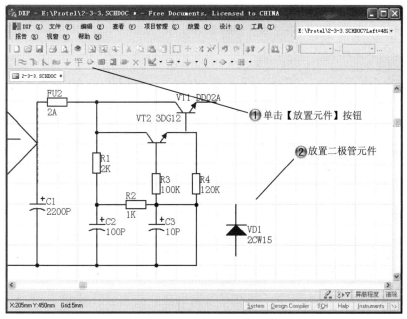

图 2-70　创建二极管

**Step15** 创建三极管，如图 2-71 所示。

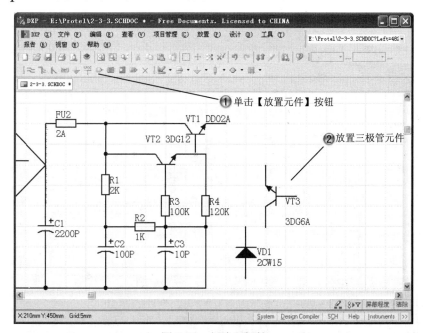

图 2-71　创建三极管

**Step16** 创建电阻，如图 2-72 所示。

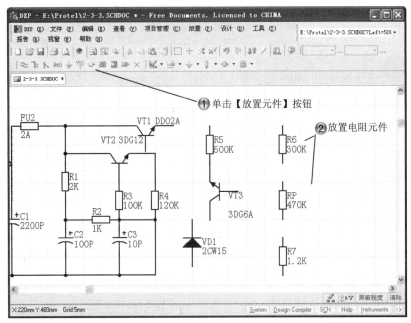

图 2-72　创建电阻

**Step17** 创建电容，如图 2-73 所示。

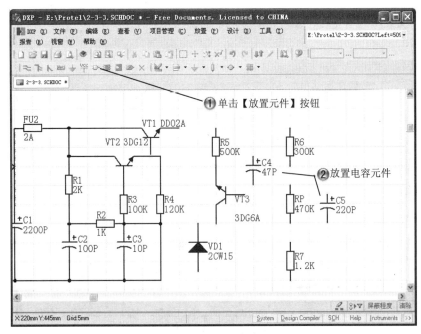

图 2-73　创建电容

**Step18** 绘制导线，如图 2-74 所示。

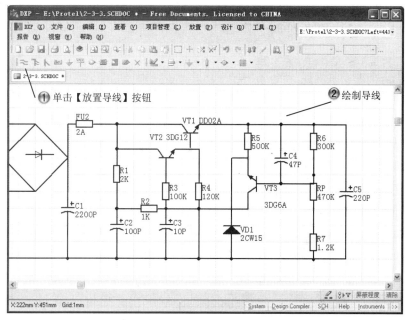

图 2-74　绘制导线

**Step19** 创建 12V 电源和 19V 电源，如图 2-75 所示。

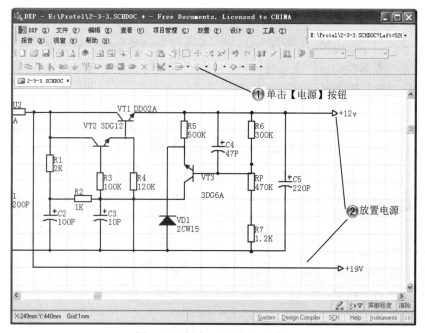

图 2-75　创建 12V 和 19V 电源

 **Step20** 完成放大电路的绘制，如图 2-76 所示。

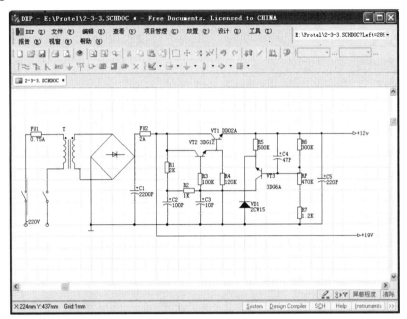

图 2-76  完成放大电路的绘制

# 2.4  专家总结

本章主要介绍了原理图设计的基础知识，如电路原理图编辑环境设置，软件图纸和优先选项的设置，原理图的设计流程等内容，在结合课堂练习学习各种设置的同时，要理解电路原理图的创建原则和流程。

# 2.5  课后习题

## 2.5.1  填空题

（1）原理图环境设置有＿＿＿＿＿种。

（2）启动设置图纸的方法＿＿＿＿＿。

（3）图纸的设置包括＿＿＿＿、＿＿＿＿＿、＿＿＿＿＿。

（4）软件优先设置的作用＿＿＿＿＿。

### 2.5.2　问答题

（1）原理图的组成有哪些？
（2）创建电气原理图的一般步骤有哪些？

### 2.5.3　上机操作题

如图 2-77 所示，使用本教学日学过的各种命令来创建开关电路图纸。
一般创建步骤和方法：
（1）创建元件。
（2）绘制导线。
（3）添加或者修改文字。

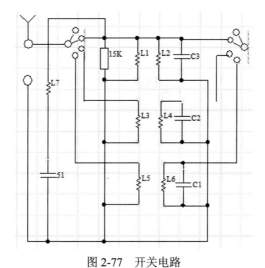

图 2-77　开关电路

# 第3章 原理图设计

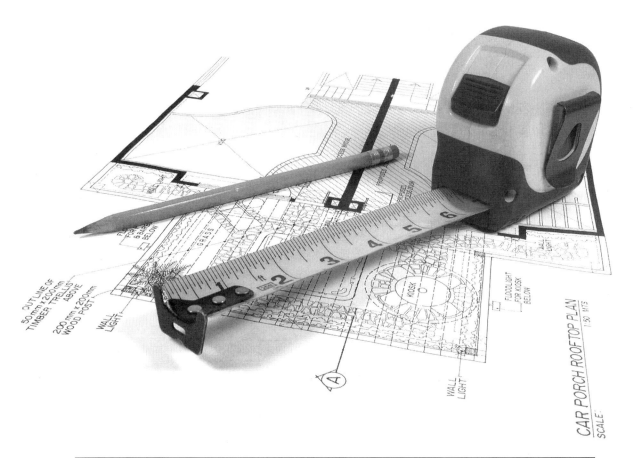

| 内　容 | 掌握程度 | 课　时 |
|---|---|---|
| 放置电路元素 | 熟练运用 | 2 |
| 元件的编辑操作 | 熟练运用 | 2 |
| 原理图的布线 | 熟练运用 | 2 |
| 原理图的报表 | 了解 | 1 |

课训目标

课程学习建议

电路由电源、负载、连接导线和辅助设备四大部分组成。实际应用的电路都比较复杂，因此，为了便于分析电路的实质，通常用符号表示组成电路实际原件及其连接线，即画成所谓电路图。其中导线和辅助设备合称为中间环节。电气系统图主要有电气原理图、电器布置图、电气安装接线图等，因此电气原理图是电气系统图的一种。它是根据控制线图工作原理绘制的，具有结构简单，层次分明，主要用于研究和分析电路工作原理。

本章将要介绍原理图符号即电路元素的放置和编辑操作，之后介绍电气原理图布线和报表。本课程主要基于原理图设计的练习，其培训课程表如下。

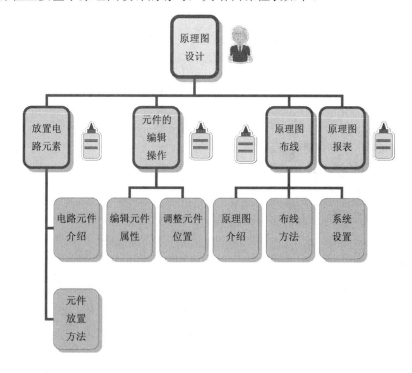

# 3.1　放置电路元素

基本概念

电路图主要由元件符号、连线、结点、注释四大部分组成。元件符号表示实际电路中的元件，它的形状与实际的元件不一定相似，甚至完全不一样，如图 3-1 所示。但是它一般都表示出了元件的特点，而且引脚的数目都和实际元件保持一致。连线表示的是实际电路中的导线，在原理图中虽然是一根线，但在常用的印刷电路板中往往不是线而是各种形状的铜箔块，就像收音机原理图中的许多连线在印刷电路板图中并不一定都是线形的，也可以是一定形状的铜膜。结点表示几个元件引脚或几条导线之间相互的连接关系。所有和结点相连的元件引脚、导线，不论数目多少，都是导通的。注释在电路图中是十分重要的，电路图中所有的文字都可以归入注释一类。

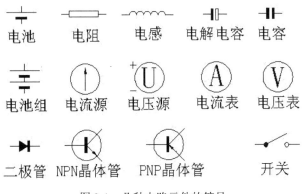

图 3-1　几种电路元件的符号

### 3.1.1　设计理论

电路一般由电源、负载和导线组成。电源是提供电能的设备。电源的功能是把非电能转变成电能。在电路中使用电能的各种设备统称为负载。连接导线用来把电源、负载和其他辅助设备连接成一个闭合回路，起着传输电能的作用。

下面介绍一下主要及常用的电路元素。

1. 电阻

导电体对电流的阻碍作用称为电阻，用符号 R 表示，单位为欧姆、千欧、兆欧，分别用Ω、KΩ、MΩ表示。

（1）电阻的型号命名方法

国产电阻器的型号由四部分组成（不适用敏感电阻）。常见的电阻如图 3-2 所示。

第一部分：主称，用字母表示，表示产品的名字。如 R 表示电阻，W 表示电位器。第二部分：材料，用字母表示，表示电阻体用什么材料组成，T-碳膜、H-合成碳膜、S-有机实心、N-无机实心、J-金属膜、Y-氮化膜、C-沉积膜、I-玻璃釉膜、X-线绕。第三部分：分类，一般用数字表示，个别类型用字母表示，表示产品属于什么类型。3-普通、3-超高频、3-高阻、5-高温、6-精密、7-精密、8-高压、9-特殊、G-高功率、T-可调。第四部分：序号，用数字表示，表示同类产品中不同品种，以区分产品的外形尺寸和性能指标等。

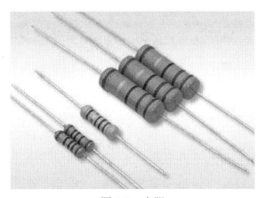

图 3-2　电阻

（2）电阻器的分类

线绕电阻器：分为通用线绕电阻器、精密线绕电阻器、大功率线绕电阻器、高频线绕电阻器。

薄膜电阻器：分为碳膜电阻器、合成碳膜电阻器、金属膜电阻器、金属氧化膜电阻器、化学沉积膜电阻器、玻璃釉膜电阻器、金属氮化膜电阻器。

实心电阻器：分为无机合成实心碳质电阻器、有机合成实心碳质电阻器。

敏感电阻器：压敏电阻器、热敏电阻器、光敏电阻器、力敏电阻器、气敏电阻器、湿敏电阻器。

（3）主要特性参数

标称阻值：电阻器上面所标示的阻值。

允许误差：标称阻值与实际阻值的差值跟标称阻值之比的百分数称阻值偏差，它表示电阻器的精度。允许误差与精度等级对应关系如下：±0.5%-0.05、±1%-0.1（或 00）、±2%-0.2（或 0）、±5%-Ⅰ级、±10%-Ⅱ级、±20%-Ⅲ级。

额定功率：在正常的大气压力 90-106.6KPa 及环境温度为-55℃~+70℃的条件下，电阻器长期工作所允许消耗的最大功率。线绕电阻器额定功率系列为（W）：1/20、1/8、1/4、1/2、1、2、4、8、10、16、25、40、50、75、100、150、250、500。非线绕电阻器额定功率系列为（W）：1/20、1/8、1/4、1/2、1、2、5、10、25、50、100。

额定电压：由阻值和额定功率换算出的电压。

最高工作电压：允许的最大连续工作电压。在低气压工作时，最高工作电压较低。

温度系数：温度每变化 1℃所引起的电阻值的相对变化。温度系数越小，电阻的稳定性越好。阻值随温度升高而增大的为正温度系数，反之为负温度系数。

老化系数：电阻器在额定功率长期负荷下，阻值相对变化的百分数，它是表示电阻器寿命长短的参数。

电压系数：在规定的电压范围内，电压每变化 1 伏，电阻器的相对变化量。

**电阻器阻值标示方法**

直标法：用数字和单位符号在电阻器表面标出阻值，其允许误差直接用百分数表示，若电阻上未注偏差，则均为±20%。

文字符号法：用阿拉伯数字和文字符号两者有规律的组合来表示标称阻值，其允许偏差也用文字符号表示。符号前面的数字表示整数阻值，后面的数字依次表示第一位小数阻值和第二位小数阻值。表示允许误差的文字符号：文字符号 D、F、G、J、K、M。允许偏差：±0.5%、±1%、±2%、±5%、±10%、±20%。

数码法：在电阻器上用三位数码表示标称值的标志方法。数码从左到右，第一、二位为有效值，第三位为指数，即零的个数，单位为欧。偏差通常采用文字符号表示。

色标法：用不同颜色的带或点在电阻器表面标出标称阻值和允许偏差。国外电阻大部分采用色标法。标示含义：黑-0、棕-1、红-2、橙-3、黄-4、绿-5、蓝-6、紫-7、灰-8、白-9、金-±5%、银-±10%、无色-±20%。当电阻为四环时，最后一环必为金色或银色，前两位为有效数字，第三位为乘方数，第四位为偏差。当电阻为五环时，最后一环与前面四环距离较大。前三位为有效数字，第四位为乘方数，第五位为偏差。

**2. 电容**

电容是电子设备中大量使用的电子元件之一，广泛应用于隔直、耦合、旁路、滤波、调谐回路、能量转换和控制电路等方面。用 C 表示电容，电容单位有法拉（F）、微法拉（uF）、皮法拉（pF），$1F=10^6uF=10^{12}pF$，如图 3-3 所示是常见的电容。

图 3-3　电容

（1）电容器的型号命名方法

国产电容器的型号一般由四部分组成（不适用于压敏、可变、真空电容器）。依次分别代表名称、材料、分类和序号。第一部分：名称，用字母表示，电容器用 C。第二部分：

材料，用字母表示。第三部分：分类，一般用数字表示，个别用字母表示。第四部分：序号，用数字表示。

用字母表示产品的材料：A-钽电解、B-聚苯乙烯等非极性薄膜、C-高频陶瓷、D-铝电解、E-其他材料电解、G-合金电解、H-复合介质、I-玻璃釉、J-金属化纸、L-涤纶等极性有机薄膜、N-铌电解、O-玻璃膜、Q-漆膜、T-低频陶瓷、V-云母纸、Y-云母、Z-纸介。

（2）电容器的分类

按电解质分类有：有机介质电容器、无机介质电容器、电解电容器和空气介质电容器等。

按用途分有：高频旁路、低频旁路、滤波、调谐、高频耦合、低频耦合、小型电容器。

高频旁路：陶瓷电容器、云母电容器、玻璃膜电容器、涤纶电容器、玻璃釉电容器。

低频旁路：纸介电容器、陶瓷电容器、铝电解电容器、涤纶电容器。

滤波：铝电解电容器、纸介电容器、复合纸介电容器、液体钽电容器。

调谐：陶瓷电容器、云母电容器、玻璃膜电容器、聚苯乙烯电容器。

高频耦合：陶瓷电容器、云母电容器、聚苯乙烯电容器。

低频耦合：纸介电容器、陶瓷电容器、铝电解电容器、涤纶电容器、固体钽电容器。

小型电容：金属化纸介电容器、陶瓷电容器、铝电解电容器、聚苯乙烯电容器、固体钽电容器、玻璃釉电容器、金属化涤纶电容器、聚丙烯电容器、云母电容器。

（3）常用电容器

铝电解电容器。这类电容器是用浸有糊状电解质的吸水纸夹在两条铝箔中间卷绕而成，用薄的氧化膜作介质。因为氧化膜有单向导电性质，所以电解电容器具有极性。容量大，能耐受大的脉动电流，容量误差大，泄漏电流大；一般不适于在高频和低温下应用，不宜使用在 25kHz 以上频率的低频旁路、信号耦合、电源滤波。

钽电解电容器。用烧结的钽块作正极，电解质使用固体二氧化锰。温度特性、频率特性和可靠性均优于普通电解电容器，特别是漏电流极小，贮存性良好，寿命长，容量误差小，而且体积小，单位体积下能得到最大的电容电压乘积，对脉动电流的耐受能力差，若损坏、易呈短路状态，用于超小型高可靠机件中。

薄膜电容器。结构与纸质电容器相似，但用聚脂、聚苯乙烯等低损耗塑材作介质频率特性好，介电损耗小，不能做成大的容量，耐热能力差，用于滤波器、积分、振荡、定时电路。

瓷介电容器。穿心式或支柱式结构瓷介电容器，它的一个电极就是安装螺丝。引线电感极小，频率特性好，介电损耗小，有温度补偿作用不能做成大的容量，受振动会引起容量变化，特别适于高频旁路。

独石电容器。（多层陶瓷电容器）在若干片陶瓷薄膜坯上被覆以电极浆材料，叠合后一次绕结成一块不可分割的整体，外面再用树脂包封而成小体积、大容量、高可靠和耐高温的新型电容器，高介电常数的低频独石电容器也具有稳定的性能，体积极小，误差较大，用于噪声旁路、滤波器、积分、振荡电路。

纸质电容器。一般是用两条铝箔作为电极，中间以厚度为 0.008~0.012mm 的电容器纸隔开重叠卷绕而成。制造工艺简单，价格便宜，能得到较大的电容量。一般在低频电路内，通常不能在高于 3~4MHz 的频率上运用。油浸电容器的耐压比普通纸质电容器高，稳定性也好，适用于高压电路。

云母和聚苯乙烯介质的电容通常都采用弹簧式，结构简单，但稳定性较差。线绕瓷介微调电容器是拆铜丝（外电极）来变动电容量的，故容量只能变小，不适合在需反复调试的场合使用。

陶瓷电容器。用高介电常数的电容器陶瓷（钛酸钡一氧化钛）挤压成圆管、圆片或圆盘作为介质，并用烧渗法将银镀在陶瓷上作为电极制成。它又分高频瓷介和低频瓷介两种。它是具有小的正电容温度系数的电容器，用于高稳定振荡回路中，作为回路电容器及垫整电容器。低频瓷介电容器限于在工作频率较低的回路中作旁路或隔直流用，或对稳定性和损耗要求不高的场合（包括高频在内）。这种电容器不宜使用在脉冲电路中，因为它们易于被脉冲电压击穿。高频瓷介电容器适用于高频电路。

云母电容器就结构而言，可分为箔片式及被银式。被银式电极为直接在云母片上用真空蒸发法或烧渗法镀上银层而成，由于消除了空气间隙，温度系数大为下降，电容稳定性也比箔片式高。频率特性好，Q 值高，温度系数小不能做成大的容量广泛应用在高频电器中，但可用作标准电容器。

玻璃釉电容器由一种浓度适于喷涂的特殊混合物喷涂成薄膜而成，介质再以银层电极经烧结而成"独石"结构，性能可与云母电容器媲美，能耐受各种气候环境，一般可在 200℃或更高温度下工作。

（4）电容器主要特性参数

标称电容量和允许偏差。标称电容量是标志在电容器上的电容量。电容器实际电容量与标称电容量的偏差称误差，在允许的偏差范围称精度。精度等级与允许误差的对应关系：00（01）-±1%、0（02）-±2%、Ⅰ-±5%、Ⅱ-±10%、Ⅲ-±20%、Ⅳ-（+20%-10%）、Ⅴ-（+50%-20%）、Ⅵ-（+50%-30%）。一般电容器常用Ⅰ、Ⅱ、Ⅲ级，电解电容用Ⅳ、Ⅴ、Ⅵ级，根据用途选取。

额定电压。在最低环境温度和额定环境温度下可连续加在电容器的最高直流电压有效值，一般直接标注在电容器外壳上，如果工作电压超过电容器的耐压，电容器击穿，造成不可修复的永久损坏。

绝缘电阻。直流电压加在电容上，并产生漏电电流，两者之比称为绝缘电阻。当电容较小时，主要取决于电容的表面状态，容量＞0.1uf 时，主要取决于介质的性能，绝缘电阻越小越好。电容的时间常数：为恰当地评价大容量电容的绝缘情况而引入了时间常数，它等于电容的绝缘电阻与容量的乘积。

损耗。电容在电场作用下，在单位时间内因发热所消耗的能量叫做损耗。各类电容都规定了其在某频率范围内的损耗允许值，电容的损耗主要由介质损耗，电导损耗和电容所有金属部分的电阻所引起的。在直流电场的作用下，电容器的损耗以漏导损耗的形式存在，一般较小，在交变电场的作用下，电容的损耗不仅与漏导有关，而且与周期性的极化建立过程有关。

频率特性。随着频率的上升，一般电容器的电容量呈现下降的规律。

电容器容量标示

直标法。用数字和单位符号直接标出。如 0.1uF 表示 0.01 微法，有些电容用"R"表示小数点，如 R56 表示 0.56 微法。

文字符号法。用数字和文字符号有规律的组合来表示容量。如 p10 表示 0.1pF，1p0 表示 1pF，6P8 表示 6.8pF，2u2 表示 2.2uF。

色标法。用色环或色点表示电容器的主要参数。电容器的色标法与电阻相同。电容器偏差标志符号：+100%-0--H、+100%-10%--R、+50%-10%--T、+30%-10%--Q、+50%-20%--S、+80%-20%--Z。

### 3. 电感线圈

电感线圈是由导线一圈接一圈地绕在绝缘管上，导线彼此互相绝缘，而绝缘管可以是空心的，也可以包含铁芯或磁粉芯，简称电感，如图 3-4 所示，用 L 表示，单位有亨利（H）、毫亨利（mH）、微亨利（uH），$1H=10^3mH=10^6uH$。

图 3-4　电感线圈

（1）电感的分类

按电感形式分类：固定电感、可变电感。

按导磁体性质分类：空芯线圈、铁氧体线圈、铁芯线圈、铜芯线圈。

按工作性质分类：天线线圈、振荡线圈、扼流线圈、陷波线圈、偏转线圈。

按绕线结构分类：单层线圈、多层线圈、蜂房式线圈。

（2）电感线圈的主要特性参数

电感量 L。电感量 L 表示线圈本身固有特性，与电流大小无关。除专门的电感线圈（色码电感）外，电感量一般不专门标注在线圈上，而以特定的名称标注。

感抗 XL。电感线圈对交流电流阻碍作用的大小称感抗 XL，单位是欧姆。它与电感量 L 和交流电频率 f 的关系为 $XL=2\pi fL$。

品质因素 Q。品质因素 Q 是表示线圈质量的一个物理量，Q 为感抗 XL 与其等效的电阻的比值，即：$Q=XL/R$。线圈的 Q 值愈高，回路的损耗愈小。

分布电容。线圈的匝与匝间、线圈与屏蔽罩间、线圈与底版间存在的电容被称为分布电容。分布电容的存在使线圈的 Q 值减小，稳定性变差，因而线圈的分布电容越小越好。

（3）常用线圈

单层线圈。单层线圈是用绝缘导线一圈接一圈地绕在纸筒或胶木骨架上。如晶体管收音机的中波天线线圈。

蜂房式线圈。如果所绕制的线圈，其平面不与旋转面平行，而是相交成一定的角度，这种线圈称为蜂房式线圈。而其旋转一周，导线来回弯折的次数，常称为折点数。蜂房式绕法的优点是体积小，分布电容小，而且电感量大。蜂房式线圈都是利用蜂房绕线机来绕制，折点越多，分布电容越小。

铁氧体磁芯和铁粉芯线圈。线圈的电感量大小与有无磁芯有关。在空芯线圈中插入铁氧体磁芯，可增加电感量和提高线圈的品质因素。

铜芯线圈。铜芯线圈在超短波范围应用较多，利用旋动铜芯在线圈中的位置来改变电感量，这种调整比较方便、耐用。

色码电感器。色码电感器是具有固定电感量的电感器，其电感量标志方法同电阻一样以色环来标记。

阻流圈（扼流圈）。限制交流电通过的线圈称阻流圈，分高频阻流圈和低频阻流圈。

偏转线圈。偏转线圈是电视机扫描电路输出级的负载，偏转线圈要求：偏转灵敏度高、磁场均匀、Q 值高、体积小、价格低。

### 4. 变压器

变压器是变换交流电压、电流和阻抗的器件，当初级线圈中通有交流电流时，铁芯（或

磁芯）中便产生交流磁通，使次级线圈中感应出电压（或电流）。变压器由铁芯（或磁芯）和线圈组成，线圈有两个或两个以上的绕组，其中接电源的绕组为初级线圈，其余的绕组为次级线圈，如图 3-5 所示为民用变压器。

（1）分类

按冷却方式分类：干式（自冷）变压器、油浸（自冷）变压器、氟化物（蒸发冷却）变压器。

按防潮方式分类：开放式变压器、灌封式变压器、密封式变压器。

按铁芯或线圈结构分类：芯式变压器（插片铁芯、C型铁芯、铁氧体铁芯）、壳式变压器（插片铁芯、C 型铁芯、铁氧体铁芯）、环型变压器、金属箔变压器。

图 3-5　变压器

按用途分类：电源变压器、调压变压器、音频变压器、中频变压器、高频变压器、脉冲变压器。

（2）电源变压器的特性参数

工作频率。变压器铁芯损耗与频率关系很大，故应根据使用频率来设计和使用，这种频率称为工作频率。

额定功率。在规定的频率和电压下，变压器能长期工作，而不超过规定温度的输出功率。

额定电压。指在变压器的线圈上所允许施加的电压，工作时不得大于规定值。

电压比。指变压器初级电压和次级电压的比值，有空载电压比和负载电压比的区别。

空载电流。变压器次级开路时，初级仍有一定的电流，这部分电流称为空载电流。空载电流由磁化电流（产生磁通）和铁损电流（由铁芯损耗引起）组成。对于 50Hz 电源变压

器而言，空载电流基本上等于磁化电流。

空载损耗。指变压器次级开路时，在初级测得功率损耗。主要损耗是铁芯损耗，其次是空载电流在初级线圈铜阻上产生的损耗（铜损），这部分损耗很小。

效率。指次级功率 P2 与初级功率 P1 比值的百分比。通常变压器的额定功率愈大，效率就愈高。

绝缘电阻。表示变压器各线圈之间、各线圈与铁芯之间的绝缘性能。绝缘电阻的高低与所使用的绝缘材料的性能、温度高低和潮湿程度有关。

（3）音频变压器和高频变压器特性参数

频率响应。指变压器次级输出电压随工作频率变化的特性。

通频带。如果变压器在中间频率的输出电压为 U0，当输出电压（输入电压保持不变）下降到 0.707U0 时的频率范围，称为变压器的通频带 B。

初、次级阻抗比。变压器初、次级接入适当的阻抗 Ro 和 Ri，使变压器初、次级阻抗匹配，则 Ro 和 Ri 的比值称为初、次级阻抗比。在阻抗匹配的情况下，变压器工作在最佳状态，传输效率最高。

5. 半导体器件

（1）中国半导体器件型号命名方法

半导体器件型号由五部分（场效应器件、半导体特殊器件、复合管、PIN 型管、激光器件的型号命名只有第三、四、五部分）组成。五个部分意义，第一部分，用数字表示半导体器件有效电极数目，如 3-二极管、3-三极管。第二部分：用汉语拼音字母表示半导体器件的材料和极性。表示二极管时：A-N 型锗材料、B-P 型锗材料、C-N 型硅材料、D-P 型硅材料。表示三极管时：A-PNP 型锗材料、B-NPN 型锗材料、C-PNP 型硅材料、D-NPN 型硅材料。第三部分，用汉语拼音字母表示半导体器件的类型。如 P-普通管、V-微波管、W-稳压管、C-参量管、Z-整流管、L-整流堆、S-隧道管、N-阻尼管、U-光电器件、K-开关管、X-低频小功率管（F<3MHz，Pc<1W）、G-高频小功率管（f>3MHz，Pc<1W）、D-低频大功率管（f<3MHz，Pc>1W）、A-高频大功率管（f>3MHz，Pc>1W）、T-半导体晶闸管（可控整流器）、Y-体效应器件、B-雪崩管、J-阶跃恢复管、CS-场效应管、BT-半导体特殊器件、FH-复合管、PIN-PIN 型管、JG-激光器件。第四部分，用数字表示序号。第五部分，用汉语拼音字母表示规格号。例如：2N3904 表示 NPN 型硅材料高频三极管，如图3-6 所示为常见的三极管。

图 3-6　三极管

（2）日本半导体分立器件型号命名方法

日本生产的半导体分立器件，由五至七部分组成。通常只用到前五个部分，其各部分的符号意义如下：第一部分：用数字表示器件有效电极数目或类型。如 0-光电（即光敏）二极管三极管及上述器件的组合管、3-二极管、2-三极或具有两个 pn 结的其他器件、3-具有四个有效电极或具有三个 pn 结的其他器件，依此类推。第二部分：日本电子工业协会 JEIA

注册标志。S-表示已在日本电子工业协会 JEIA 注册登记的半导体分立器件。第三部分：用字母表示器件使用材料的极性和类型。如 A-PNP 型高频管、B-PNP 型低频管、C-NPN 型高频管、D-NPN 型低频管、F-P 控制极可控硅、G-N 控制极可控硅、H-N 基极单结晶体管、J-P 沟道场效应管、K-N 沟道场效应管、M-双向可控硅。第四部分：用数字表示在日本电子工业协会 JEIA 登记的顺序号。都是两位以上的整数，从"11"开始，表示在日本电子工业协会 JEIA 登记的顺序号；不同公司性能相同的器件可以使用同一顺序号；数字越大，越是近期产品。第五部分：用字母表示同一型号的改进型产品标志。A、B、C、D、E、F 表示这一器件是原型号产品的改进产品。

（3）美国半导体分立器件型号命名方法

美国电子工业协会半导体分立器件命名方法如下：第一部分：用符号表示器件用途的类型。如 JAN-军级、JANTX-特军级、JANTXV-超特军级、JANS-宇航级、（无）-非军用品。第二部分：用数字表示 pn 结数目。如 3-二极管、3-三极管、3-个 pn 结器件、n-n 个 pn 结器件。第三部分：美国电子工业协会（EIA）注册标志。N-该器件已在美国电子工业协会（EIA）注册登记。第四部分：美国电子工业协会登记顺序号。多位数字-该器件在美国电子工业协会登记的顺序号。第五部分：用字母表示器件分档。A、B、C、D 等表示同一型号器件的不同档级别。如：JAN2N3251A 表示 PNP 硅高频小功率开关三极管，JAN-军级、3-三极管、N-EIA 注册标志、3253-EIA 登记顺序号、A-2N3251A 档。

（4）国际电子联合会半导体器件型号命名方法

德国、法国、意大利、荷兰、比利时等欧洲国家以及匈牙利、罗马尼亚、南斯拉夫、波兰等东欧国家，大都采用国际电子联合会半导体分立器件型号命名方法。这种命名方法由四个基本部分组成，各部分的符号及意义如下：第一部分：用字母表示器件使用的材料。A-器件使用材料的禁带宽度 Eg=0.6~1.0eV 如锗、B-器件使用材料的 Eg=1.0~1.3eV 如硅、C-器件使用材料的 Eg>1.3eV 如砷化镓、D-器件使用材料的 Eg<0.6eV 如锑化铟、E-器件使用复合材料及光电池使用的材料。第二部分：用字母表示器件的类型及主要特征。A-检波开关混频二极管、B-变容二极管、C-低频小功率三极管、D-低频大功率三极管、E-隧道二极管、F-高频小功率三极管、G-复合器件及其他器件、H-磁敏二极管、K-开放磁路中的霍尔元件、L-高频大功率三极管、M-封闭磁路中的霍尔元件、P-光敏器件、Q-发光器件、R-小功率晶闸管、S-小功率开关管、T-大功率晶闸管、U-大功率开关管、X-倍增二极管、Y-整流二极管、Z-稳压二极管。第三部分：用数字或字母加数字表示登记号。三位数字-代表通用半导体器件的登记序号、一个字母加二位数字-表示专用半导体器件的登记序号。第四部分：用字母对同一类型号器件进行分档。A、B、C、D、E 等表示同一型号的器件按某一参数进行分档的标志。

除四个基本部分外，有时还加后缀，以区别特性或进一步分类。常见后缀如下：稳压二极管型号的后缀。其后缀的第一部分是一个字母，表示稳定电压值的容许误差范围，字母 A、B、C、D、E 分别表示容许误差为 ±1%、±2%、±5%、±10%、±15%；其后缀第二部分是数字，表示标称稳定电压的整数数值；后缀的第三部分是字母 V，代表小数点，字母 V 之后的数字为稳压管标称稳定电压的小数值。整流二极管后缀是数字，表示器件的最大反向峰值耐压值，单位是伏特。晶闸管型号的后缀也是数字，通常标出最大反向峰值耐压值和最大反向关断电压中数值较小的那个电压值。如：BDX53-表示 NPN 硅低频大功率三极管，AF239S-表示 PNP 锗高频小功率三极管。

6. 继电器

（1）继电器的工作原理和特性

继电器是一种电子控制器件，它具有控制系统（又称输入回路）和被控制系统（又称输出回路），通常应用于自动控制电路中，它实际上是用较小的电流去控制较大电流的一种"自动开关"，如图 3-7 所示为电磁继电器。

（2）电磁继电器的工作原理和特性

电磁式继电器一般由铁芯、线圈、衔铁、触点簧片等组成的。只要在线圈两端加上一定的电压，线圈中就会流过一定的电流，从而产生电磁效

图 3-7　电磁继电器

应，衔铁就会在电磁力吸引的作用下克服返回弹簧的拉力吸向铁芯，从而带动衔铁的动触点与静触点（常开触点）吸合。当线圈断电后，电磁的吸力也随之消失，衔铁就会在弹簧的反作用力作用下返回原来的位置，使动触点与原来的静触点（常闭触点）吸合。这样吸合、释放，从而达到了在电路中的导通、切断的目的。对于继电器的"常开、常闭"触点，可以这样来区分：继电器线圈未通电时处于断开状态的静触点，称为"常开触点"；处于接通状态的静触点称为"常闭触点"。

（3）热敏干簧继电器的工作原理和特性

热敏干簧继电器是一种利用热敏磁性材料检测和控制温度的新型热敏开关。它由感温磁环、恒磁环、干簧管、导热安装片、塑料衬底及其他一些附件组成。热敏干簧继电器不用线圈励磁，而由恒磁环产生的磁力驱动开关动作。恒磁环能否向干簧管提供磁力是由感温磁环的温控特性决定的。

（4）固态继电器（SSR）的工作原理和特性

固态继电器是一种两个接线端为输入端，另两个接线端为输出端的四端器件，中间采用隔离器件实现输入输出的电隔离。固态继电器按负载电源类型可分为交流型和直流型。按开关型式可分为常开型和常闭型。按隔离形式可分为混合型、变压器隔离型和光电隔离型，以光电隔离型为最多。

（5）继电器主要产品技术参数

额定工作电压。是指继电器正常工作时线圈所需要的电压。根据继电器的型号不同，可以是交流电压，也可以是直流电压。

直流电阻。是指继电器中线圈的直流电阻，可以通过万能表测量。

吸合电流。是指继电器能够产生吸合动作的最小电流。在正常使用时，给定的电流必须略大于吸合电流，这样继电器才能稳定地工作。而对于线圈所加的工作电压，一般不要超过额定工作电压的 1.5 倍，否则会产生较大的电流而把线圈烧毁。

释放电流。是指继电器产生释放动作的最大电流。当继电器吸合状态的电流减小到一

定程度时，继电器就会恢复到未通电的释放状态。这时的电流远远小于吸合电流。

（6）继电器测试

测触点电阻。用万能表的电阻档，测量常闭触点与动点电阻，其阻值应为 0；而常开触点与动点的阻值就为无穷大。由此可以区别出哪个是常闭触点，哪个是常开触点。

测线圈电阻。可用万能表 R×10Ω 档测量继电器线圈的阻值，从而判断该线圈是否存在着开路现象。

测量吸合电压和吸合电流。找来可调稳压电源和电流表，给继电器输入一组电压，且在供电回路中串入电流表进行监测。慢慢调高电源电压，听到继电器吸合声时，记下该吸合电压和吸合电流。为求准确，可以试多几次而求平均值。

测量释放电压和释放电流。也是像上述那样连接测试，当继电器发生吸合后，再逐渐降低供电电压，当听到继电器再次发生释放声音时，记下此时的电压和电流，亦可尝试多几次而取得平均的释放电压和释放电流。一般情况下，继电器的释放电压约在吸合电压的 10~50%，如果释放电压太小（小于 1/10 的吸合电压），则不能正常使用了，这样会对电路的稳定性造成威胁，工作不可靠。

### 继电器的电符号和触点形式

继电器线圈在电路中用一个长方框符号表示，如果继电器有两个线圈，就画两个并列的长方框。同时在长方框内或长方框旁标上继电器的文字符号"J"。继电器的触点有两种表示方法：一种是把它们直接画在长方框一侧，这种表示法较为直观。另一种是按照电路连接的需要，把各个触点分别画到各自的控制电路中，通常在同一继电器的触点与线圈旁分别标注上相同的文字符号，并将触点组编上号码，以示区别。继电器的触点有三种基本形式：动合型（H 型）线圈不通电时两触点是断开的，通电后，两个触点就闭合，以合字的拼音字头"H"表示；动断型（D 型）线圈不通电时两触点是闭合的，通电后两个触点就断开，用断字的拼音字头"D"表示；转换型（Z 型）这是触点组型。这种触点组共有三个触点，即中间是动触点，上下各一个静触点。线圈不通电时，动触点和其中一个静触点断开和另一个闭合，线圈通电后，动触点就移动，使原来断开的成闭合，原来闭合的成断开状态，达到转换的目的。这样的触点组称为转换触点。用"转"字的拼音字头"Z"表示。

（7）继电器的选用

先了解必要的条件：控制电路的电源电压，能提供的最大电流；被控制电路中的电压和电流；被控电路需要几组、什么形式的触点。选用继电器时，一般控制电路的电源电压可作为选用的依据。控制电路应能给继电器提供足够的工作电流，否则继电器吸合是不稳定的。

查阅有关资料确定使用条件后，可查找相关资料，找出需要的继电器的型号和规格号。

若手头已有继电器，可依据资料核对是否可以利用。最后考虑尺寸是否合适。

注意器具的容积。若是用于一般用电器，除考虑机箱容积外，小型继电器主要考虑电路板安装布局。对于小型电器，如玩具、遥控装置则应选用超小型继电器产品。

### 7. 制作二极管

制作标志图案即是创建电路当中的各种元件符号，电路元件多种多样，绘制方法不尽相同，下面进行介绍。

一般情况下，二极管、按键开关等的封装，需要根据实际使用的器件的具体尺寸，制作封装，如图 3-8 所示。

### 8. 制作喇叭

喇叭其实是一种将电能转换成声音的一种转换设备，当不同的电子能量传至线圈时，线圈产生一种能量与磁铁的磁场互动，这种互动造成纸盘振动，因为电子能量随时变化，喇叭的线圈会往前或往后运动，因此喇叭的纸盘就会跟着运动，这此动作使空气的疏密程度产生变化而产生声音。

PCB 设计中常用的发声器件有扬声器（speaker）和蜂鸣器（buzzer），如图 3-9 所示。

图 3-8　二极管

图 3-9　喇叭

### 9. 绘制接插件外形

接插件也叫连接器。国内也称作接头和插座，一般是指电接插件。即连接两个有源器件的器件，传输电流或信号，如图 3-10 所示。

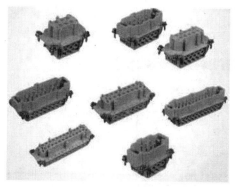

图 3-10　接插件

接插件有以下作用。

（1）改善生产过程。接插件简化电子产品的装配过程。也简化了批量生产过程。

（2）易于维修。如果某电子元部件失效，装有接插件时可以快速更换失效元部件。

（3）便于升级。随着技术进步，装有接插件时可以更新元部件，用新的、更完善的元部件代替旧的。

（4）提高设计的灵活性。使用接插件使工程师们在设计和集成新产品时，以及用元部件组成系统时，有更大的灵活性。

接插件的基本性能可分为三大类：即机械性能、电气性能和环境性能。另一个重要的机械性能是接插件的机械寿命。机械寿命实际上是一种耐久性（durability）指标，在国标GB5095 中称为机械操作。它是以一次插入和一次拔出为一个循环，以在规定的插拔循环后接插件能否正常完成其连接功能（如接触电阻值）作为评判依据。

接插件产品类型的划分虽然有些混乱，但从技术上看，接插件产品类别只有两种基本的划分办法：按外形结构：圆形和矩形（横截面）；按工作频率：低频和高频（以 3MHz为界）。

 **3.1.2 课堂讲解**

在第 1 章菜单和工具栏的讲解中，已提到了元器件的放置。其实元器件的放置方法多种多样，不同的设计者有不同的放置习惯。为了初学者能够找到适应自己使用的元器件放置方法，下面对元器件的所有放置方法，进行了的总结。

1. 使用菜单放置

使用菜单放置的方法，如图 3-11 所示，单击【放置元件】对话框中的按钮，打开【浏览元件库】对话框，如图 3-12 所示，找到电阻 "RES2" 的元件名称，并在对话框右侧显示元件的表示方法，可以在原理图中进行添加。

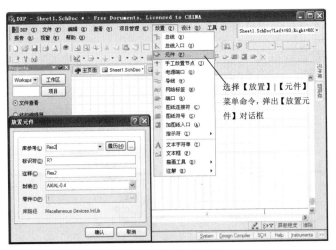

图 3-11　放置元件操作

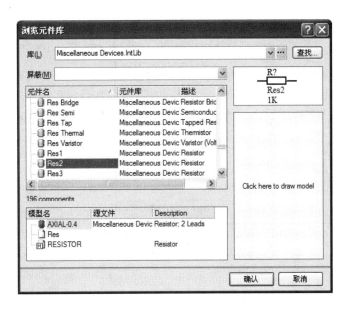

图 3-12 【浏览元件库】对话框

## 2. 使用工具栏放置

使用工具栏放置元器件，如图 3-13 所示。

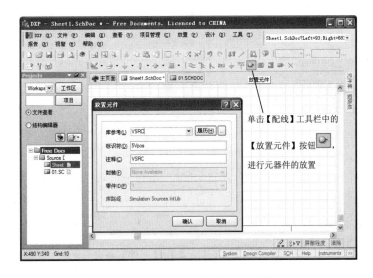

图 3-13 使用工具栏放置元器件

## 3. 使用热键放置

在 Protel 软件的发展中，为了使熟悉 DOS 版本的用户使用起来仍然方便，就保留了 DOS 版本中的热键命令。热键命令在进行放置元器件时，非常方便，如图 3-14 所示。

只需要按两次 P 键,就可弹出【放置元件】对话框,进行放置元件操作

图 3-14　使用热键放置

4. 使用快捷菜单放置

使用快捷菜单放置元器件,如图 3-15 所示,弹出【放置元件】对话框,填写相应的信息进行放置。

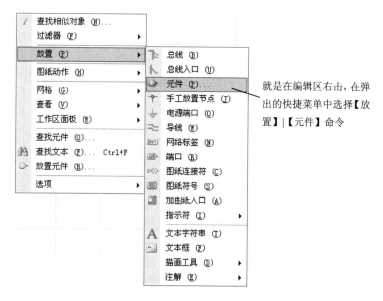

就是在编辑区右击,在弹出的快捷菜单中选择【放置】|【元件】命令

图 3-15　选择【放置】|【元件】命令

5. 使用【元件库】窗口放置

在之前的放置方法中,必须知道元器件在库中的名称才能放置元器件。在不知道元器件名称或只知道元器件的部分名称,而了解元器件的图形的情况下,可以在【元件库】窗口中操作,如图 3-16 所示。

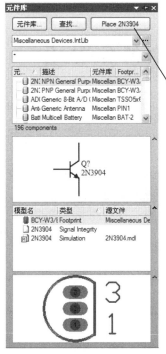

在原理图【元件库】窗口中浏览各元器件的图形，直到浏览图形是所需元器件，然后单击【元件库】窗口下的【Place（放置）】按钮，或双击元器件名称就可进行元器件的放置操作。

图 3-16    【元件库】窗口

6. 使用【浏览元件库】对话框放置

使用【浏览元件库】对话框放置元器件，同样可以在不知道元器件在库文件中的名称或只知道名称的一部分，但却清楚元器件在库文件中的图形时，进行实现放置元器件的操作，如图 3-17 所示。

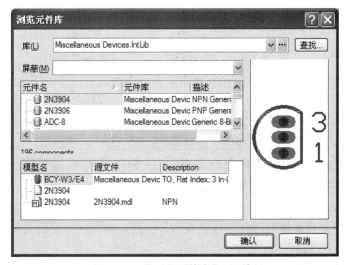

图 3-17    【浏览元件库】对话框

# 3.2 元件的编辑操作

**基本概念**

电路元件放置完成后，很多时候不能满足电路图的要求，这时就要用到元件的编辑命令，对元件进行位置、名称、属性等的修改，使其满足要求。

**课堂讲解课时：2 课时**

## 3.2.1 设计理论

元件的编辑操作包括：元器件的编辑、调整元器件的位置和编辑元器件的属性，这些命令是通过【编辑】菜单来实现的。

## 3.2.2 课堂讲解

### 1. 编辑元器件

对电路原理图中的元器件（包括其他对象）在进行复制或剪切前，首先要选中该元器件（或其他对象），在这种情况下的元器件必须是处于选取情况下，即元器件改变颜色且周围有颜色框。接着使用复制命令（Ctrl＋C）或剪切命令（Ctrl＋X），光标变为十字形，把光标移动到图纸的某个位置单击鼠标左键，作为复制或剪切的基点，被选取的所有对象（包括元器件）全部以基点为中心复制到了剪切板上。

对元器件的粘贴可以使用粘贴命令 Ctrl＋V 或 Shift＋Insert 键或使用【原理图 标准】工具栏上的【粘贴】按钮 ，此时光标上就附着了放在剪切板中的对象，把光标移动到放置粘贴对象的地方，单击鼠标左键就完成粘贴操作。此时，被粘贴的对象处于被选中状态，若粘贴的是元器件，元器件的所有属性被保留，包括元器件的标号及类型（或元器件的值）都不会发生改变。

元器件的删除方法常用的如图 3-18 所示。

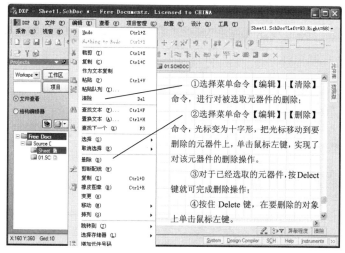

图 3-18　删除元件

## 2. 调整元器件的位置

### （1）移动和对齐元器件

在绘制电路原理图时，放置完了的电路图可能位置不太合适，需要进行移动。原理图中的所有对象都可以被移动，移动方法相似。对于元器件的移动来说又分两种情况，即元器件在同一层里的平移和元器件的层移。

- 将光标移动到元器件的中央，按住鼠标左键，元器件周围出现虚线框，拖动鼠标，把元器件放置在合适的位置，松开鼠标左键，就完成了对元器件的移动操作。
- 按住 Ctrl 键，再单击鼠标左键，元器件就附着在光标上，此时可松开 Ctrl 键，拖动鼠标到合适的位置，松开鼠标左键，就完成拖动元器件的操作。
- 利用【原理图标准】工具栏调整元器件，如图 3-19 所示。

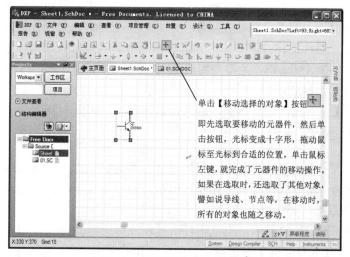

图 3-19　利用工具栏调整元器件

● 利用菜单栏命令调整元器件，如图 3-20 所示。

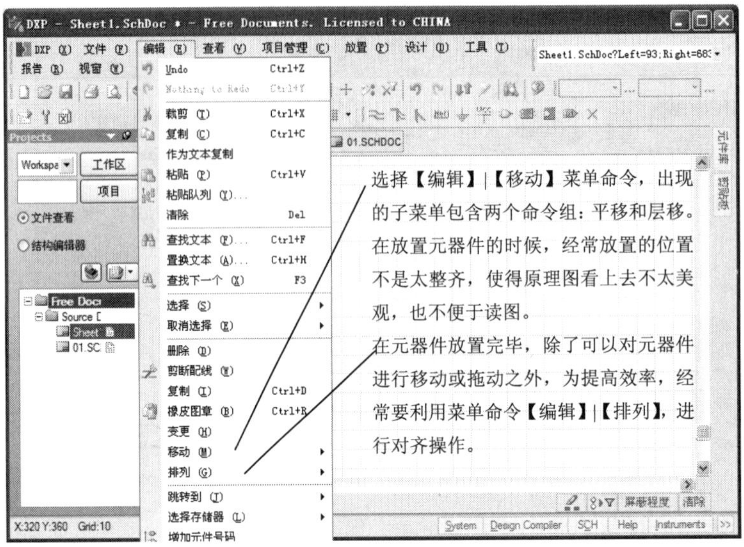

图 3-20　利用菜单命令调整元器件

（2）元器件旋转

在绘图连线的情况下，经常发现元器件所处的方向不恰当，这时，可对元器件进行旋转操作，从而使得在放置导线后，原理图的美观，更重要的是便于读图。

元器件的旋转操作要在元器件附着在光标上的时候进行，可以使用空格键进行调整。在这里进一步概括一下，具体方法有：

● 在放置元器件的时候，当单击【放置元件】对话框上的【确认】按钮之后，元器件就附着在光标上。此时按空格键，元器件旋转 90°；按 X 键，元器件水平对称旋转；按 Y 键，元器件垂直对称旋转。

● 放置完元器件后，单击鼠标左键，选取某元器件，然后在选取的元器件上，再次单击鼠标左键，元器件就附着在鼠标上。此时按空格键，元器件旋转 90°；按 X 键，元器件水平对称旋转；按 Y 键，元器件垂直对称旋转。放置完元器件后，按住鼠标左键不放。按 Space 键，元器件旋转 90°；按 X 键，元器件水平对称旋转；按 Y 键，元器件垂直对称旋转。

也可以使用【元件属性】对话框，进行元器件旋转，如图 3-21 所示。

3. 编辑元器件属性

原理图中的每一个元器件都具有特定的属性，在这些属性中，某些属性是在元器件库编辑中进行定义的，某些属性却只能在绘图编辑时进行定义。除此之外，每个元器件的组件也具有自己的属性，如图 3-22 所示的【放置元件】对话框。

在进行放置元器件的过程中，当元器件附着在光标上时，按 Tab 键，就可进入【元件属性】对话框；在【元件属性】对话框中，显示元件的详细信息。在【属性】选项卡和【图形属性】区域中，可以修改元件属性，如图 3-23 所示。

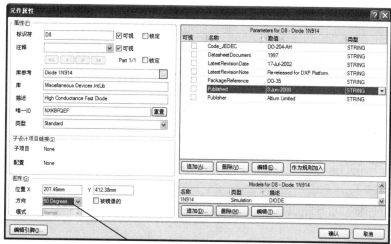

放置完元器件后，双击要进行旋转的元器件，弹出【元件属性】对话框，在【方向】下拉框中选择要旋转的角度，单击【确认】按钮，实现元器件的旋转。

图 3-21　【元件属性】对话框

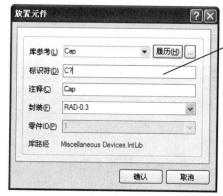

如元器件"CAP"除了图形之外，它还有两个文字组件"C？"和"CAP"。因此在对元器件"CAP"的属性进行编辑时，可以对它本身的属性（所有的属性，包括组件属性）进行编辑，也可单独对它的组件文本"C?"的属性进行编辑。换言之。对元器件属性的编辑，既可以对器件进行整体属性的编辑，也可对它的某个组件进行单独编辑。

图 3-22　【放置元件】对话框

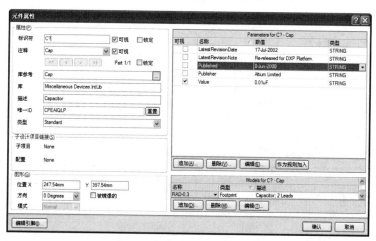

图 3-23　【元件属性】对话框

### 3.2.3 课堂练习——机芯电路

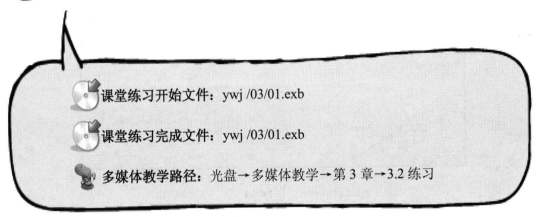

课堂练习开始文件：ywj /03/01.exb

课堂练习完成文件：ywj /03/01.exb

多媒体教学路径：光盘→多媒体教学→第 3 章→3.2 练习

**Step 1** 创建 2 个电容，如图 3-24 所示。

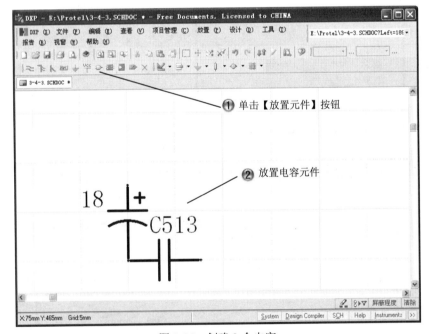

图 3-24 创建 2 个电容

**Step2** 创建电阻，如图 3-25 所示。

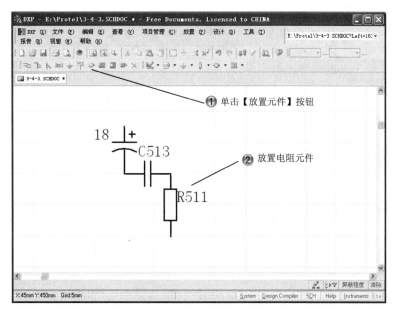

图 3-25　创建电阻

**Step3** 创建 2 个三极管，如图 3-26 所示。

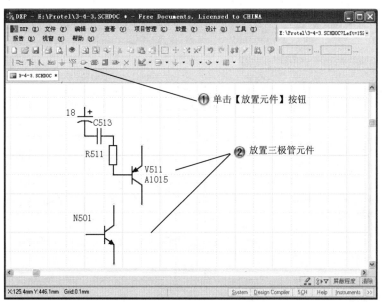

图 3-26　创建 2 个三极管

**Step4** 绘制圆形和数字，如图 3-27 所示。

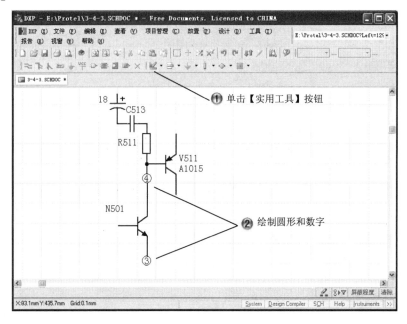

图 3-27　绘制圆形和数字

**Step5** 绘制导线，完成第一组分电路，如图 3-28 所示。

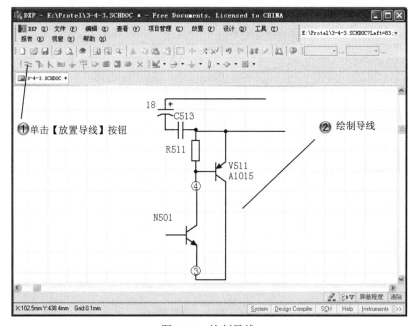

图 3-28　绘制导线

**Step6** 创建电源，如图 3-29 所示。

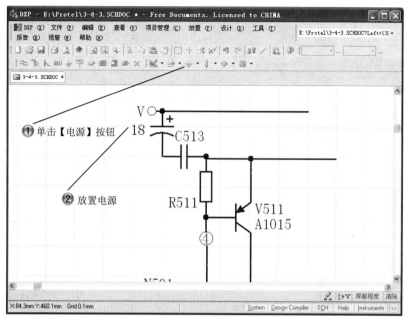

图 3-29　创建电源

**Step7** 创建接地元件，如图 3-30 所示。

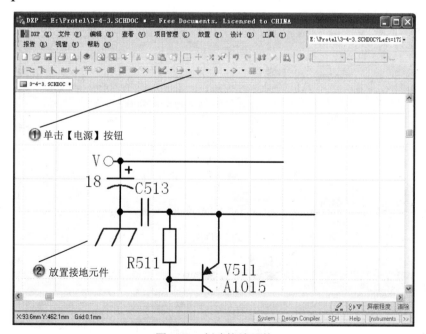

图 3-30　创建接地元件

**Step8** 创建二极管，如图 3-31 所示。

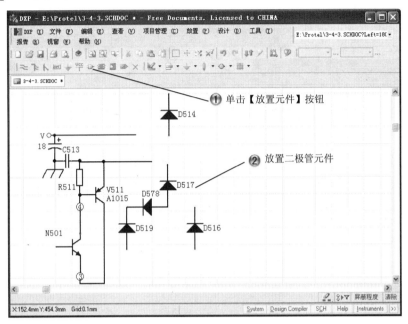

图 3-31　创建二极管

**Step9** 创建电阻，如图 3-32 所示。

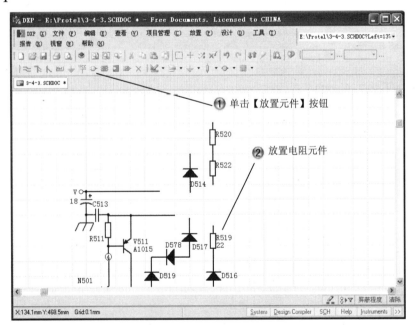

图 3-32　创建电阻

**Step 10** 创建电容，如图 3-33 所示。

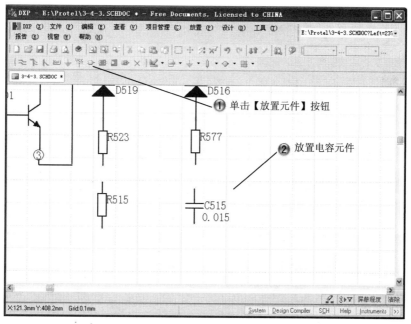

图 3-33 创建电容

**Step 11** 绘制导线，如图 3-34 所示。

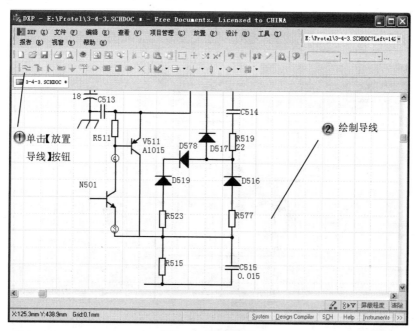

图 3-34 绘制导线

**Step12** 创建接地元件，完成第二组分电路绘制，如图 3-35 所示。

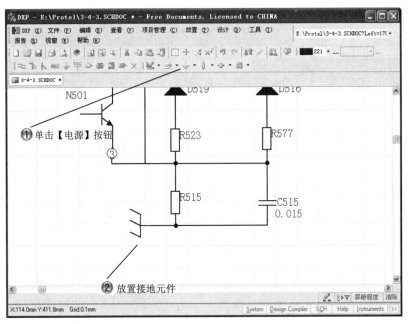

图 3-35　创建接地元件

**Step13** 绘制电阻、三极管、二极管，并连接导线，完成第三组分电路绘制，如图 3-36 所示。

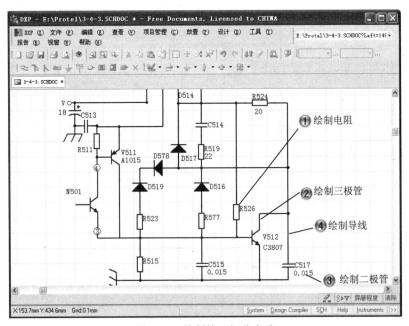

图 3-36　绘制第三组分电路

**Step 14** 绘制电阻、电容、三极管和电感，并连接导线，完成第四组分电路绘制，如图 3-37 所示。

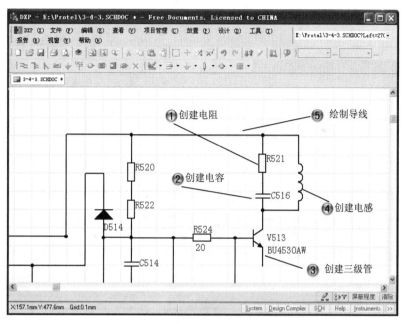

图 3-37 绘制第四组分电路

**Step 15** 绘制电阻和电感，并连接导线，完成第五组分电路绘制，如图 3-38 所示。

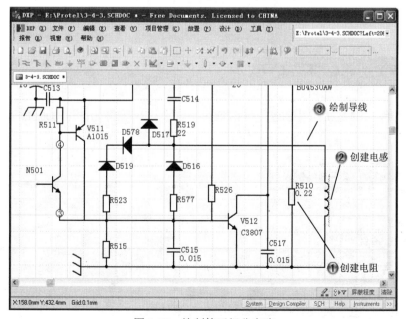

图 3-38 绘制第五组分电路

**Step 16** 绘制完成的机芯电路，如图 3-39 所示。

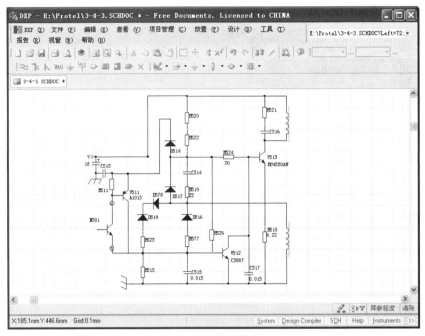

图 3-39　绘制完成的机芯电路

# 3.3　原理图布线

### 基本概念

原理图布线指的是在元件创建完成的情况下，使用导线将元件进行连接。

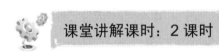

### 课堂讲解课时：2 课时

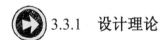

## 3.3.1　设计理论

1. 电气安装接线图

一般情况下，电气安装图和原理图需配合起来使用。

**绘制电气安装图应遵循的主要原则如下：**

（1）必须遵循相关国家标准绘制电气安装接线图。

（2）各电器元器件的位置、文字符号必须和电气原理图中的标注一致，同一个电器元件的各部件（如同一个接触器的触点、线圈等）必须画在一起，各电器元件的位置应与实际安装位置一致。

（3）不在同一安装板或电气柜上的电器元件或信号的电气连接一般应通过端子排连接，并按照电气原理图中的接线编号连接。

（4）走向相同、功能相同的多根导线可用单线或线束表示。画连接线时，应标明导线的规格、型号、颜色、根数和穿线管的尺寸。

2. 电器元件布置图

**电器元器件布置图的设计应遵循以下原则：**

（1）必须遵循相关国家标准设计和绘制电器元件布置图。

（2）相同类型的电器元件布置时，应把体积较大和较重的安装在控制柜或工具栏的下方。

（3）发热的元器件应该安装在控制柜或工具栏的上方或后方，但热继电器一般安装在接触器的下面，以方便与电机和接触器的连接。

（4）需要经常维护、整定和检修的电器元件、操作开关、监视仪器仪表，其安装位置应高低适宜，以便工作人员操作。

（5）强电、弱电应该分开走线，注意屏蔽层的连接，防止干扰的窜入。
电器元器件的布置应考虑安装间隙，并尽可能做到整齐、美观。

3. 电器控制系统图

为了表达生产机械电气控制系统的结构、原理等设计意图，便于电气系统的安装、调试、使用和维修，将电气控制系统中各电器元件及其连接线路用一定的图形表达出来，这就是电气控制系统图。用导线将电机、电器、仪表等元器件按一定的要求连接起来，并实现某种特定控制要求的电路。

3.3.2 **课堂讲解**

1. 使用菜单布线

元器件放置好后，就应该连接元器件。虽然连接方法有多种，但最常用的是使用导线进行连接。放置导线可采用多种方式，例如：菜单、快捷键、工具栏等。

使用菜单放置导线方法，如图 3-40 所示。

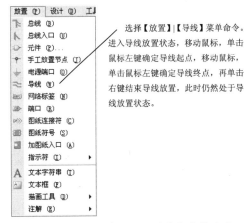

图 3-40　选择【放置】|【导线】菜单命令

2. 使用热键布线

使用热键放置导线的方法：
在编辑区依次按下 P 键和 W 键，即可进入导线放置状态。

3. 使用快捷菜单布线

使用快捷菜单放置导线方法，如图 3-41 所示。

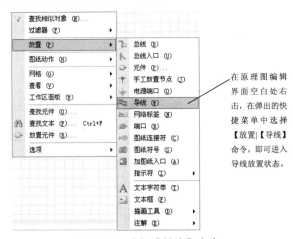

图 3-41　选择【导线】命令

### 4. 使用工具栏布线

使用【配线】工具栏放置导线方法，如图 3-42 所示。

在【配线】工具栏上单击【放置导线】

按钮，即可进入导线放置状态。

图 3-42    使用【配线】工具栏放置导线

### 5. 绘制总线

总线就是用一条线来表达数条并行的导线。这样做是为了简化原理图，便于读图。如常说的数据总线、地址总线等。总线本身没有实质的电气连接意义，必须由总线接出的各个单一导线上的网络名称来完成电气意义上的连接。由总线接出的各个单一导线上必须放置网络名称来完成电气意义上的连接。由总线接出的各个单一导线上必须放置网络名称，具有相同网络名称的导线表示实际电气意义上的连接。

（1）启动绘制总线的命令

启动绘制总线的命令有如下两种方法，如图 3-43 所示中的①和②。

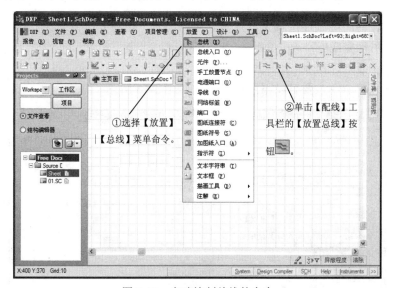

图 3-43    启动绘制总线的命令

（2）绘制总线的步骤

启动绘制总线命令后，光标变成十字形，在恰当的位置单击鼠标确定总线的起点，绘制方法与绘制导线相同，也是在转折处单击鼠标或在总线的末端单击鼠标确定，绘制总线的方法与绘制导线的方法基本相同。

（3）总线属性的设置

在绘制总线状态下，按 Tab 键，将弹出【总线】属性对话框，如图 3-44 所示。在绘制总线完成后，如果想修改总线属性，就双击总线，将弹出此对话框。【总线】对话框的设置一般情况下采用默认设置即可。

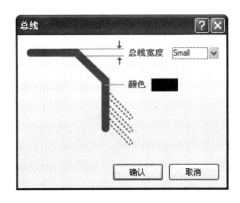

图 3-44　【总线】对话框

6. 绘制总线入口

总线入口是单一导线进出总线的端点。导线与总线连接时必须使用总线入口，总线和总线入口没有任何的电气连接意义，只是让电路图看上去更有专业水平，因此电气连接功能要由网路标号来完成。

（1）启动总线入口命令

启动总线入口命令主要有以下两种方法，如图 3-45 所示。

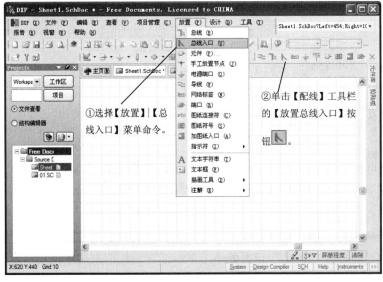

图 3-45　启动总线入口命令

（2）绘制总线入口的步骤

绘制总线入口的步骤如下：

①执行绘制总线入口命令后，光标变成十字形，并有分支线"/"悬浮在游标上。如果需要改变分支线的方向，仅需要按空格键就可以了。

②移动游标到所要放置总线入口的位置，游标上出现两个红色的十字叉，单击鼠标即可完成第一个总线入口的放置。依次可以放置所有的总线入口。

③绘制完所有的总线入口后，右击鼠标或按 Esc 键退出绘制总线入口状态。光标由十字形变成箭头。

（3）总线入口属性的设置

在绘制总线入口状态下，按 Tab 键，将弹出【总线入口】对话框，或者在绘制总线入口状态后，双击总线入口同样弹出【总线入口】对话框，如图 3-46 所示。

在【总线入口】对话框中，可以设置颜色和线宽，【位置】一般不需要设置，采用默认设置即可。

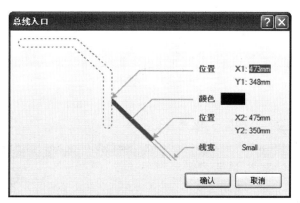

图 3-46　【总线入口】对话框

### 3.3.3　课堂练习——电视电路

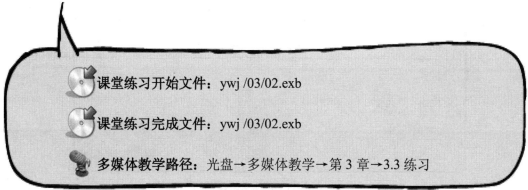

课堂练习开始文件：ywj /03/02.exb

课堂练习完成文件：ywj /03/02.exb

多媒体教学路径：光盘→多媒体教学→第 3 章→3.3 练习

**Step1** 创建开关，如图 3-47 所示。

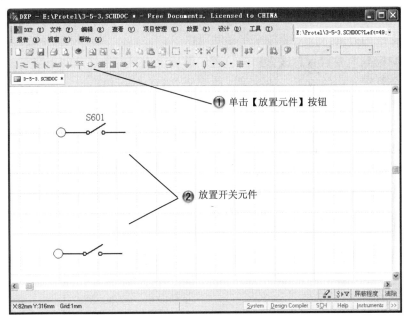

图 3-47　创建开关

**Step2** 创建保险丝，如图 3-48 所示。

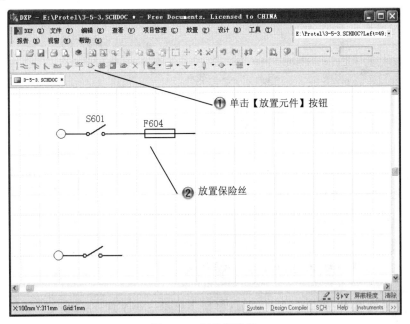

图 3-48　创建保险丝

**Step3** 创建电容，如图 3-49 所示。

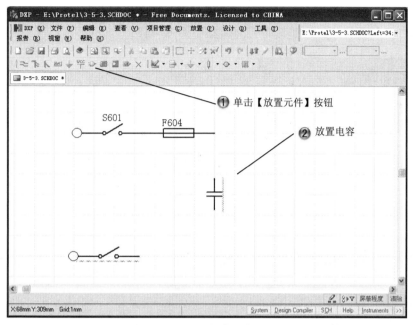

图 3-49　创建电容

**Step4** 创建电感，如图 3-50 所示。

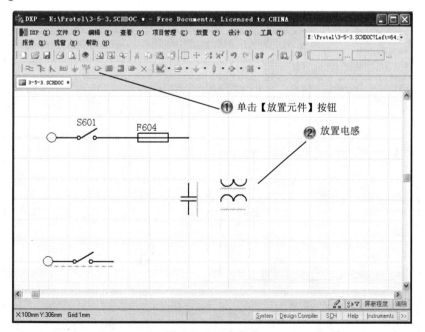

图 3-50　创建电感

Step5 绘制导线，完成第一组分电路绘制，如图 3-51 所示。

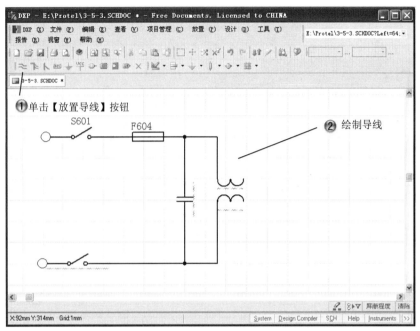

图 3-51 绘制导线

Step6 创建电阻，如图 3-52 所示。

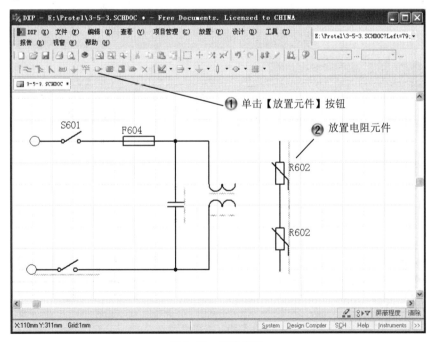

图 3-52 创建电阻

Step7 创建桥元件，如图 3-53 所示。

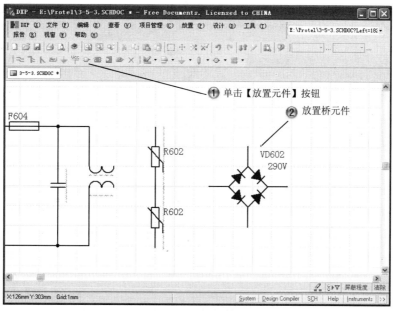

图 3-53　创建桥元件

Step8 创建电容，如图 3-54 所示。

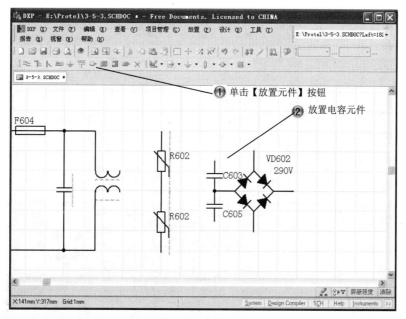

图 3-54　创建电容

**Step9** 绘制导线，完成第二组分电路绘制，如图 3-55 所示。

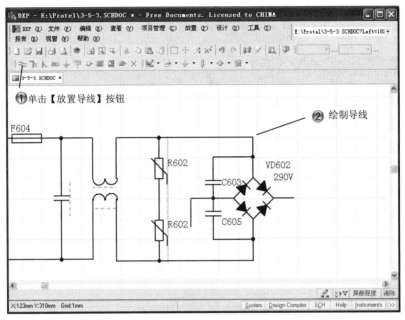

图 3-55　绘制导线

**Step10** 创建电感和电阻，并绘制导线，完成第三组分电路绘制，如图 3-56 所示。

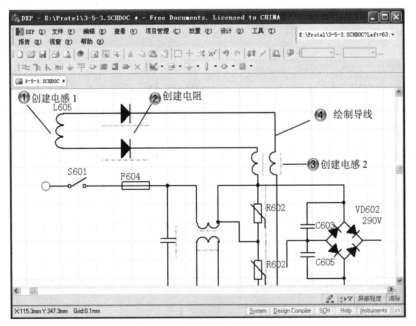

图 3-56　绘制第三组分电路

**Step 11** 创建接地元件，如图 3-57 所示。

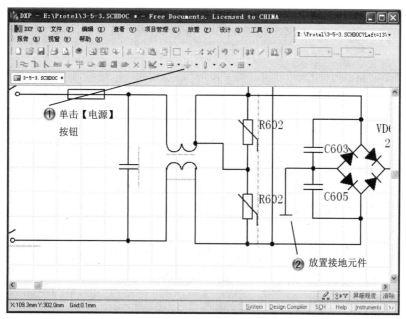

图 3-57　创建接地元件

**Step 23** 创建多组元件，并绘制导线，完成第四组分电路绘制，如图 3-58 所示。

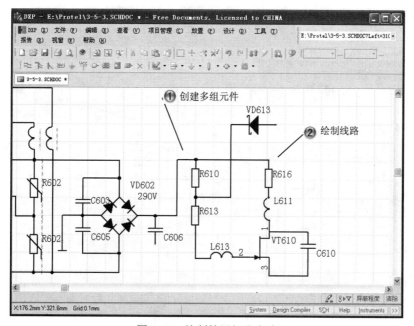

图 3-58　绘制第四组分电路

**Step 13** 创建接地元件，如图 3-59 所示。

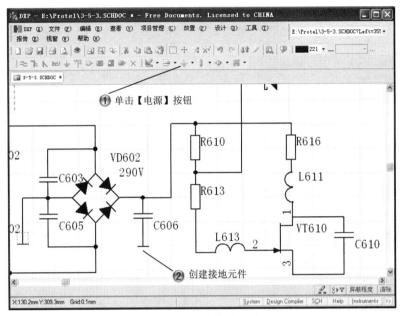

图 3-59　创建接地元件

**Step 14** 创建多组元件，并绘制线路，完成第五组分电路绘制，如图 3-60 所示。

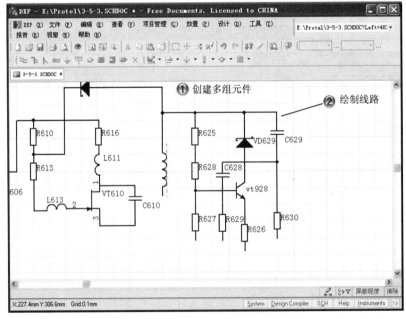

图 3-60　绘制第五组分电路

**Step15** 创建接地元件，如图 3-61 所示。

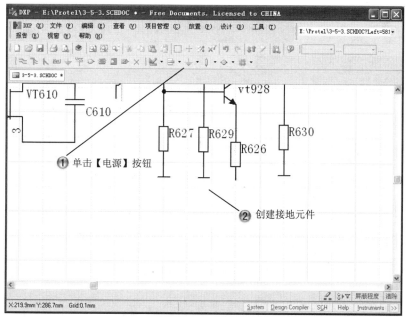

图 3-61　创建接地元件

**Step16** 创建二极管、电容和电感，并绘制线路，完成第六组分电路绘制，如图 3-62 所示。

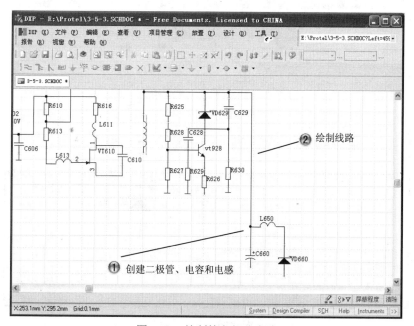

图 3-62　绘制第六组分电路

**Step 17** 创建接地元件，如图 3-63 所示。

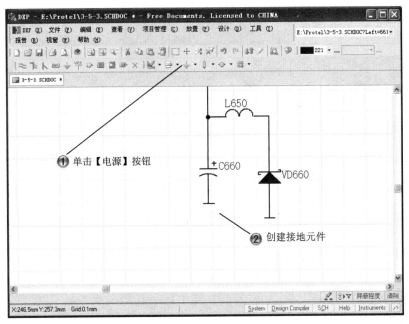

图 3-63　创建接地元件

**Step 18** 创建电源，如图 3-64 所示。

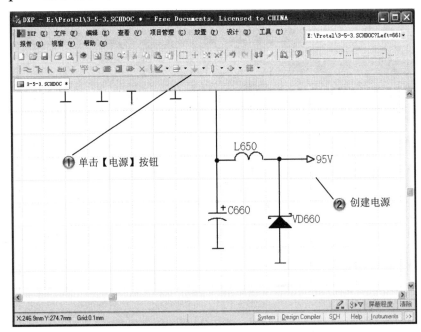

图 3-64　创建电源

Step19 创建多组元件，并绘制线路，完成第七组分电路绘制，如图 3-65 所示。

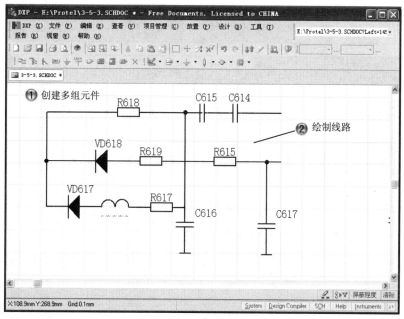

图 3-65 绘制第七组分电路

Step20 创建多组元件，并绘制线路，完成第八组分电路绘制，如图 3-66 所示。

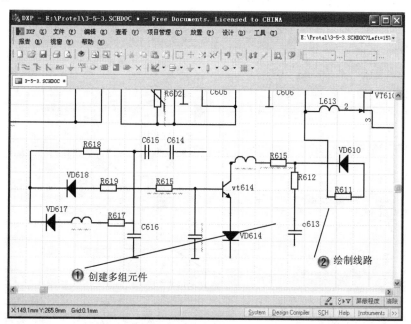

图 3-66 绘制第八组分电路

**Step21** 创建多组元件，并绘制线路，完成第九组分电路绘制，如图 3-67 所示。

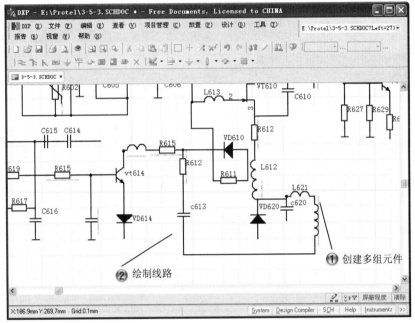

图 3-67 绘制第九组分电路

**Step22** 创建接地元件，如图 3-68 所示。

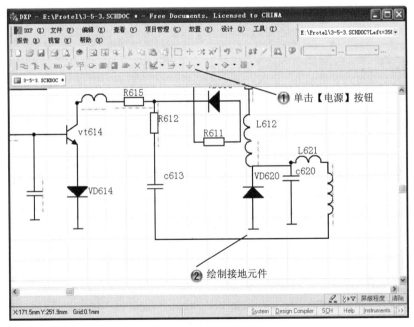

图 3-68 创建接地元件

**Step23** 创建多组元件，并绘制线路，完成第十组分电路绘制，如图 3-69 所示。

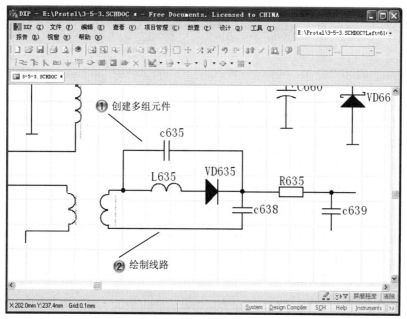

图 3-69　绘制第十组分电路

**Step24** 创建接地元件，如图 3-70 所示。

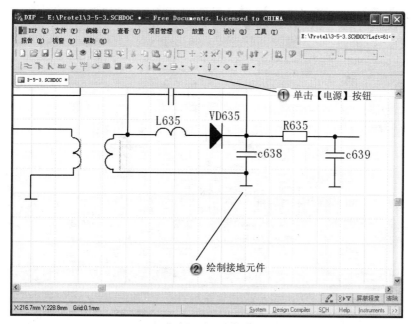

图 3-70　创建接地元件

**Step25** 创建电源，如图 3-71 所示。

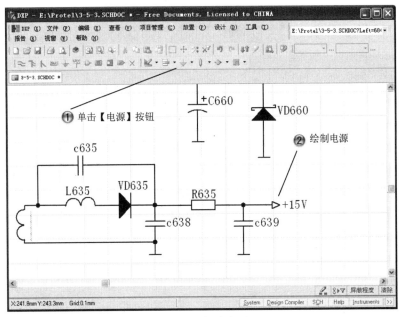

图 3-71　创建电源

**Step26** 绘制完成的电视电路，如图 3-72 所示。

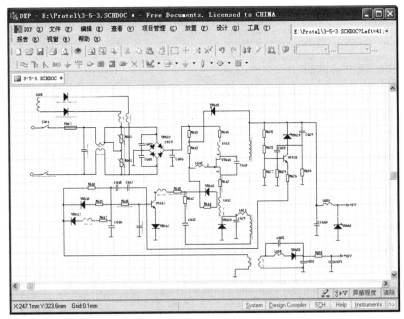

图 3-72　绘制完成的电视电路

# 3.4　原理图报表

**基本概念**

　　尽管在电路原理图绘制完成后，我们通过电气规则检查（ERC）可以发现原理图设计中的许多错误，但这并不能保证原理图不存在问题，这时就要用到原理图报表，即网络表。

**课堂讲解课时：1 课时**

**3.4.1　设计理论**

　　建立良好的设计环境是网络表正常工作的前提条件。由于 Protel DXP 网络表不具备模糊查询的能力，因此设计人员在设计工作中应建立一一对应的设计观念。也就是说，必须考虑到设计要达到点到点的程度。在有条件的情况下对元件库进行必要的整理。不宜过多地加载元件库文件。可以以某几个元件库为主，进行适当的补充把最常用的元件复制进去。例如，原理图中最常用的库文件是"Miscellaneous Deviesc.lib"，在 PCB 图中最常用的是"PCB Footprints.lib"。我们可以在这两个库文件中进行增补，还可以建立自己的专项元件库。这样既可以加快系统的运行速度，又可以尽量避免网络表中出现错误，进而提高设计质量。总之，Protel DXP 网络表的应用需要在设计实践中不断总结经验才能熟练地加以应用。

**3.4.2　课堂讲解**

　　原理图完成后，选择【设计】|【设计项目的网络表】|【Protel】菜单命令，生成网络表，如图 3-73 所示。

图 3-73 · 网络表

1. 网络表出错信息的处理

在电子电路设计过程中，通常是首先完成原理图的设计，然后创建网络表。通常在PCB图的设计过程中，经常出现的问题之一就是在引入网络表的过程中，对话框中出现错误或警告信息。

实际上最常出现的错误或警告信息主要有二：Error Net not found （网络没有找到）和 Error Component not found （元件没有找到）。特别要说明的是，通常我们按照 Protel DXP 设计教程中关于修改网络表错误的方法并不总是奏效，甚至出现越改提示的错误越多的情况，造成无法进行 PCB 自动布线。

究其原因主要有以下几方面：Protel DXP 的原理图中元件的引脚编号和 PCB 元件库中的元件封装不一致，PCB 元件库中的重名元件之间封装不一致，原理图中元件库中重名的引脚编号不一致，Protel DXP 网络表只能严格按照一一对应的方式建立各元件之间的网络关系。Protel DXP 网络表没有模糊识别元件引脚之间相互联系的能力。例如，对二极管、整流器一类元件的引脚编号在 Protel DXP 中有几种方式，二极管的正极用 1 或 A 表示，负极用 2 或 K 表示。如果原理图中的二极管用 1/2 表示引脚，而 PCB 图中系统查找到的二极管封装图使用 A/K 表示引脚，那么在引入网络表时最容易产生 Error Net not found 的错误。由于 Protel DXP 元件库非常庞大，而且其分类又不太适合国内电子电路设计人员的工作习惯，往往为了调入元件方便而在设计管理器中预先加载了很多的元件库，甚至是全部的元件库文件。而 Protel DXP 系统在调入网络表时，对元件封装的查找带有很大的随机性，仅仅是严格地"对号入座"。这与一般的设计人员在设计中对二极管一类元件只注意是正极还是负极是不同的。

只要我们把原理图中的引脚编号与 PCB 元件封装引脚编号修改一致，重新调入网络表就会立刻发现网络表中提示的相关"Error Net not found"不见了。有时候，明明知道 PCB 元件库中有某一个元件，而网络表中就是不断地提示"Error Component not found "，这除了与上述原因有关以外，还与 Protel DXP 提供的元件库编排烦杂有关。Protel DXP 所带的元件库实际上是"历史的累积"分类并不十分合理。多数与电子厂商提供的原始资料有关。重名的元件并不一定完全一致。特别是电子元件的封装相当一部分是国外元件厂商自定的标准，相互之间存在一些差异。因此从原理图设计开始就应该注意到上述问题，以保证事后网络表能"一一对应"地与 PCB 图建立网络关系。

2. 网络表错误信息的查找和修改

按照 Protel DXP 设计教程中提供的修改错误的方法，只有设计人员在确切了解错误的真实所在才能有效地解决问题。但实际上有时我们很难根据网络表提供的信息直接找到错误的原因。下面提供一个有效的查错办法。

首先在 PCB 图中引入网络表。根据网络表管理器对话框中提示的错误信息，单击 PCB 图中查找没有生成飞线的节点。这些没有生成网络飞线的元件引脚，肯定属于网络表中提示的错误信息之内。设置这些节点的属性，我们可以看到这些节点都是 "No net"。尤其是 PCB 封装中，"DIODE" 一类元件的错误居多。如果引脚属性中是采用 A/K 形式的，此时可修改为 1/2 形式。反之如果引脚属性中是采用 1/2 形式的，此时可修改为 A/K 形式。完成修改后重新导入网络表，此时就可以看到原来提示的错误没有了，网络表管理器对话框下面提示的错误总数也减少了。从 PCB 图上就可以看到原来没有孤立的节点已经建立了飞线。其他的元件都可以采用这种办法修改错误。对于比较复杂的电路或网络表提示错误较多的情况下最好不要一次全部完成修改工作，可以分批逐次进行。每次修改后重新调入网络表，此时可以立刻看到修改的结果。这样可以随时掌握和避免设计或修改出错的情况。这种方法看起来可能慢了一些，但比起 Protel DXP 设计教程中提供的修改错误的方法要直观得多。设计人员可以始终保持心中有数。

3. 关于元件电源端的处理

最后要补充说明的是对于集成电路电源端的处理问题。为了避免网络表出错，在设计原理图时最好将 Vcc/Gnd 两个引脚显示出来并根据设计要求引到相应的电气回路上。否则的话在生成 PCB 图时，会自行建立一个封闭的电源回路而与整个原理图的电气回路不相连通。

# 3.5 专家总结

原理图是表示电路板上各器件之间连接原理的图表。在方案开发等正向研究中，原理图的作用是非常重要的，而对原理图的把关也关乎整个项目的质量甚至生命。本章主要介绍了电路元素的放置和编辑原理图中的元件编辑，以及原理图布线、报表等内容。放置电路元素和导线是最重要的部分，要结合示例进行深入学习。

# 3.6 课后习题

## 3.6.1 填空题

（1）放置电路元素的方法有_____种。
（2）最方便快捷的放置电路元件方法_____。
（3）原理图报表的作用是_____。

## 3.6.2 问答题

（1）创建原理图布线的方法有哪些？
（2）原理图有几种布线类型？

## 3.6.3 上机操作题

如图 3-74 所示，使用本章学过的命令来创建电铃的电路。

一般创建步骤和方法：
（1）绘制元件。
（2）绘制导线。
（3）绘制交点。
（4）添加元件文字部分。

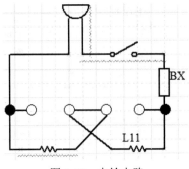

图 3-74　电铃电路

# 第 4 章 层次原理图设计

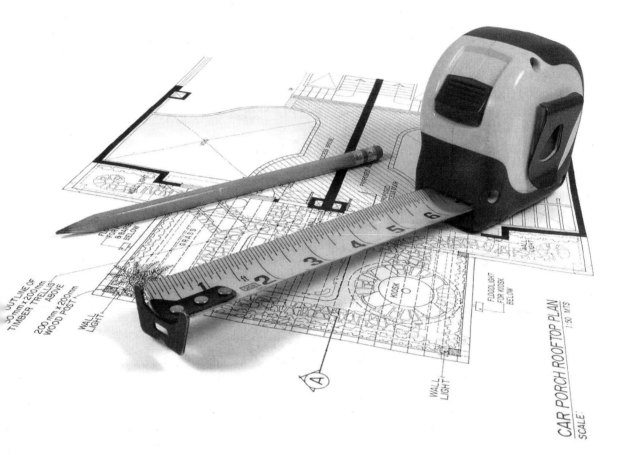

| | 内　容 | 掌握程度 | 课　时 |
|---|---|---|---|
| 课训目标 | 自顶向下设计 | 熟练运用 | 2 |
| | 自底向上设计 | 熟练运用 | 2 |
| | 层次原理图报表 | 理解 | 1 |
| | | | |

**课程学习建议**

　　电气原理图的绘制有两种方式：自顶向下和自底向上，这两种方法有其共通和不同的地方。创建原理图报表的目的是进行法则检验和输出，电气法则测试就是通常所称的 ERC（Electrical Rule Check，ERC），利用 ERC 可以对大型设计进行快速检测。电气法则可以按照用户指定的物理/逻辑特性进行，可以输出相关的物理逻辑冲突报告。例如空的管脚、没有连接的网络标号、没有连接的电源等等，生成测试报告的同时程序还会将 ERC 结果直接标注在原理图上。

　　本课程主要基于层次原理图的设计和创建过程，其培训课程表如下。

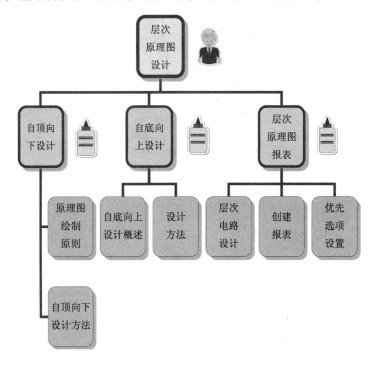

# 4.1　自顶向下设计

**基本概念**

　　所谓自上而下的设计方法是指在建立的顶层原理图文件中首先绘制电路方块图，然后分别在子原理图文件中绘制各电路方块图所对应的电路原理图。

课堂讲解课时：2 课时

 4.1.1  设计理论

**1. 绘制电气原理图**

绘制主电路时，应依规定的电气图形符号用粗实线画出主要控制、保护等。

电气原理图是用电设备，如断路器、熔断器、变频器、热继电器、电动机等，并依次标明相关的文字符号，如图 4-1 所示。

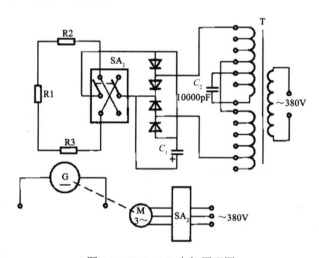

图 4-1  WSM160 电气原理图

**2. 控制电路**

控制电路一般是由开关、按钮、信号指示、接触器、继电器的线圈和各种辅助触点构成，无论简单或复杂的控制电路，一般均是由各种典型电路（如延时电路、联锁电路、顺控电路等）组合而成，用以控制主电路中受控设备的"启动"、"运行"、"停止"使主电路中的设备按设计工艺的要求正常工作。对于简单的控制电路：只要依据主电路要实现的功能，结合生产工艺要求及设备动作的先、后顺序依次分析，仔细绘制。对于复杂的控制电路，要按各部分所完成的功能，分割成若干个局部控制电路，然后与典型电路相对照，找出相同之处，本着先简后繁、先易后难的原则逐个画出每个局部环节，再找到各环节的相互关系。

**3. 识别方法**

看电气控制电路图一般方法是先看主电路，再看辅助电路，并用辅助电路的回路去研究主电路的控制程序。

（1）看主电路的步骤

第一步：看清主电路中用电设备。用电设备指消耗电能的用电器具或电气设备，看图首先要看清楚有几个用电器，它们的类别、用途、接线方式及一些不同要求等。

第二步：要弄清楚用电设备是用什么电器元件控制的。控制电气设备的方法很多，有的直接用开关控制，有的用各种启动器控制，有的用接触器控制。

第三步：了解主电路中所用的控制电器及保护电器。前者是指除常规接触器以外的其他控制元件，如电源开关（转换开关及空气断路器）、万能转换开关。后者是指短路保护器件及过载保护器件，如空气断路器中电磁脱扣器及热过载脱扣器的规格、熔断器、热继电器及过电流继电器等元件的用途及规格。一般来说，对主电路作如上内容的分析以后，即可分析辅助电路。

第四步：看电源。要了解电源电压等级，是 380V 还是 220V，是从母线汇流排供电还是配电屏供电，还是从发电机组接出来的。

（2）看辅助电路的步骤

辅助电路包含控制电路、信号电路和照明电路。

分析控制电路。根据主电路中各电动机和执行电器的控制要求，逐一找出控制电路中的其他控制环节，将控制线路"化整为零"，按功能不同划分成若干个局部控制线路来进行分析。如果控制线路较复杂，则可先排除照明、显示等与控制关系不密切的电路，以便集中精力进行分析。

第一步：看电源。首先看清电源的种类．是交流还是直流。其次．要看清辅助电路的电源是从什么地方接来的，及其电压等级。电源一般是从主电路的两条相线上接来，其电压为 380V。也有从主电路的一条相线和一零线上接来，电压为单相 220V；此外，也可以从专用隔离电源变压器接来，电压有 140、127、36、6.3V 等。辅助电路为直流时，直流电源可从整流器、发电机组或放大器上接来，其电压一般为 24、12、6、4.5、3V 等。辅助电路中的一切电器元件的线圈额定电压必须与辅助电路电源电压一致。否则，电压低时电路元件不动作；电压高时，则会把电器元件线圈烧坏。

第二步：了解控制电路中所采用的各种继电器、接触器的用途，如采用了一些特殊结构的继电器，还应了解他们的动作原理。

第三步：根据辅助电路来研究主电路的动作情况。

分析了上面这些内容再结合主电路中的要求，就可以分析辅助电路的动作过程。

控制电路总是按动作顺序画在两条水平电源线或两条垂直电源线之间的。因此，也就可从左到右或从上到下来进行分析。对复杂的辅助电路，在电路中整个辅助电路构成一条大回路，在这条大回路中又分成几条独立的小回路，每条小回路控制一个用电器或一个动作。当某条小回路形成闭合回路有电流流过时，在回路中的电器元件(接触器或继电器)则动作，把用电设备接入或切除电源。在辅助电路中一般是靠按钮或转换开关把电路接通的。对于控制电路的分析必须随时结合主电路的动作要求来进行，只有全面了解主电路对控制电路的要求以后，才能真正掌握控制电路的动作原理，不可孤立地看待各部分的动作原理，而应注意各个动作之间是否有互相制约的关系，如电动机正、反转之间应设有联锁等。

第四步：研究电器元件之间的相互关系。电路中的一切电器元件都不是孤立存在的，而是相互联系、相互制约的。这种互相控制的关系有时表现在一条回路中，有时表现在几条回路中。

第五步：研究其他电气设备和电器元件。如整流设备、照明灯等。

### 4. 电气原理图的组成

电气原理图的组成有以下几点。

（1）电气原理图一般分主电路和辅助电路两部分。

（2）图中所有元件都应采用国家标准中统一规定的图形符号和文字符号。

（3）布局。

（4）文字符号标注。

（5）图形符号表示要点：未通电或无外力状态。

（6）线条交叉及图形方向。

（7）图区和索引。

主电路：是电气控制线路中大电流通过的部分，包括从电源到电机之间相连的电器元件；一般由组合开关、主熔断器、接触器主触点、热继电器的热元件和电动机等组成。

辅助电路：是控制线路中除主电路以外的电路，其流过的电流比较小。辅助电路包括控制电路、照明电路、信号电路和保护电路。其中控制电路是由按钮、接触器和继电器的线圈及辅助触点、热继电器触点、保护电器触点等组成。

### 5. 自顶向下设计流程图

层次电路图的设计方法实际上是一种模块化的设计方法，自顶向下的层次原理图的设计流程，如图 4-2 所示。

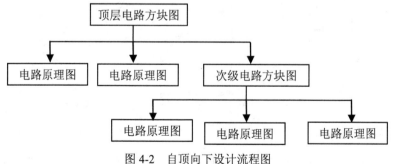

图 4-2　自顶向下设计流程图

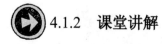4.1.2　**课堂讲解**

以直流稳压电源电路为例，下面介绍这种方法绘制电路图的步骤。

### 1. 绘制顶层电路图

根据前面介绍的原理图设计知识，首先建立一个 PCB 项目设计文件，然后建立一个电路原理图文件，名字定义为"Main.Schdoc"。最后设置好电路图的有关属性及添加元件库。

绘制电路图元件的方法，如图 4-3 所示。

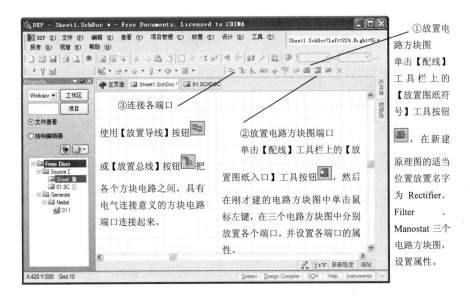

图 4-3　绘制电路图元件的方法

绘制完成的电路方块图，如图 4-4 所示。

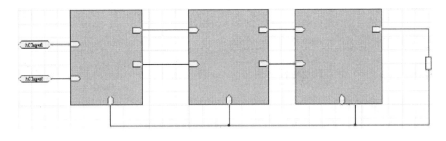

图 4-4　电路方块图

### 2. 绘制层次原理图子图

上面定义了各电路方块图，这个环节具体介绍如何由电路方块图生成所对应的电路原理图文件，操作步骤如图 4-5 所示。

按照同样的方法，可以生成名为 Filter、Manostat 的电路原理图。这样，就完成了整个层次原理图的绘制，不同类型的原理图子图如图 4-6、图 4-7、图 4-8 所示。

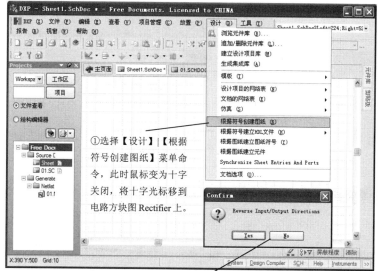

①选择【设计】|【根据符号创建图纸】菜单命令，此时鼠标变为十字关闭，将十字光标移到电路方块图 Rectifier 上。

②单击鼠标左键，弹出【Confirm】对话框，若单击【No】按钮，此时 Protel DXP 将自动产生一个原理图文件，文件名同电路方块图中设置的 File Name 即 Rectifier 同名，即为 Rectifier 方块图所对应的子原理图。

图 4-5　电路原理图操作步骤

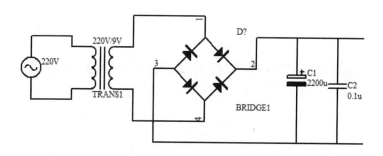

图 4-6　子图滤波电图

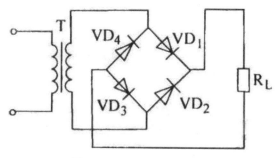

图 4-7　子图整流电路部分

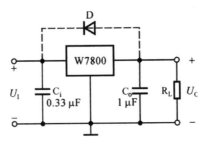

图 4-8　子图稳压电路部分

### 4.1.3　课堂练习——电源电路

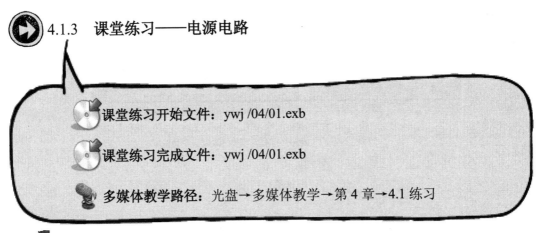

课堂练习开始文件：ywj /04/01.exb

课堂练习完成文件：ywj /04/01.exb

多媒体教学路径：光盘→多媒体教学→第 4 章→4.1 练习

**Step 1** 绘制矩形和数字，如图 4-9 所示。

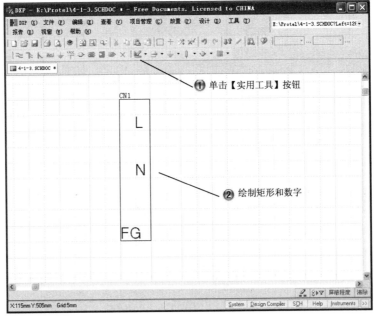

图 4-9　绘制矩形和数字

**Step2** 创建保险丝，如图 4-10 所示。

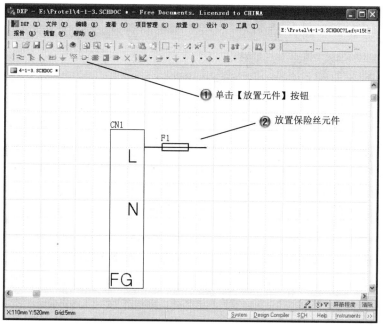

图 4-10　创建保险丝

**Step3** 创建电阻，如图 4-11 所示。

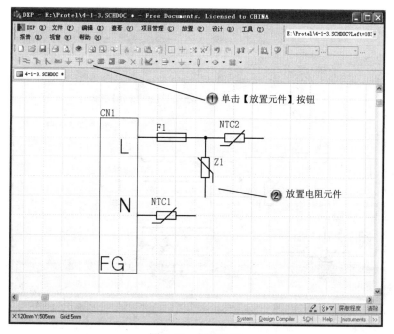

图 4-11　创建电阻

**Step4** 创建电感，如图 4-12 所示。

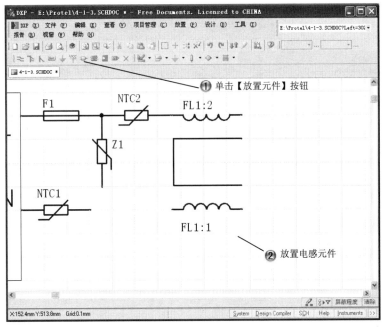

图 4-12    创建电感

**Step5** 创建电容，如图 4-13 所示。

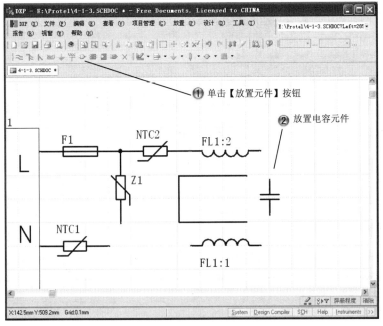

图 4-13    创建电容

**Step6** 创建电阻，如图 4-14 所示。

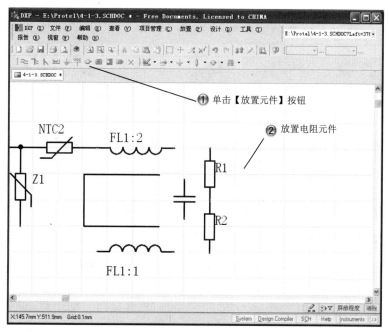

图 4-14　创建电阻

**Step7** 创建电感，如图 4-15 所示。

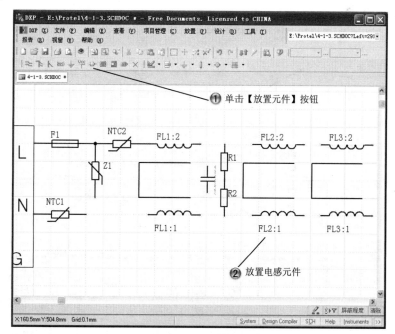

图 4-15　创建电感

**Step8** 创建电容，如图 4-16 所示。

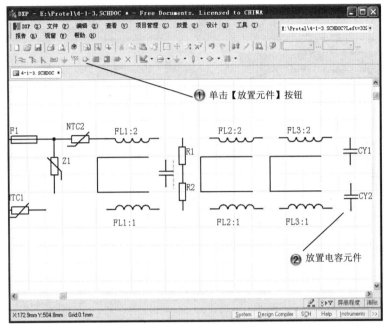

图 4-16　创建电容

**Step9** 创建二极管和矩形，如图 4-17 所示。

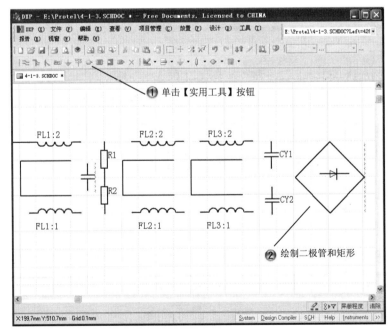

图 4-17　创建二极管和矩形

**Step10** 创建电容，如图 4-18 所示。

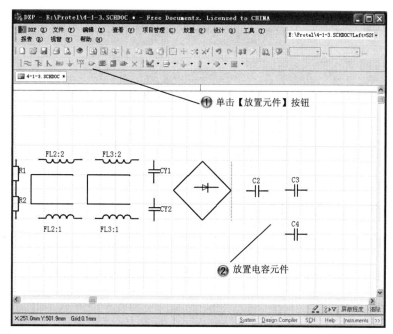

图 4-18　创建电容

**Step11** 创建电感，如图 4-19 所示。

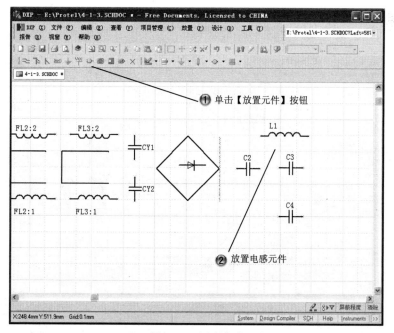

图 4-19　创建电感

**Step12** 绘制导线，如图 4-20 所示。

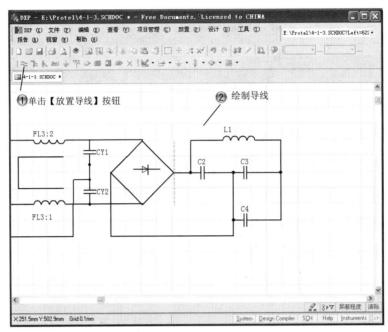

图 4-20　绘制右侧导线

**Step13** 创建接地元件，如图 4-21 所示。这样完成支路的绘制，如图 4-22 所示。

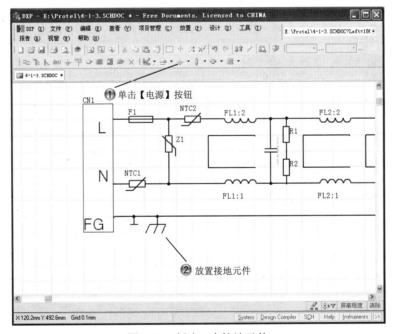

图 4-21　创建 2 个接地元件

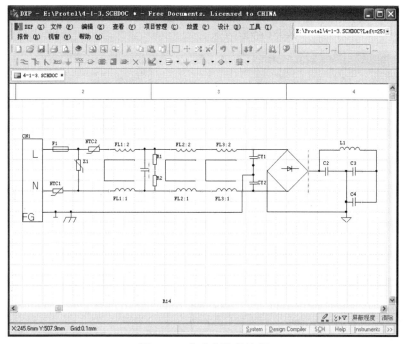

图 4-22　完成支路的绘制

**Step 14** 创建三极管、电阻、电容和二极管等元件，然后绘制导线，完成分电路 1 绘制，如图 4-23 所示。

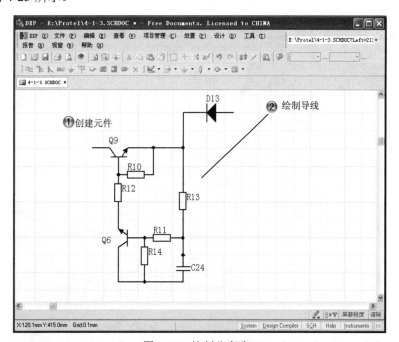

图 4-23　绘制分电路 1

**Step15** 创建端口，如图 4-24 所示。

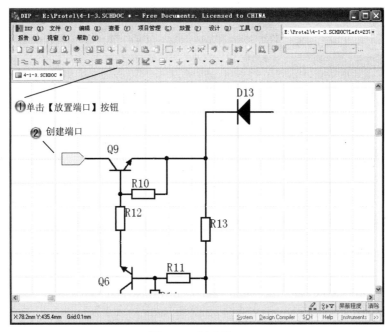

图 4-24　创建端口

**Step16** 创建接地元件，如图 4-25 所示。

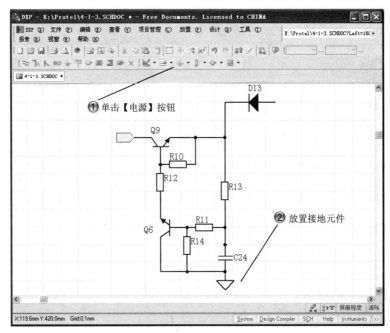

图 4-25　创建接地元件

**Step17** 创建电阻和电容，然后绘制导线，完成分电路 2 绘制，如图 4-26 所示。

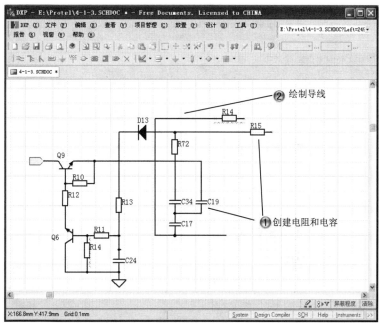

图 4-26　绘制分电路 2

**Step18** 创建接地元件，如图 4-27 所示。

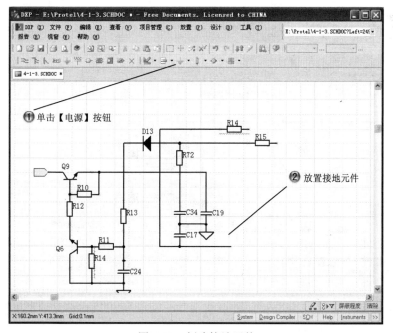

图 4-27　创建接地元件

**Step19** 创建多组元件，然后绘制导线，完成分电路 3 绘制，如图 4-28 所示。

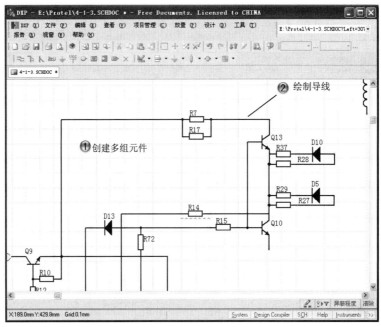

图 4-28　绘制导线

**Step20** 创建接地元件，如图 4-29 所示。

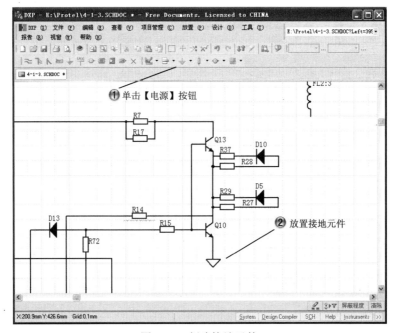

图 4-29　创建接地元件

**Step21** 创建晶体管，如图 4-30 所示。

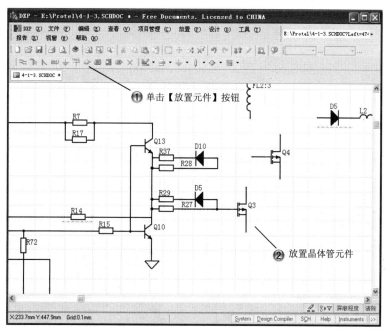

图 4-30　创建晶体管

**Step22** 绘制导线，完成分电路 4 绘制，如图 4-31 所示。

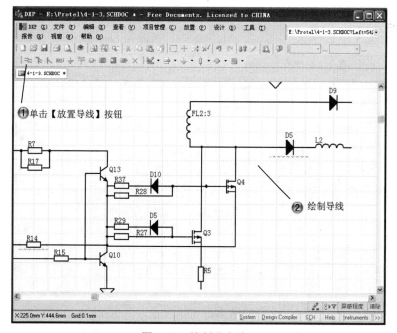

图 4-31　绘制分电路 4

**◦Step23** 创建接地元件，如图 4-32 所示。

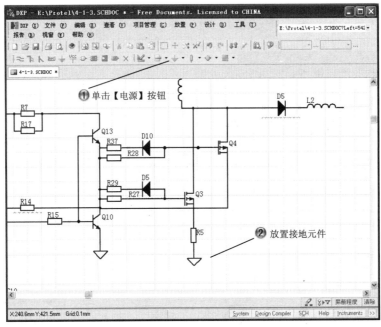

图 4-32　创建接地元件

**◦Step24** 创建多组元件，然后创建导线，完成分电路 5 绘制，如图 4-33 所示。

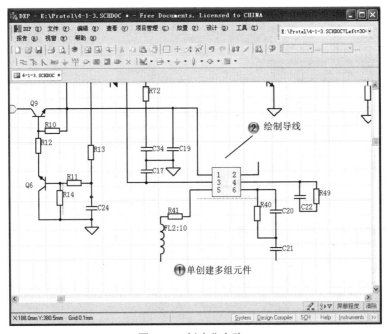

图 4-33　创建分电路 5

**Step25** 创建接地元件，如图 4-34 所示。

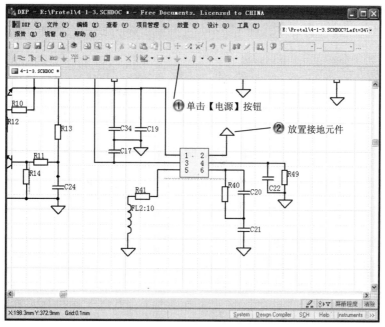

图 4-34　创建接地元件

**Step26** 创建电阻，如图 4-35 所示。

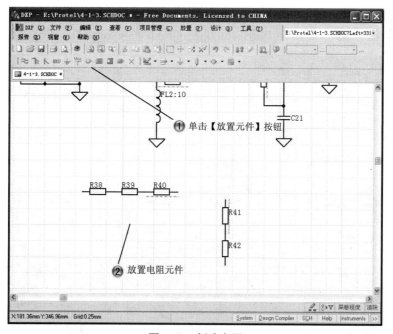

图 4-35　创建电阻

**Step27** 绘制导线，完成分电路 6 绘制，如图 4-36 所示。

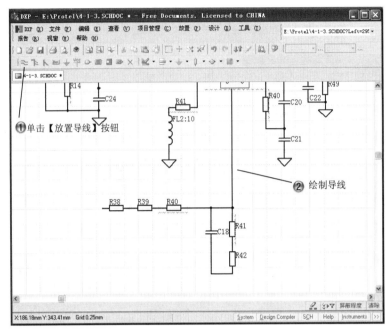

图 4-36　绘制分电路 6

**Step28** 创建端口，如图 4-37 所示。

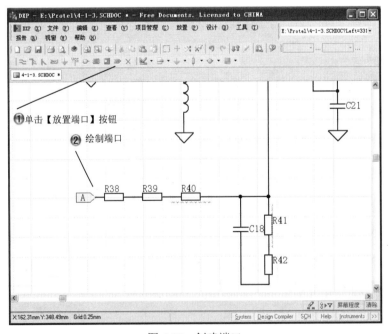

图 4-37　创建端口

**Step29** 创建接地元件，如图 4-38 所示。

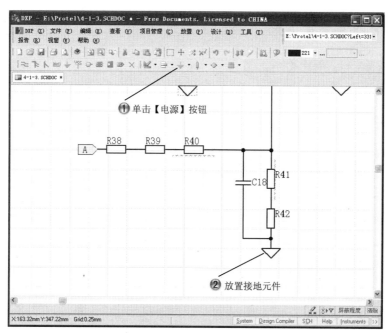

图 4-38　创建接地元件

**Step30** 创建多组元件，然后绘制导线，完成分电路 7 绘制，如图 4-39 所示。

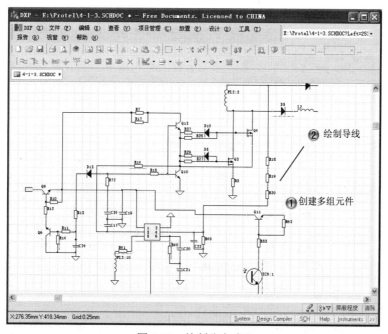

图 4-39　绘制分电路 7

**Step31** 创建接地元件，如图 4-40 所示。

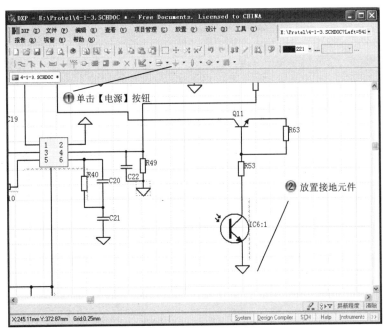

图 4-40　创建接地元件

**Step32** 创建电阻、电容和 IC 元件，然后绘制导线，完成分电路 8 绘制，如图 4-41 所示。

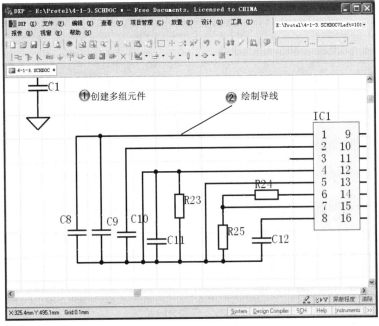

图 4-41　绘制分电路 8

**⦿Step33** 创建多组元件，然后绘制导线，完成分电路 9 绘制，如图 4-42 所示。

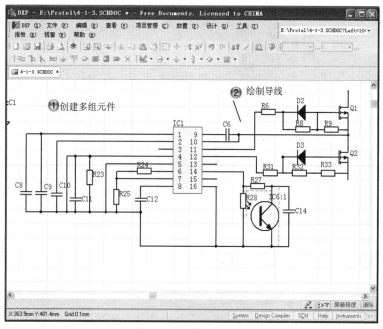

图 4-42　绘制分电路 9

**⦿Step34** 创建电容和电感，如图 4-43 所示。

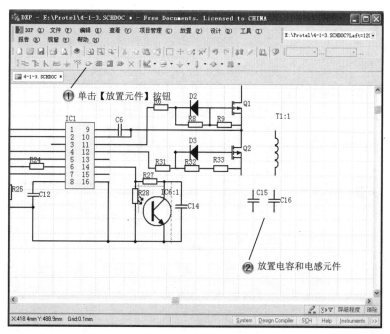

图 4-43　创建电容和电感

**Step35** 绘制导线，完成分电路 10 绘制，如图 4-44 所示。

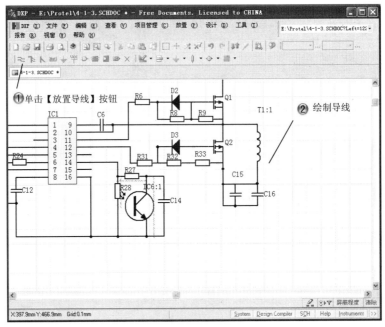

图 4-44 绘制分电路 10

**Step36** 创建二极管和电阻，如图 4-45 所示。

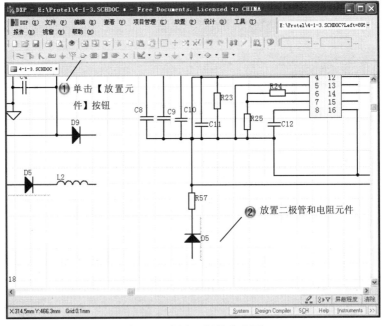

图 4-45 创建二极管和电阻

**Step37** 绘制支路元件，如图 4-46 所示。

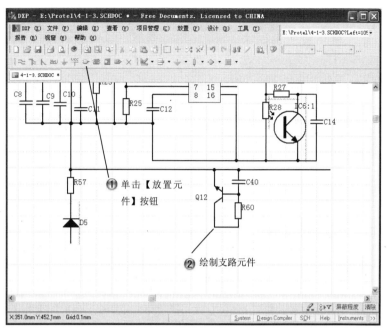

图 4-46　绘制支路元件

**Step38** 创建电阻和二极管，如图 4-47 所示。

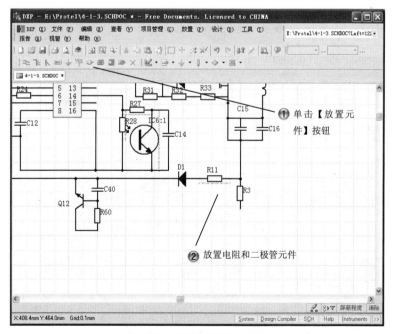

图 4-47　创建电阻和二极管

**Step39** 创建左侧接地元件，如图 4-48 所示。

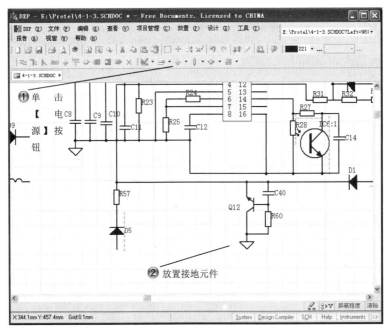

图 4-48　创建左侧接地元件

**Step40** 创建右侧接地元件，如图 4-49 所示。

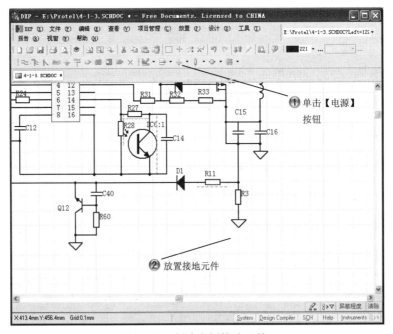

图 4-49　创建右侧接地元件

**Step41** 这样就完成电源电路的绘制，如图 4-50 所示。

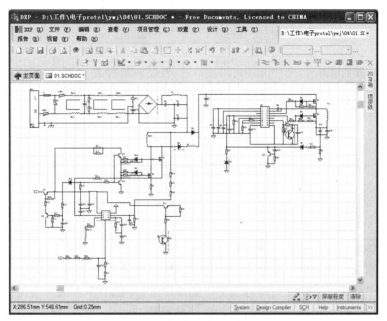

图 4-50　完成电源电路的绘制

# 4.2　自底向上设计

## 基本概念

采用自上而下的层次电路设计方法，一般需要设计人员首先对设计的电路有一个系统的把握，只有这样才能完整地定义电路方块图中所需的电路端口。而对于一般的电路设计，设计人员往往对各电路模块所需的端口比较模糊，此种情况，比较好的选择是采用自底向上的电路设计方法。

## 课堂讲解课时：2 课时

## 4.2.1　设计理论

**1. 自底向上设计流程图**

自底向上的层次原理图的设计流程，如图 4-51 所示。

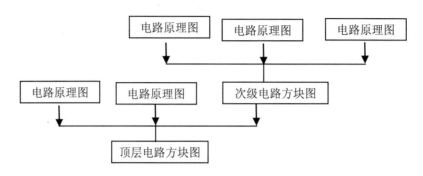

图 4-51　自底向上设计流程图

2. 层次图的切换

（1）从顶层电路方块图切换到其对应的电路原理子图

如要查找顶层原理图中的电路方块图所对应的电路原理子图，操作步骤如图 4-52 所示。如果在步骤 2 中将鼠标移动到电路方块图中的某个端口，然后单击鼠标左键，则 Protel DXP 不但在主窗口中打开该电路方块图对应的电路原理图，而且在子原理图中对应的端口也高亮显示。

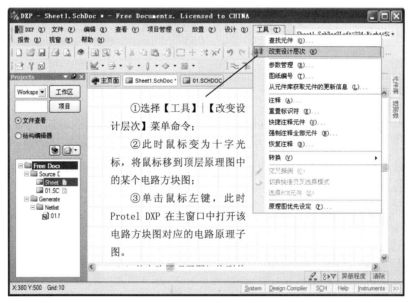

图 4-52　层次图切换

如要查找电路原理子图的输入输出端口所对应的顶层原理图中的电路方块图的端口，操作步骤如图 4-53 所示。

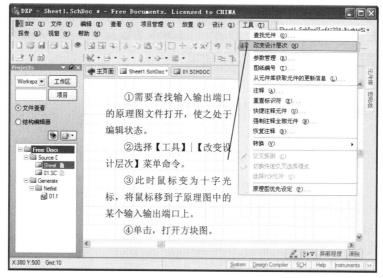

图 4-53　切换顶层电路方块图

 **4.2.2　课堂讲解**

下面介绍自底向上设计的主要方法和实例。

1. 分析设计法

根据生产工艺要求，利用各种典型的电路环节，直接设计控制电路。这种设计方法比较简单，但要求设计人员必须熟悉大量的控制电路，掌握多种典型电路的设计资料，同时具有丰富的设计经验，在设计过程中往往还要经过多次反复地修改、试验，才能使电路符合设计的要求。即使这样，设计出来的电路可能不是最简的，所用的电器及触头不一定最少，所得出的方案不一定是最佳方案。

此方法无固定的设计程序，设计方法简单，容易为初学者掌握。当经验不足时或考虑不周时会影响电路工作的可靠性。

分析设计法，由于是靠经验进行设计的，因而灵活性很大，初步设计出来的电路可能是几个，这时要加以比较分析，甚至要通过实验加以验证，才能确定比较合理的设计方案。这种设计方法没有固定模式，通常先用一些典型电路环节拼凑起来实现某些基本要求，而后根据生产工艺要求逐步完善其功能，并加以适当的联锁与保护环节。

以龙门刨床（或立车）横梁升降自动控制电路设计，说明分析设计法的设计过程。这种机构无论在机械传动或电力传动控制的设计中都有普遍意义，在立式车床、摇臂钻床等设备中均采用类似的结构和控制方法，如图 4-54 所示。

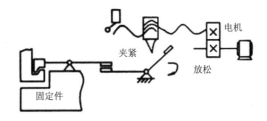

横梁升降（横梁移动电机），点动控制；

横梁夹紧与放松（横梁夹紧电机）；

横梁夹紧与横梁移动之间必须有一定的操作程序：按上升（下降）移动按钮→自动放松→横梁上升（下降）→到位后→松开按钮→横梁自动夹紧的顺序；

横梁升降具有上下行程的限位保护。

图 4-54　横梁紧松示意图

（1）设计主电路

M1—横梁移动电机，KM1，KM2 控制正/反转；

M2—横梁夹紧电机，KM3，KM4 控制正/反转，如图 4-55 所示。

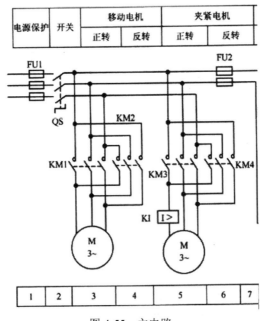

图 4-55　主电路

（2）设计基本控制电路

4 个接触器—4 个线圈；

2 只点动按钮，触头不够—KA1 和 KA2 进行控制。根据生产对控制系统所要求的操作程序,可以设计出图 4-56 所示的草图。但它还不能实现在横梁放松后才能自动升降,也不能在横梁夹紧后使夹紧电机自动停止,需要恰当地选择控制过程中的变化参量来实现上述自动控制要求。

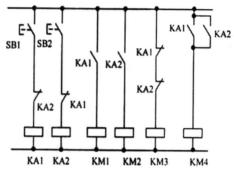

图 4-56  控制电路

(3)选择控制参量、确定控制原则

反映横梁放松的参量,可以有行程参量和时间参量。由于行程参量更加直接反映放松程度,因此采用行程开关进行控制。

(4)设计联锁保护环节

互锁—KA1、KA2,M1 正/反转;

　　　—KM3、KM4,M1 正/反转;

顺序—SQ1,实现横梁松开与移动的联锁保护。

限位保护—SQ2、SQ3 分别实现上、下限位保护。

短路保护—FU。

最后得到的图纸如图 4-57 所示。

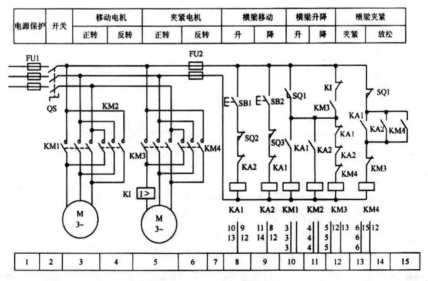

图 4-57  完整电路图纸

## 2. 逻辑设计法

逻辑设计法，是根据生产工艺的要求，利用逻辑代数来分析、设计电路的。将执行元件需要的工作信号以及主令电器的接通与断开状态看成逻辑变量，并根据控制要求将它们之间的关系用逻辑函数关系式表达，再运用逻辑函数基本公式和运算规律进行简化，成为最简"与、或"关系式，用这种方法设计的电路比较合理，特别适合完成较复杂的生产工艺所要求的控制电路。但是相对而言逻辑设计法难度较大，不易掌握。

逻辑电路有两种基本类型，对应其设计方法也各不相同。一种是执行元件的输出状态，只与同一时刻控制元件的状态相关。即输出量对输入量无影响，称为组合逻辑电路，其设计方法比较简单，可以作为经验设计法的辅助和补充，用于简单控制电路的设计，或对某些局部电路进行简化，进一步节省并合理使用电器元件与触头。

**逻辑电路设计步骤为：**

（1）列出控制元件与执行元件的动作状态表；

（2）根据状态表写出的逻辑代数式；

（3）利用逻辑代数基本公式化简至最简"与或"式；

（4）根据简化了的逻辑式绘制控制电路。

另一类逻辑电路被称为时序逻辑电路，即输出量通过反馈作用，对输入状态产生影响。这种逻辑电路设计要设置中间记忆元件（如中间继电器等），记忆输入信号的变化，以达到各程序两两区分的目的。由于这种方法设计难度较大，整个设计过程较复杂，还要涉及一些新概念，在一般常规设计中，很少单独采用。其具体设计过程可参阅专门资料，这里不再作进一步介绍。

**时序逻辑电路设计过程比较复杂，基本步骤如下：**

（1）根据拖动要求，先设计主电路，明确各电动机及执行元件的控制要求，并选择产生控制信号（包括主令信号与检测信号）的主令元件（如按钮、控制开关、主令控制器等）和检测元件（如行程开关、压力继电器、速度继电器、过电流继电器等）。

（2）根据工艺要求作出工作循环图，并列出主令元件、检测元件以及执行元件的状态表，写出各状态特征码（一个以二进制数表示一组状态的代码）。

（3）为区分所有状态（重复特征码）而增设必要的中间记忆元件（中间继电器）。

（4）根据已区分的各种状态的特征码，写出各执行元件（输出）与中间继电器、主令元件及检测元件（逻辑变量）间的逻辑关系式。

（5）化简逻辑式，据此绘出相应控制电路。

（6）检查并完善设计电路。

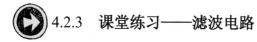

### 4.2.3 课堂练习——滤波电路

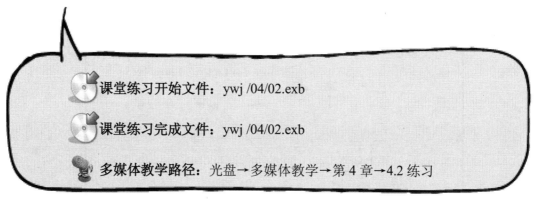

课堂练习开始文件：ywj /04/02.exb

课堂练习完成文件：ywj /04/02.exb

多媒体教学路径：光盘→多媒体教学→第 4 章→4.2 练习

**Step1** 创建电感，如图 4-58 所示。

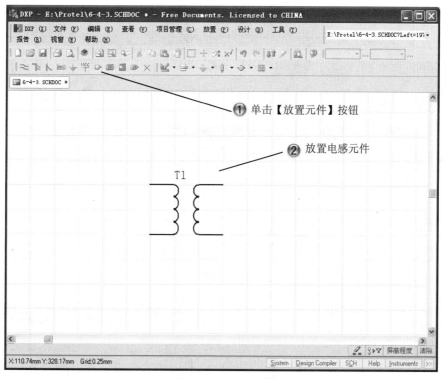

图 4-58 创建电感

●Step2 创建二极管，如图 4-59 所示。

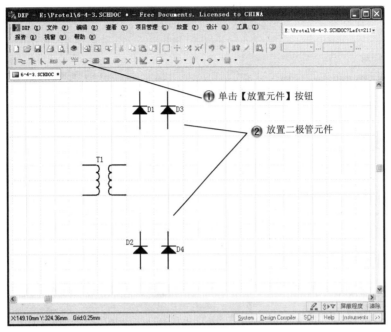

图 4-59  创建二极管

●Step3 创建电容，如图 4-60 所示。

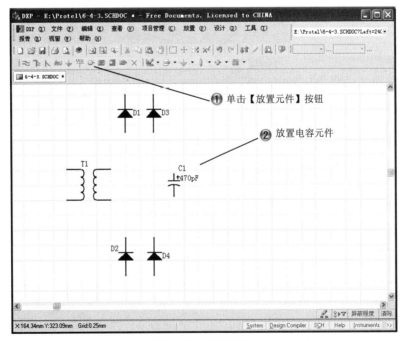

图 4-60  创建电容

**Step4** 绘制导线，完成分电路 1 绘制，如图 4-61 所示。

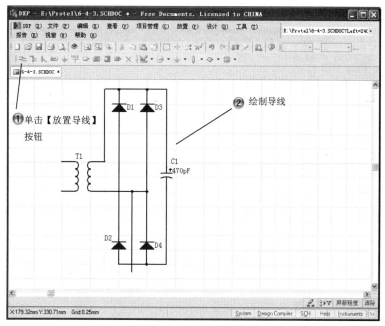

图 4-61 绘制分电路 1

**Step5** 创建接地元件，如图 4-62 所示。

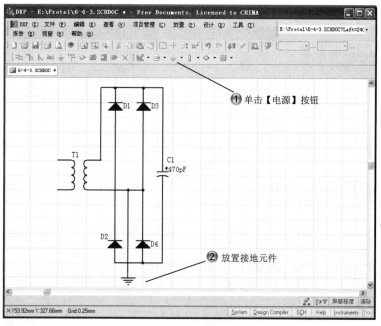

图 4-62 创建接地元件

**Step6** 创建二极管、电阻和三极管，然后绘制导线，完成分电路 2 绘制，如图 4-63 所示。

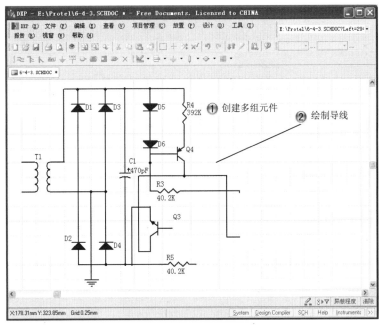

图 4-63　绘制分电路 2

**Step7** 创建电容，如图 4-64 所示。

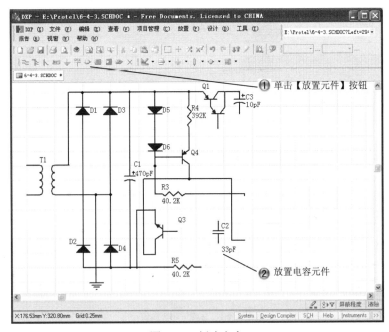

图 4-64　创建电容

**Step8** 绘制导线，完成分电路 3 绘制，如图 4-65 所示。

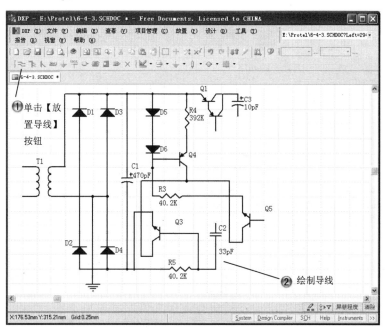

图 4-65　绘制分电路 3

**Step9** 创建多组元件，然后绘制导线，完成分电路 4 绘制，如图 4-66 所示。

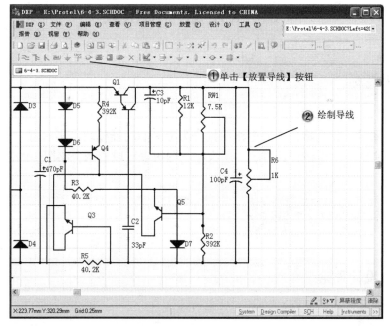

图 4-66　绘制分电路 4

**Step 10** 这样就完成滤波电路的绘制，如图 4-67 所示。

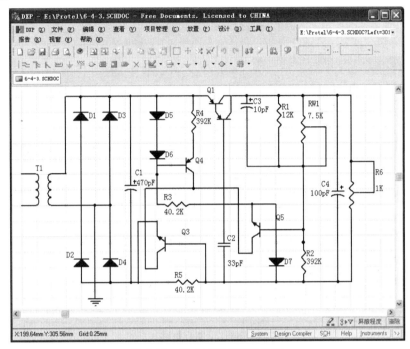

图 4-67　完成滤波电路的绘制

# 4.3　层次原理图报表

基本概念

　　层次电路图设计就是将较大的电路图划分为很多的功能模块，再对每一个功能模块进行处理或进一步细分的电路设计方法。层次电路图报表可以检测电路图中的错误。

课堂讲解课时：1 课时

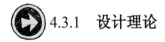 4.3.1　设计理论

1. 层次原理图

将电路图模块化，可以大大地提高设计效率和设计速度，特别是当前计算机技术的突

飞猛进，局域网在企业中的应用，使得信息交流日益密切而迅速，再庞大的项目也可以从几个层次上细分开来，做到多层次并行设计。

如图 4-68 所示是层次电路设计的演示图。在该图中包含了两个电路方块图，每个电路方块图都对应相应的电路，注意电路演示图中电路输入输出点和方块图进出点之间的关系。

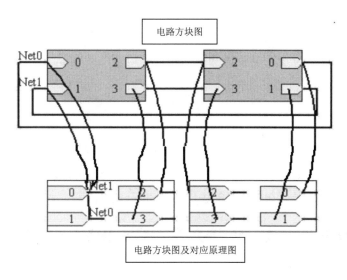

图 4-68　层次原理图设计

电路方块图 1 中包含两个名为 0 和 1 的输入点和名为 2 和 3 的输出点，实际它们代表了该方块图对应的原理图与其他电路模块的信号传输点。电路方块图 2 及其对应的原理图情况相同，只不过与电路方块图中的信号输入输出点方向正好相反。从层次原理图的演示图上可以知道，电路方块图实际代表了一部分电路模块及其与其他电路模块的信号输入输出点，它使得设计更加简洁明了，更好地说明了各部分电路模块之间的关系，从而有利于复杂电路的设计和各设计人员之间的分工合作。

层次电路图设计的关键在于正确地传递层次间的信号，在层次电路图设计中，信号的传递主要靠放置方块电路、方块电路进出点和电路输入输出点来实现。

### 2. 方块电路

（1）方块电路（Sheet Symbol）是层次式电路设计不可缺少的组件。

简单地说，方块电路就是设计者通过组合其他元器件自己定义的一个复杂器件，这个复杂器件在图纸上用简单的方块图来表示，至于这个复杂器件由哪些其他元件组成，内部的接线又如何，可以由另外一张电路图来详细描述。

因此，元件、自定义元件、方块电路没有本质上的区别，可以将它们等同看待，但有些微小区别。

元件：是标准化了的器件组合，它可以由单个器件组成，也可以由大量器件组成；它可以很简单，如与非门，也可以很复杂，如大规模集成电路，它由数百万乃至数千万个元器件组成。不管元件有多复杂，都是标准化的，用户不需关心其内部电路，而只需关心其引脚功能即可。

自定义元件：是设计者自己通过简单绘制和组合其他器件而成的元件，在元件中取用。修改等操作时和标准元件没有区别，可以通过元件编辑工具来自定义元件。

方块电路：它也可以被看成设计者通过绘制和组合其他器件而成的元件，只是相对而言较复杂。

启动放置方块电路（Sheet Symbol）方式有两种，如图 4-69 所示。然后放置方块电路，设置方块电路编辑对话框，方块电路的进出点（Sheet Entry）。

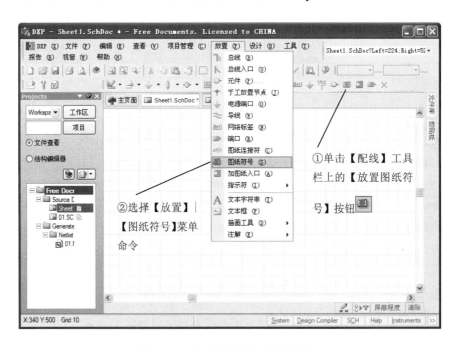

图 4-69　启动放置方块电路的方法

（2）如果说方块电路是自己定义的一个复杂器件，那么方块电路的进出点就是这个复杂器件的输入/输出引脚。如果方块图没有进出点的话，那么方块图便没有任何意义。

启动放置方块电路进出点（Sheet Entry）的命令有两种方式，如图 4-70 所示。

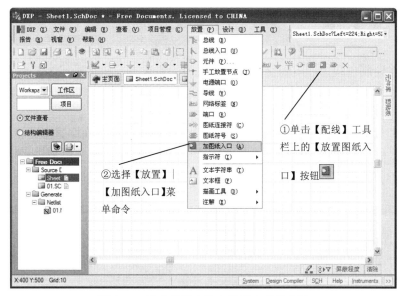

图 4-70　启动放置方块电路进出点的方法

（3）电路的输入输出点（Port）

在设计电路图时，一个网络与另外一个网络的连接可以通过实际导线连接，也可以通过放置网络名称，使两个网络具有相互连接的电气意义。放置输入输出点，同样可实现两个网络的连接，相同名称的输入输出点，可以认为在电气意义上是连接的。输入输出点也是层次图设计不可缺少的组件。

启动放置输入输出点的命令有两种方法，如图 4-71 所示。

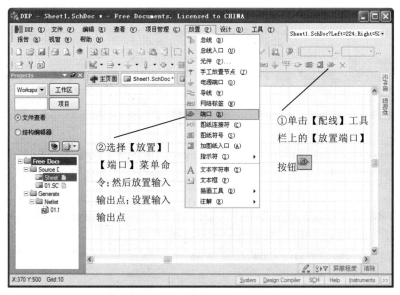

图 4-71　启动放置输入输出点的方法

**4.3.2　课堂讲解**

电路图在绘制过程中，可能会出现一些人为的错误。有些错误可以忽略，有些错误却是致命的，如 VCC 和 GND 短路。Protel DXP 提供了对电路的 ERC 检查，可以利用软件测试用户设计的电路，以便找出人为的疏忽。

在原理图设计完毕以后，一般也需要进行电气规则检查以确保原理图设计的正确性。Protel DXP 提供原理图电气规则检查器（Electrical Rule Checker）用来进行电气规则的检查，在错误的位置放置红色的错误标记，并产生报表。用户可根据报表进行修改。

> 在 Protel DXP 的原理图编辑器中，通过 ERC 可以从两方面来对原理图进行检查：
> （1）电气法则错误。例如输入引脚与输入引脚的连接。
> （2）原理图绘制错误。例如重复的元器件编号，或者未连接的网络标号，或者悬空的引脚等。

产生 ERC 报表的方法。

> Protel DXP 在菜单中已经找不到 Electrical Rule Check（ERC）。但实际上，电气检查功能分为两部分：
> （1）在线电气检查 On-Line DRC，电路图中，元件引脚上出现的红色波浪线，就是 On-Line DRC 检查的结果；
> （2）是批次电气检查功能 Batch DRC，从 Protel DXP 起，就已经掩藏在项目编译之中了。所以画完原理图，只需进行批次电气检查，在线电气检查在绘图过程中已经自动进行。

在项目面板里，右键单击要编译的项目，选择快捷菜单中的【选项】|【编译器】命令，如图 4-72 所示，弹出【优先设定】对话框，进行编译设定，完成后单击【确认】按钮，如图 4-73 所示。

在进行 ERC 检查时，有些地方不需要进行电气规则检查，可以在不需进行电气规则检查的引脚放置"No ERC"，用以禁止电气规则检查。

（1）"No ERC"放置方法，如图 4-74 所示。

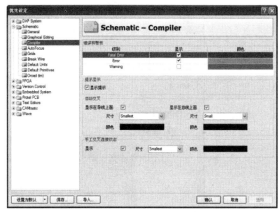

图 4-72 选择【选项】|【编译器】命令　　　图 4-73 【优先设定】对话框

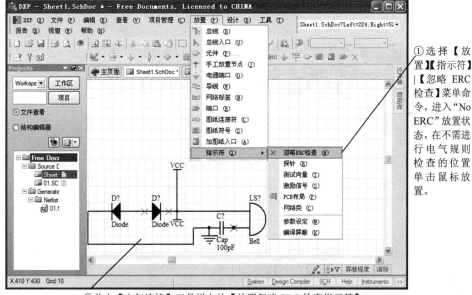

①选择【放置】【指示符】|【忽略 ERC 检查】菜单命令，进入"No ERC"放置状态，在不需进行电气规则检查的位置单击鼠标放置。

②单击【电气连接】工具栏中的【放置忽略 ERC 检查指示符】按钮✕，完成检查的图纸。

图 4-74 "No ERC" 放置方法

（2）编译电路板项目的操作，如图 4-75 和图 4-76 所示。

②如果原理图有问题，弹出【Messages】对话框。

图 4-75　编译电路板项目的操作 1

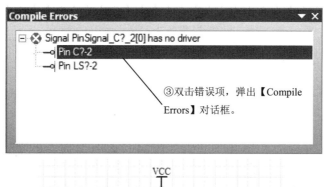

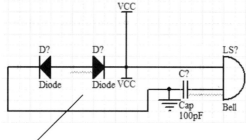

④在图纸上显示错误符号，记录错误与警告信息。

图 4-76　编译电路板项目的操作 2

原理图通过电气规则检查发现的错误，一般由以下一种或几种原因产生：

（1）绘制错误：导线和引脚连接时重叠，使用【实用工具】工具栏上的【放置直线】按钮■，而不是使用【配线】工具栏上的【放置导线】按钮■，取消捕获栅格导致导线与引脚没有连接，或者导线与端口重叠而不是电气连接等。

（2）语法错误：网络标号拼写错误，或总线网络标号错误等。

（3）元器件错误：自制元器件的引脚放置错误或引脚的电气类型错误（IO、Input、Output 等）。

（4）设计错误：如两个输出引脚相连。

# 4.4　专家总结

本章介绍了 Protel 层次式电路设计的两种方法及电气法则的运用，最后介绍层次原理图网络表，它是原理图元器件的详表，可以检验原理图的错误。

层次电路图的设计是电路图设计的高级技巧和方法。对于复杂而庞大的设计项目，层次电路图是模块化设计项目、分散设计任务的最后方法。在掌握了一般电路图的设计过程后，要学会运用多通道原理图设计和电气规则、网络表检查。

# 4.5　课后习题

## 4.5.1　填空题

（1）原理图的设计方法有_____种。

（2）自顶向下设计原理图的含义是_____。

（3）自底向上设计原理图的方法是_____、_____。

## 4.5.2　问答题

（1）层次原理图报表的作用有哪些？

（2）创建原理图报表的方法有哪些？

### 4.5.3　上机操作题

如图 4-77 所示，使用本章学过的方法来创建升压支路。

一般创建步骤和方法：

（1）绘制电气元件。

（2）绘制导线。

（3）绘制芯片和插头部分。

（4）标注文字。

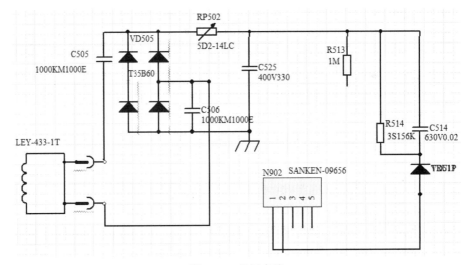

图 4-77　升压支路

# 第5章 印制电路板设计基础

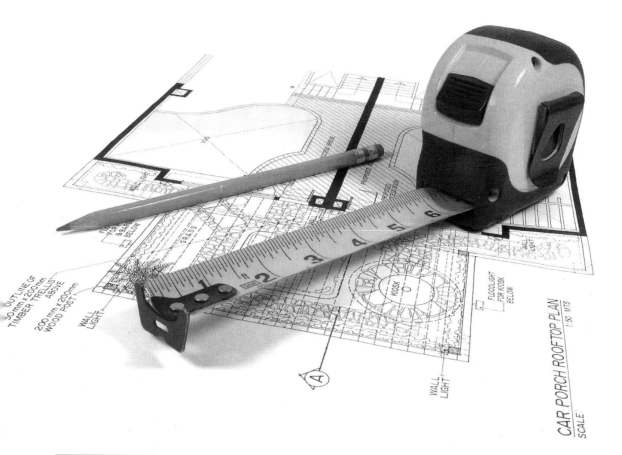

| 内 容 | 掌握程度 | 课 时 |
|:---:|:---:|:---:|
| PCB 种类 | 了解 | 1 |
| 常用元件的封装 | 了解 | 1 |
| PCB 的基本组成 | 熟悉 | 2 |
| PCB 的制作过程 | 熟悉 | 2 |

课训目标

课程学习建议

简单地说，印制电路板（也称印刷电路板）是通过电路板上印制导线实现焊盘以及过孔等的电气连接，它也是电子器件的载体。由于它是采用了照相制版印刷技术制作的电路板，故称为"印刷"电路板，即 Printed Circuit Board（PCB）。

本章主要介绍印制电路板的设计基础，其中包括印制电路板 PCB 的种类，元器件的封装，基本组成和制作过程等内容。

本课程主要基于印刷电路板的设计基础的使用，其培训课程表如下。

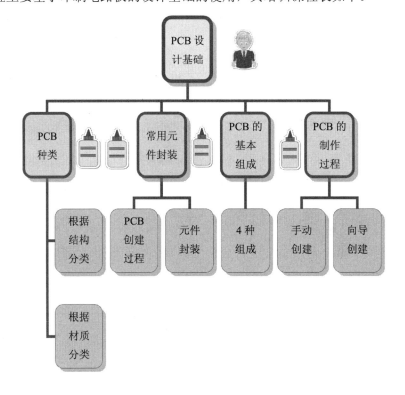

## 5.1 PCB 种类

基本概念

电路（电子线路）是由电气设备和元器件按一定方式连接起来，为电流流通提供了路径的总体，也叫电子网络。电路的大小可以相差很大，小到硅片上的集成电路，大到输电网。本节主要介绍 PCB，即电路板的种类。

课堂讲解课时：1 课时

 5.1.1　设计理论

电路板系统分类为以下三种。

（1）单面板：在最基本的 PCB 上，零件集中在其中一面，导线则集中在另一面上。因为导线只出现在其中一面，所以我们就称这种 PCB 为单面板（Single-sided）。因为单面板在设计线路上有许多严格的限制（因为只有一面，布线间不能交叉而必须绕独自的路径），所以只有早期的电路才使用这类的板子，如图 5-1 所示。

（2）双面板：这种电路板的两面都有布线。不过要用上两面的导线，必须要在两面间有适当的电路连接才行。这种电路间的"桥梁"叫作导孔。导孔是在 PCB 上充满或涂上金属的小洞，它可以与两面的导线相连接。因为双面板的面积比单面板大了一倍，而且因为布线可以互相交错（可以绕到另一面），它更适合用在比单面板更复杂的电路上。

（3）多层电路板：为了增加可以布线的面积，多层板用上了更多单或双面的布线板。多层板使用数片双面板，并在每层板间放进一层绝缘层后黏牢（压合）。板子的层数就代表了有几层独立的布线层，通常层数都是偶数，并且包含最外侧的两层。大部分的主机板都是 4～8 层的结构，不过技术上可以做到近 100 层的 PCB。大型的超级计算机大多使用相当多层的主机板，不过因为这类计算机已经可以用许多普通计算机的集群代替，超多层板已经渐渐不被使用了。因为 PCB 中的各层都紧密的结合，一般不太容易看出实际数目，如图 5-2 所示为 4 层板。

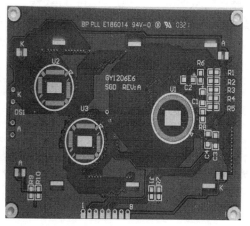

图 5-1　单面板

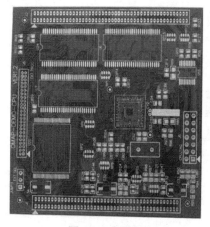

图 5-2　多层板

电路板制作完成后一般要进行检测。电路板的自动检测技术随着表面贴装技术的引入而得到应用，并使得电路板的封装密度飞速增加。因此，即使对于密度不高、一般数量的电路板，电路板的自动检测不但是基本的，而且也是经济的。在复杂的电路板检测中，两种常见的方法是针床测试法和双探针或飞针测试法。

 5.1.2　课堂讲解

几乎所有的电子设备都需要印制电路板的支持，因此，印刷电路板在电子工业中已经占据了绝对统治的地位。在实际应用中，印制电路板的种类繁多，其应用场合也各不一样。印制电路板可以按照不同的分类方法进行分类，例如，印制电路板的结构，也可按照印制电路板的材料进行分类，还可按照印制电路板的软硬进行分类等。

1．根据结构分类

根据印制电路板的结构大致可分为三类：单层板、双层板、多层板。

单层板是一种一面有覆铜、另一面没有覆铜的印制电路板，即在设计时，用户仅能在电路板有覆铜的一面进行布线并放置元器件，故布线难度高。单层板由于结构简单，成本较低，仅用于简单电路设计的印制电路板。一般情况建议不使用单层板。

由于单层板存在布线难度高这一弊端，出现了双层板。双层板是一种两面有覆铜，且两面均可放置元器件的印制电路板。双面板包括顶层（Top Layer）和底层（Bottom Layer）。一般在顶层放置元器件，为元器件层；底层进行元器件的焊接，为焊锡层。由于这种电路板的两面都有布线。若要使两面导线电气连通，必须要在两面间有适当的电路连接。这种电路间的"桥梁"叫过孔（Via）。过孔是在印制电路板上，充满或涂上金属的小孔，它使两面的导线相连接。因为双面板的面积比单面板大了一倍，且布线可以相互交错（可以通过过孔穿透到印制电路板另一面），它适用于复杂的电路，应用广泛。但由于双层板存在过孔，故制作复杂、成本高。

多层板是指具有多个工作层面的印制电路板，它不仅包含顶层和底层，还有信号层、内部电源层、中间层、丝印层等。实际上，多层板可看作由多个单面或双面的布线板组合而成，可增加布线面积。多层板使用数片双面板，并在每层板间放进一层绝缘层后压合。板子的层数就代表了有几层独立的布线层，通常层数都是偶数，并且包含最外侧的两层。例如，一般多层板的导电层数为4层、6层、8层、10层等，如图5-3所示。由于多层板包含绝缘层等，可避免电路中的电磁干扰问题，从而提高了电路系统的可靠性；由于具有多个导电层，多层板还具有布线面积宽，布线成功率高、走线短、结构紧凑等优点。目前大多数复杂电路均采用多层板，例如大部分计算机的主机板都是4到8层的结构。

图 5-3　双层、四层和六层板

## 2. 根据材质分类

在印制电路板设计时，选用的材质不一样会严重影响印制电路板的机械特性和电气特性。例如，对于计算机主板选用的材质除满足低介电常数外，还应该满足高耐热性。印制电路板材料在高温下，产生软化、变形、熔融等现象，导致材料的机械强度、尺寸稳定性、黏接性等发生变化，导致印制电路板的机械特性和电气特性急剧下降。

按照不同的材质印制电路板大致可分为两类：有机印制电路板和无机印制电路板。有机材质一般为环氧树脂、PPO树脂和氟系树脂等。各种树脂机械特性和电气特性也各不一样。就成本而言环氧树脂成本便宜，而氟系树脂最昂贵；从介电常数、介质损耗、吸水率和频率特性考虑，氟系树脂最佳，环氧树脂较差。但氟系树脂缺点是成本高、刚性差、热膨胀系数较大。无机印制电路板一般选用铝、钢、陶瓷等为基材，主要利用其良好的散热性，常用于高频电子线路设计中。

# 5.2 常用元件封装

**基本概念**

元件的封装指的是把硅片上的电路管脚用导线接引到外部接头处，以便与其他器件连接。

**课堂讲解课时：1 课时**

## 5.2.1 设计理论

电路板的名称有：线路板、PCB 板、铝基板、高频板、PCB、超薄线路板、超薄电路板和印刷（铜刻蚀技术）电路板等。电路板使电路迷你化、直观化，对于固定电路的批量生产和优化用电器布局起了重要作用，常见的变压电路板如图 5-4 所示。

图 5-4　变压电路板

电路板主要由焊盘、过孔、安装孔、导线、元器件、接插件、填充、电气边界等封装组成，各组成部分的主要功能如下：

焊盘：用于焊接元器件引脚的金属孔。

过孔：有金属过孔和非金属过孔，其中金属过孔用于连接各层之间元器件引脚。

安装孔：用于固定电路板。

导线：用于连接元器件引脚的电气网络铜膜。

接插件：用于电路板之间连接的元器件。

填充：用于地线网络的敷铜，可以有效的减小阻抗。

电气边界：用于确定电路板的尺寸，所有电路板上的元器件都不能超过该边界。

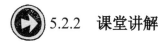 5.2.2 课堂讲解

随着计算机软硬件技术的飞速发展，集成电路被广泛应用，电路越来越复杂、集成度越来越高，加之新型元器件层出不穷，使得越来越多的工作已经无法依靠手工来完成。计算机的广泛应用恰恰解决了这个问题，而且大大提高了工作效率。因此，计算机辅助电路板设计已经成为电路板设计制作的必然趋势。Protel DXP 正是在这样一个大环境下产生和发展的。Protel DXP 具有前所未有的丰富的设计功能。只有很好地掌握了这个强大的工具才能充分发挥其效能。

1. 常见 PCB 创建顺序

一般而言，印制电路板设计最基本的完整过程，大体可分为 3 个步骤。

（1）原理图的设计

原理图的设计主要是利用 Protel DXP 的原理图设计系统绘制一张电路原理图，如图 5-5 所示。设计者应充分利用 Protel DXP 所提供的强大而完善的原理图绘图工具、测试工具、模拟仿真工具和各种编辑功能，来实现其目的，最终获得一张正确、精美的电路原理图，以便为接下来的工作做好准备。

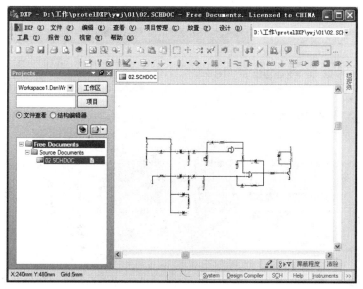

图 5-5　原理图设计界面

（2）产生网络表

网络表是电路原理图设计与印制电路板设计之间的桥梁和纽带。网络表如图 5-6 所示。它是印制电路板设计中自动布线的基础和灵魂。网络表可以由电路原理图生成，也可以从已有的印制电路板文件中提取。

（3）印制电路板的设计

印制电路板的设计主要是针对 Protel DXP 的另一个强大的设计系统——印制电路板设

计系统 PCB 而言的,如图 5-7 所示是印制电路板设计界面。设计者可以充分利用 Protel DXP 所提供的强大的 PCB 功能来实现印制电路板的设计工作。

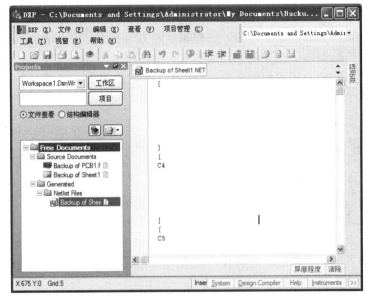

图 5-6  网络表

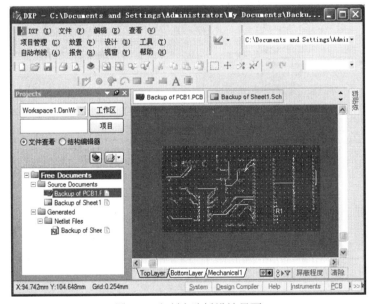

图 5-7  印制电路板设计界面

简而言之,电路板的设计过程首先是绘制电路原理图,然后由电路原理图文件生产网络表,最后在 PCB 设计系统中根据网络表完成自动布线工作。也可以根据电路原理图直接进行手工布线而不必生成网络表。完成布线工作后,用户利用打印机或绘图仪进行输出打印。除此之外,用户在设计过程中可能还要完成其他一些工作,例如创建自己的元件库、编辑新元件、生成各种报表等。

**2. PCB 元件封装**

常见的 PCB 元件封装，有以下几种。

（1）三极管

单击【配线】工具栏中的【放置元件】按钮 ，打开【放置元件】对话框，单击按钮 ，打开【浏览元件库】对话框，选择三极管元件，如图 5-8 所示。

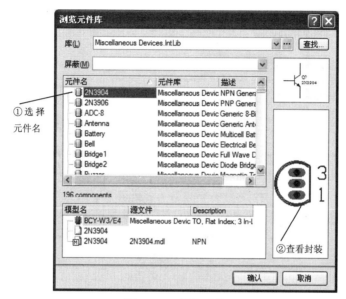

图 5-8　三极管元件

（2）电容

打开【浏览元件库】对话框，选择电容元件，如图 5-9 所示。

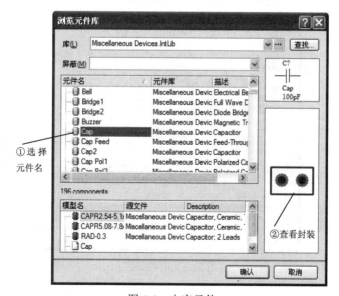

图 5-9　电容元件

（3）电感线圈

打开【浏览元件库】对话框，选择电感线圈元件，如图 5-10 所示。

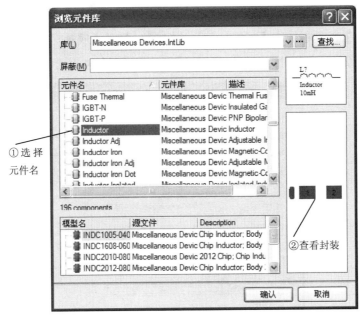

图 5-10　电感线圈元件

（4）电阻

打开【浏览元件库】对话框，选择电阻元件，如图 5-11 所示。

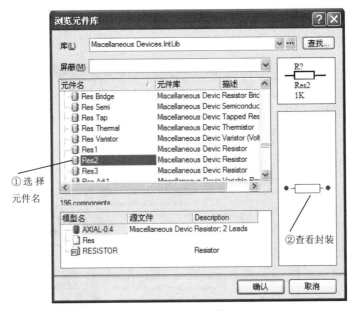

图 5-11　电阻元件

5.2.3 课堂练习——扬声器电路

课堂练习开始文件：ywj /05/01.exb

课堂练习完成文件：ywj /05/01.exb

多媒体教学路径：光盘→多媒体教学→第 5 章→5.2 练习

**Step 1** 创建接头元件，如图 5-12 所示。

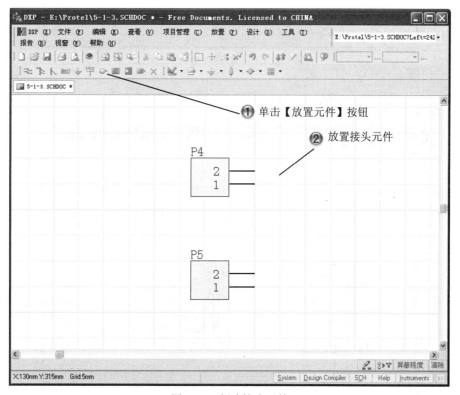

① 单击【放置元件】按钮

② 放置接头元件

图 5-12 创建接头元件

**Step2** 创建保险丝，如图 5-13 所示。

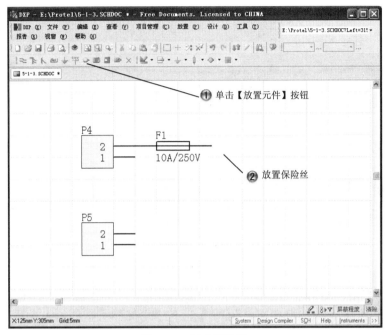

图 5-13　创建保险丝

**Step3** 创建电感，如图 5-14 所示。

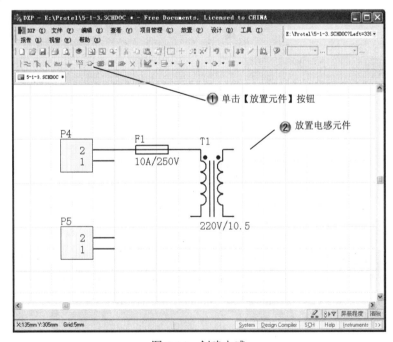

图 5-14　创建电感

**Step4** 创建二极管，如图 5-15 所示。

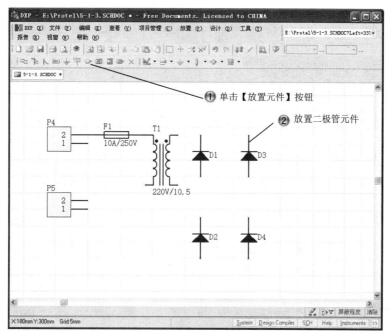

图 5-15　创建二极管

**Step5** 创建电阻，如图 5-16 所示。

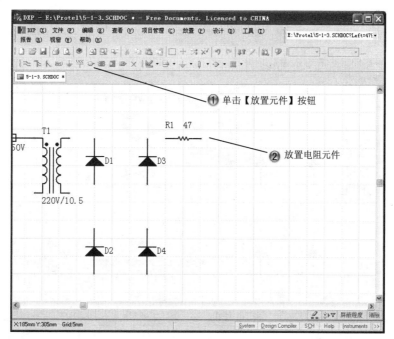

图 5-16　创建电阻

**Step6** 创建电容 C2，如图 5-17 所示。

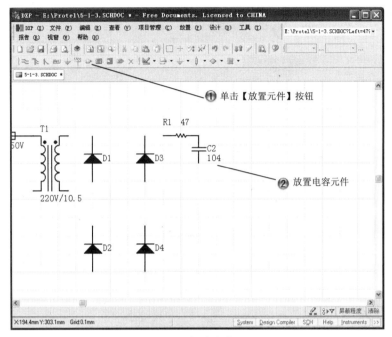

图 5-17　创建电容 C2

**Step7** 创建电容 RCI，如图 5-18 所示。

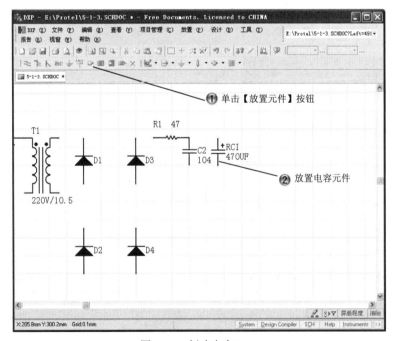

图 5-18　创建电容 RCI

**⬤Step8** 创建电压调节器，如图 5-19 所示。

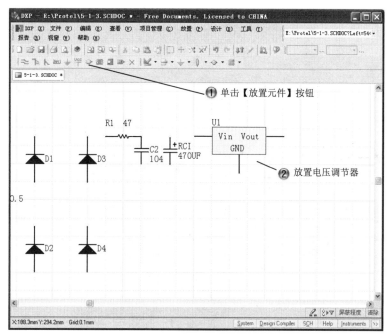

图 5-19　创建电压调节器

**⬤Step9** 创建电容，如图 5-20 所示。

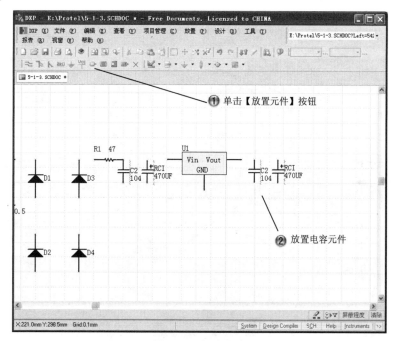

图 5-20　创建电容

**Step10** 创建导线，完成分电路 1 绘制，如图 5-21 所示。

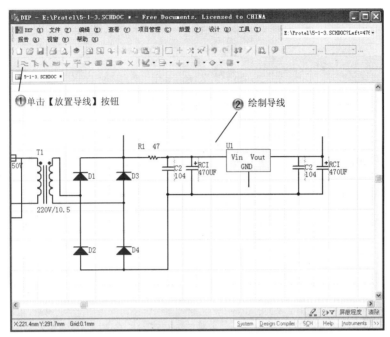

图 5-21　绘制分电路 1

**Step11** 创建接地元件，如图 5-22 所示。

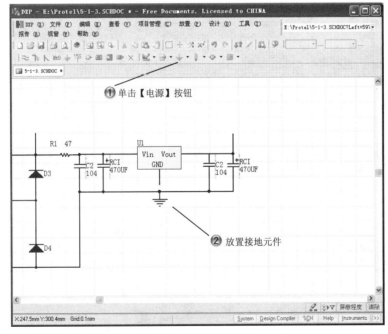

图 5-22　创建接地元件

**Step12** 创建多组元件，然后绘制导线，完成分电路 2 绘制，如图 5-23 所示。

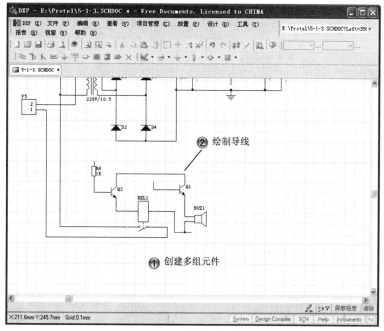

图 5-23　绘制分电路 2

**Step13** 创建接头元件和电阻，然后绘制导线，完成分电路 3 的绘制，如图 5-24 所示。

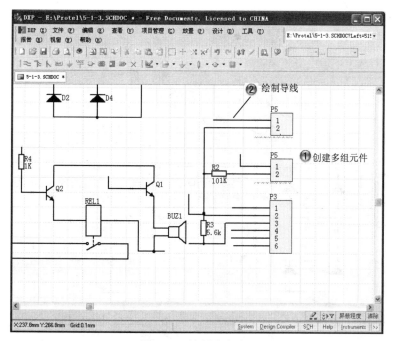

图 5-24　绘制分电路 3

Step 14 创建接地元件，如图 5-25 所示。

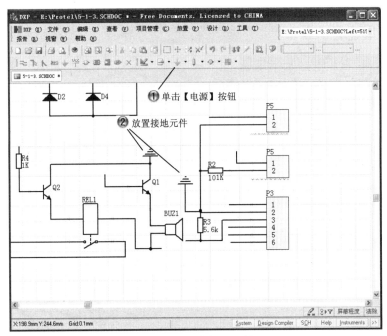

图 5-25　创建接地元件

Step 15 添加+12V 文字，如图 5-26 所示。

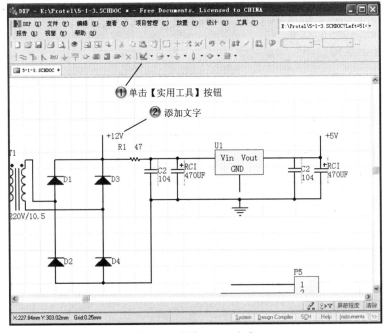

图 5-26　添加+12V 文字

**Step 16** 添加文字 KG，如图 5-27 所示。

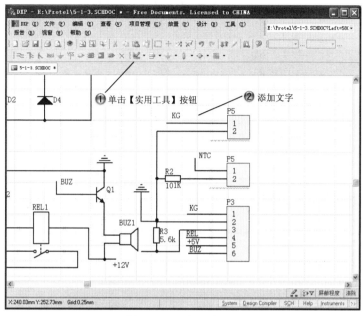

图 5-27  添加文字 KG

**Step 17** 完成绘制的扬声器电路，如图 5-28 所示。

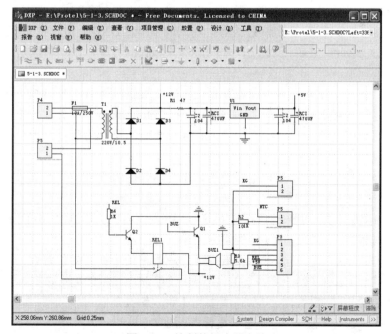

图 5-28  绘制的扬声器电路

# 5.3 PCB 的基本组成

### 基本概念

PCB 一般有工作层面（如信号层、防护层、丝印层、内部层等）、焊盘、过孔、铜膜导线等元素组成。

### 课堂讲解课时：2 课时

 **5.3.1 设计理论**

电路板已经大量运用到日常生活、工业生产、国防建设、航空航天事业等许多领域。电路板包括许多类型的工作层面，如信号层、防护层、丝印层、内部层等，各种层面的作用简要介绍如下。

（1）信号层：主要用来放置元器件或布线。Protel DXP 通常包含 30 个中间层，即 Mid Layer1~Mid Layer30，中间层用来布置信号线，顶层和底层用来放置元器件或敷铜。

（2）防护层：主要用来确保电路板上不需要镀锡的地方不被镀锡，从而保证电路板运行的可靠性。其中"Top Paste"和"Bottom Paste"分别为顶层阻焊层和底层阻焊层；"Top Solder"和"Bottom Solder"分别为锡膏防护层和底层锡膏防护层。

（3）丝印层：主要用来在电路板上印上元器件的流水号、生产编号、公司名称等。

（4）内部层：主要用来作为信号布线层，Protel DXP 中共包含 16 个内部层。

（5）其他层：主要包括 4 种类型的层。

Drill Guide（钻孔方位层）：主要用于印刷电路板上钻孔的位置。

Keep-Out Layer（禁止布线层）：主要用于绘制电路板的电气边框。

Drill Drawing（钻孔绘图层）：主要用于设定钻孔形状。

Multi-Layer（多层）：主要用于设置多面层。

5.3.2　课堂讲解

在实际电路设计时，经常将元器件放置在面包板上，并通过导线进行连接。但印制电路板主要由焊盘、过孔、铜膜导线、工作层面以及元器件封装组成，它们是构成印制电路板的必要元素。

1. 工作层面

由于电子线路的元件安装密集，且由于防干扰和布线等特殊要求，很多电子产品中所用的印制电路板不仅有上下两面供走线，在板的中间还设有能被特殊加工的夹层铜箔，例如，计算机主板所用的导电层面多在 4 层以上。这些层因加工相对较难而大多用于设置走线较为简单的电源布线层，并常用大面积填充的办法来布线。

印制电路板的工作层面可分为 7 大类：信号层、内部电源/地层、机械层、丝印层、保护层、禁止布线层和其他层。

（1）信号层（Signal Layer）：主要用于布线、放置焊盘、过孔等元素。信号层包含顶层（Top Layer）、底层（Bottom Layer）和中间层（Mid-Layer）。一般，顶层和底层可用于放置元器件、布线等，而中间层一般用于布线。Protel DXP 共有 32 个信号层，其中中间层 30 个。

（2）内部电源/地层（Internal Plane）：主要用于放置大面积的电源和地。Protel DXP 共有 16 个内部电源/地层。

（3）机械层（Mechanical Layer）：主要用于给出印制电路板的制造和组合信息，包括物理边界、尺寸标注、布线范围设置等信息。Protel DXP 共有 16 个机械层。

（4）丝印层（Silkscreen Overlay）：为方便印制电路板元器件的安装和维修等，在印制电路板的上下两表面印上所需要的标志图案和文字代号等，例如元件标号和标称值、元件外观形状和厂家标志、生产日期等。丝印层包括顶层丝印层（Top Overlay）和底层丝印层（Bottom Overlay）。

（5）保护层（Masks）：包括阻焊层（Solder Masks）和锡膏层（Paste Masks）。阻焊层用于放置阻焊剂，防止焊锡流动，造成短路。锡膏层主要用于将表面粘贴元件粘贴在印制电路板上。

（6）禁止布线层（Keepout Layer）：主要用于设置放置元器件和导线的区域。不论禁止布线层是否可见，禁止布线层都是存在的。可通过在禁止布线层放置封闭曲线。定义了禁止布线层后，在布局和布线时，所有元器件和所布的具有电气特性的线不可以超出禁止布线层的边界。

（7）其他层：在印制电路板设计中还包含了一些特殊的工作层面，例如钻孔引导层（Drill Guide Layer）和钻孔图层（Drill Drawing Layer）。

## 2. 焊盘

焊盘（Pad）是将元器件与印制电路板中的铜膜导线进行电气连接的元素。根据焊接工艺的差异，焊盘可分为非过孔焊盘和过孔焊盘。一般地，表明粘贴元件采用非过孔焊盘，且非过孔焊盘仅在顶层有效；而插针式元件采用过孔焊盘，且过孔焊盘在多层有效。对于非过孔焊盘和过孔焊盘，两者的在印制电路板上的差异主要在于其过孔尺寸是否为 0。

根据焊盘的外观形状可分为圆形、矩形、八角形，如图 5-29 所示。

图 5-29　焊盘形式

（1）圆形焊盘：在印制电路板设计中应用最广泛的是圆形焊盘。元器件的组装与焊接一般采用圆形焊盘。当圆形焊盘的横坐标和纵坐标不相等时，为椭圆形焊盘。对于非过孔焊盘，主要参数是焊盘尺寸。而对于过孔焊盘，主要涉及焊盘尺寸以及过孔尺寸，Protel DXP 提供焊盘的默认设置是焊盘尺寸为过孔尺寸的两倍。

（2）矩形焊盘：矩形焊盘主要用来标志元器件的第一引脚，也可用来作为表明粘贴元件的焊盘。当设置焊盘为非过孔焊盘时，一般需将焊盘尺寸设置略大于引脚尺寸，以保证焊接的可靠性。

（3）八角形焊盘：一般情况较少使用。在布线时有特殊要求时常采用八角形焊盘。

在实际设计时，应综合考虑该元件的形状、大小、布置形式、振动和受热情况、受力方向等因素选择焊盘类型。有时还需自己编辑焊盘，例如对发热量较大、受力较大、电流较大的焊盘，可将焊盘设计成"泪滴状"。

## 3. 过孔

对于多层板，为了使各个导电层的铜膜导线电气连通，必须在各个导电层间有适当的电气连接，即过孔（Via）。过孔就是在各导电层需要连通的导线的交汇处钻的一个公共孔。工艺上在过孔的孔壁圆柱面上用化学沉积的方法镀上一层金属，用以连通中间各层需要连通的铜箔，而过孔的上下两面做成普通的焊盘形状，可直接与上下两面的线路相通，也可不连。

若在双面板上连接各导电层，过孔必穿透整个印制电路板，即穿透过孔（Thruhole Vias）；在多层板中，如果只需连接部分导电层，则穿透过孔必然会浪费一些其他线路空间。埋孔（Buried Vias）和盲孔（Blind Vias）就可避免这个问题，如图 5-30 所示。

图 5-30　穿透过孔、盲孔和埋孔

（1）穿透过孔：连接所有导电层的过孔；
（2）盲孔：连接顶层和内部导电层或连接底层和内部导电层的过孔；
（3）埋孔：连接内部导电层的过孔。

过孔涉及的参数主要是孔径尺寸与外径尺寸。孔径尺寸指过孔的内径大小，与印制电路板的板厚和密度有关。孔径尺寸比插针式元器件的孔径尺寸小。过孔外径尺寸指过孔的最小镀层宽度的两倍加上孔径尺寸。

一般地，设计电路时对过孔的处理有以下原则：
（1）尽量少用过孔，一旦选用了过孔，需处理好过孔与周围实体的间隙；
（2）需要的载流量越大，所需的过孔尺寸越大，如电源层和地层与其他层联接所用的过孔就要大一些。

 名师点拨

4. 铜膜导线

铜膜导线（Conductor pattern，简称导线）是在印制电路板上用来连接电路板上各焊盘、过孔的连线。铜膜导线是电路设计中的主要组成部分之一。印制电路板的基板是由绝缘隔热，不易弯曲的材质制成。在基板上覆铜后，覆铜层按设计时的布线经过蚀刻处理而留下来的网状细小的线路，就是印制的铜膜导线。

与铜膜导线有关的参数为导线宽度和导线间距。铜膜导线的最小宽度主要由导线与绝缘基板间的粘贴强度和流过它们的电流强度决定。在进行印制电路板设计之前，设计人员应首先设置导线宽度，铜膜导线宽度的设置原则是：在保证电气连接特性的前提下，尽量设置较宽导线，尤其是电源和地线，但是过宽的铜膜导线可能导致铜膜导线受热后与基板脱离。导线间距是指两条相邻导线边缘之间的距离。在参数设置时，铜膜导线的间距必须足够宽，一方面是为了便于操作和适应生产加工条件，避免由于制造误差导致相邻铜膜导线粘合，另一方面是考虑铜膜导线之间的绝缘电阻和击穿电压。

另外，在印制电路板加载网络表后，经常会遇到一种与铜膜导线有关的连线，即飞线。飞线是在印制电路板设计初期的预拉线，用以指示印制电路板在布线时焊盘或网络之间的连接情况。飞线的主要作用有两个：给出各个焊盘与网络之间的连接信息，通过观察元器件之间的网络连接，便于合理布局；在布线时，可用于查找未布线网络、元器件焊盘等。

### 5.3.3　课堂练习——放大电路 PCB

课堂练习开始文件：ywj /05/02.exb

课堂练习完成文件：ywj /05/02.exb

多媒体教学路径：光盘→多媒体教学→第 5 章→5.3 练习

**Step 1** 创建 PCB，如图 5-31 所示。

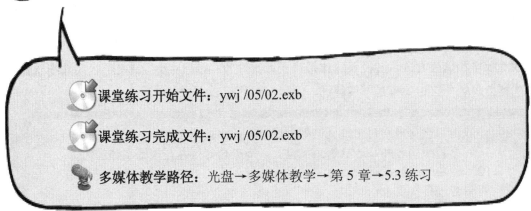

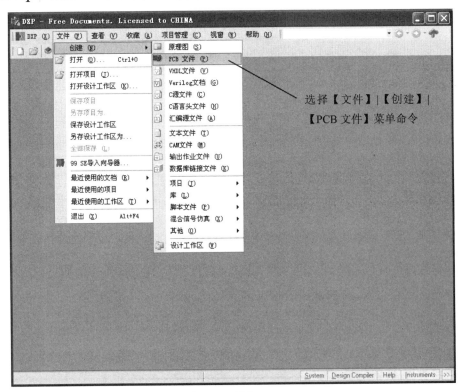

选择【文件】|【创建】|【PCB 文件】菜单命令

图 5-31　创建 PCB

**Step2** 创建 RP1，如图 5-32 所示。

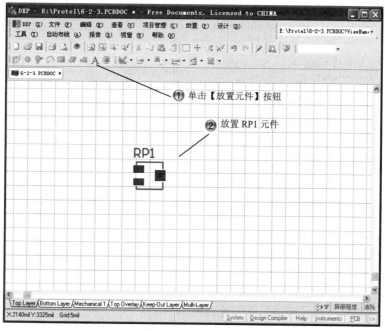

图 5-32　创建 RP1

**Step3** 创建 R1、R2，如图 5-33 所示。

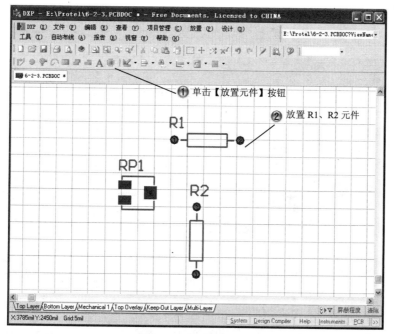

图 5-33　创建 R1、R2

**Step4** 创建 C1，如图 5-34 所示。

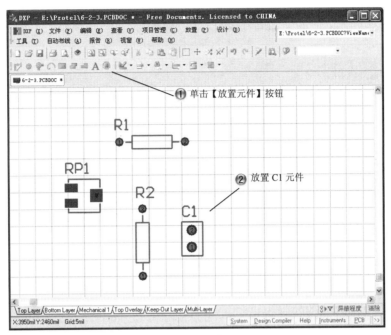

图 5-34 创建 C1

**Step5** 创建 Cap，如图 5-35 所示。

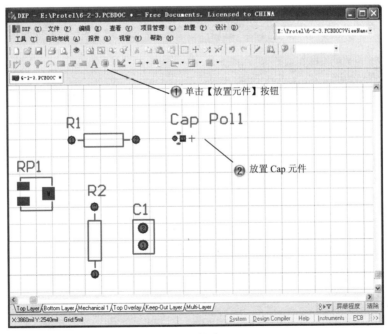

图 5-35 创建 Cap

Step6 绘制导线，如图 5-36 所示。

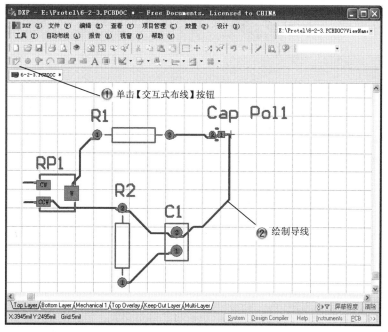

图 5-36　绘制导线

Step7 创建 C2、C3、C4，如图 5-37 所示。

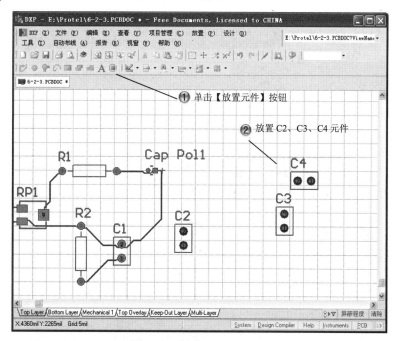

图 5-37　创建 C2、C3、C4

**Step8** 创建 Q1、Q2，如图 5-38 所示。

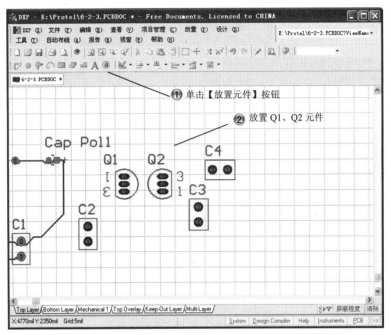

图 5-38　创建 Q1、Q2

**Step9** 创建 C3，如图 5-39 所示。

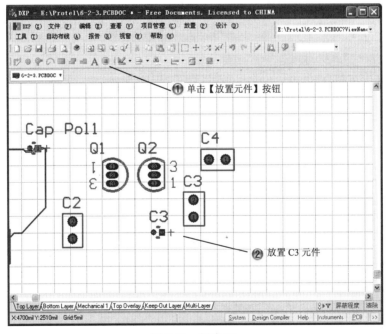

图 5-39　创建 C3

**Step10** 绘制导线，如图 5-40 所示。

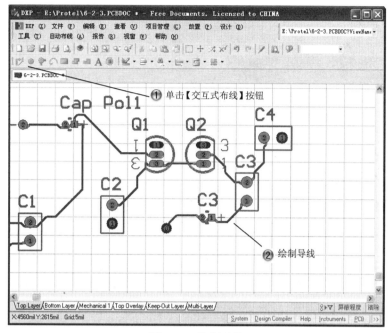

图 5-40　绘制导线

**Step11** 创建 R6、R7、R12，如图 5-41 所示。

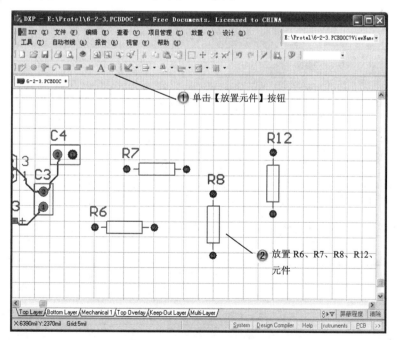

图 5-41　创建 R6、R7、R12

**Step 12** 创建 C9、C10、C11，如图 5-42 所示。

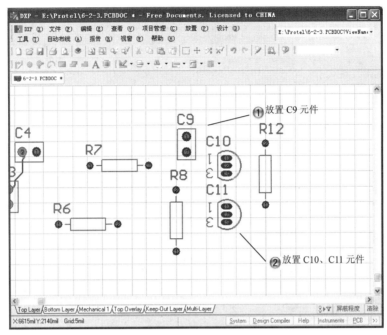

图 5-42  创建 C9、C10、C11

**Step 13** 绘制导线，如图 5-43 所示。

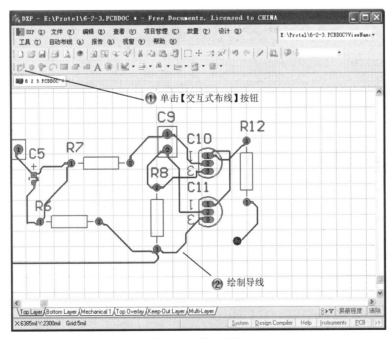

图 5-43  绘制导线

**Step 14** 创建 RP2、R4、Q3，如图 5-44 所示。

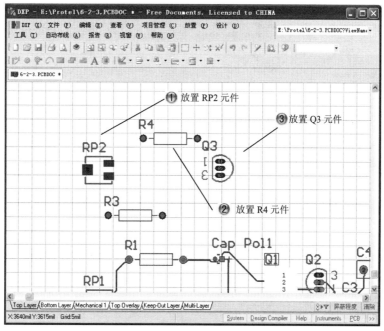

图 5-44　创建 RP2、R4、Q3

**Step 15** 绘制导线，如图 5-45 所示。

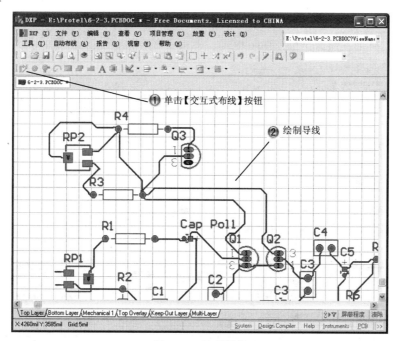

图 5-45　绘制导线

**Step 16** 创建 Q4、Q5，如图 5-46 所示。

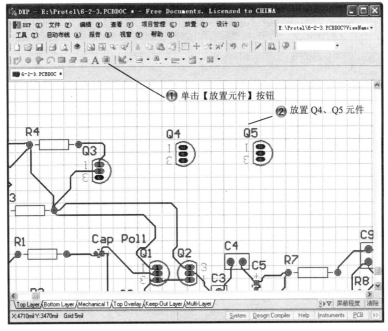

图 5-46　创建 Q4、Q5

**Step 17** 创建 R6、R5，如图 5-47 所示。

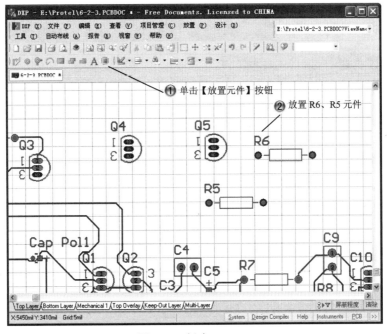

图 5-47　创建 R6、R5

**Step18** 创建 C13、C12，如图 5-48 所示。

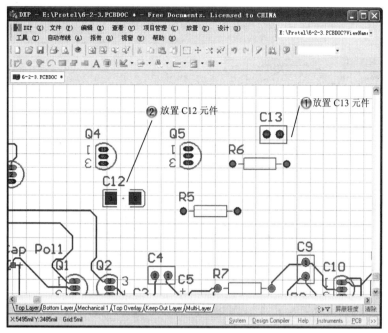

图 5-48　创建 C13，C12

**Step19** 绘制导线，如图 5-49 所示。

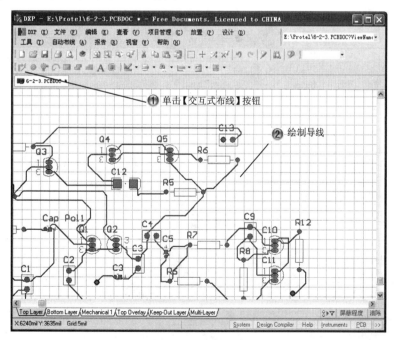

图 5-49　绘制导线

**Step20** 创建 R9、R10，如图 5-50 所示。

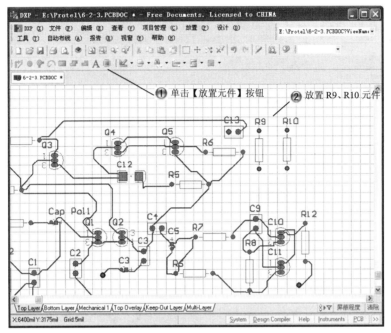

图 5-50　创建 R9、R10

**Step21** 创建 C15、C14，如图 5-51 所示。

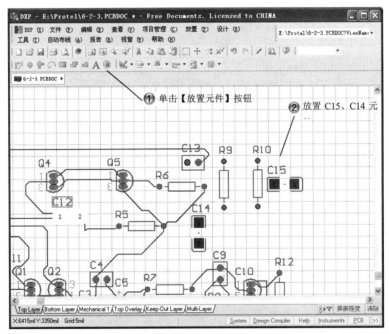

图 5-51　创建 C15、C14

**Step22** 绘制导线，如图 5-52 所示。这样完成放大电路的封装布局，如图 5-53 所示。

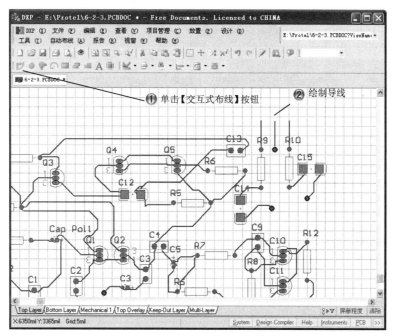

图 5-52　绘制导线

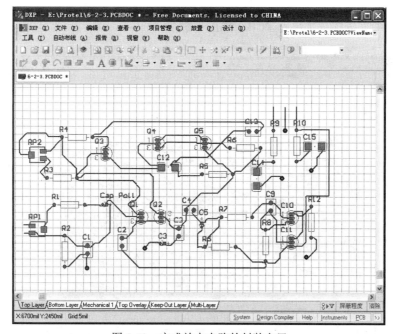

图 5-53　完成放大电路的封装布局

**Step23** 放置铜区域，如图 5-54 所示。

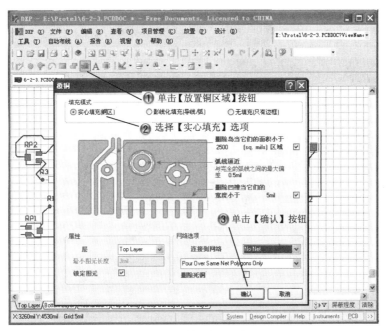

图 5-54　放置铜区域

**Step24** 完成的放大电路 PCB，如图 5-55 所示。

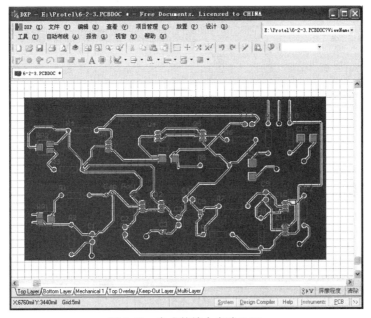

图 5-55　完成的放大电路 PCB

# 5.4  PCB 的制作过程

**基本概念**

对于简单电路的印制电路板设计可直接在 PCB 编辑环境进行元器件封装放置、布线等。但对于一般较复杂电路的制板，一般可分为两部分：原理图设计和印制电路板设计。

**课堂讲解课时：2 课时**

## 5.4.1  设计理论

### 1. 印制电路板设计的一般步骤

原理图设计是印制电路板设计的基础，当设计人员在原理图编辑界面完成电路设计后，由电路原理图产生网络表。网络表包含了电路设计中所涉及的元器件以及元器件之间的网络连接等信息。设计人员在 PCB 编辑界面通过加载网络表，获取元器件及其网络连接信息，然后进行印制电路板设计。

印制电路板设计一般步骤，如图 5-56 所示。

（1）启动 PCB 设计环境：Protel DXP 提供的原理图设计环境与 PCB 设计环境是相互独立的。进行印制电路板设计首先应该启动 PCB 设计环境，即创建一个新的 PCB 文档。

（2）设置 PCB 环境：启动 PCB 设计环境后，设计人员可进行 PCB 环境设置。PCB 环境设置主要包括两方面，分别为环境参数的设置和电路板的规划。设计人员可根据个人系统修改环境参数设置，例如度量单位的选择、可视栅格与捕获栅格大小设置以及编辑环境颜色设置等。而对电路板的规划主要包括电路板的结构、尺寸、接口形式以及工作层面的设置。

（3）加载网络表：网络表是连接原理图编辑环境与 PCB 设计环境的桥梁。加载网络表就是将原理图上所有元器件封装及其网络连接信息导入 PCB 设计环境，为后续元器件的布局以及布线做好准备。

（4）设置 PCB 设计规则：在进行元器件布局之前，应首先设置 PCB 设计规则，即元器件布局、布线等约束条件。例如电气规则、布局规则、布线规则等。通过设置 PCB 设计规

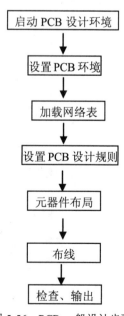

图 5-56  PCB 一般设计步骤

则，可使布局、布线等满足设计要求，提高设计效率。

（5）元器件布局：元器件布局是指分配元器件在印制电路板上的分布位置。进行元器件布局时，除考虑布局的效果美观以外，还应考虑元器件之间的电磁干扰、散热性，最后还应考虑是否能合理布线。一般情况下，元器件布局应首先考虑与电路板形状有关的元器件，然后是核心元器件以及外形尺寸与重量较大元器件，最后是核心元器件的外围电路布局。Protel DXP 提供两种布局方式：自动布局和手动布局。设计人员可将自动布局和手动布局进行有效结合，使印制电路板上元器件合理分布。

（6）布线：影响印制电路板性能的关键步骤就是布线。布线时，应分析电路中信号特征，以确保布线后信号的完整性和可靠性。Protel DXP 提供两种布线方式：自动布线和手动布线。在采用自动布线后，可修改已放置铜膜导线，加以修改，以获得良好布线效果。

（7）检查、输出：在将设计好的印制电路板加工之前，为确保满足设计要求，需进行检查。一般对于简单电路，可采用观察法进行检查。对于复杂电路可采用 Protel DXP 提供的设计规则检查功能：DRC。最后就是将设计的各种图纸报表进行打印输出。

 **5.4.2　课堂讲解**

**1. 手动创建 PCB**

在日常生活中，常常见到各种各样的印刷电路板，它们大多是通过 PCB 板编辑器设计实现的。因此，作为一个电路设计者，首先要做的工作就是确定印刷电路板的尺寸，即确定电路板的物理边界。此外，还要确定电路板的电气边界以及要使用哪些工作层。创建 PCB 板的方法有两种：一种是手动规划 PCB 板，如图 5-57 所示；另一种是使用向导创建 PCB 板。

①选择【文件】|【创建】|【PCB 文件】菜单命令，在设计数据库新建一个 PCB 文档，

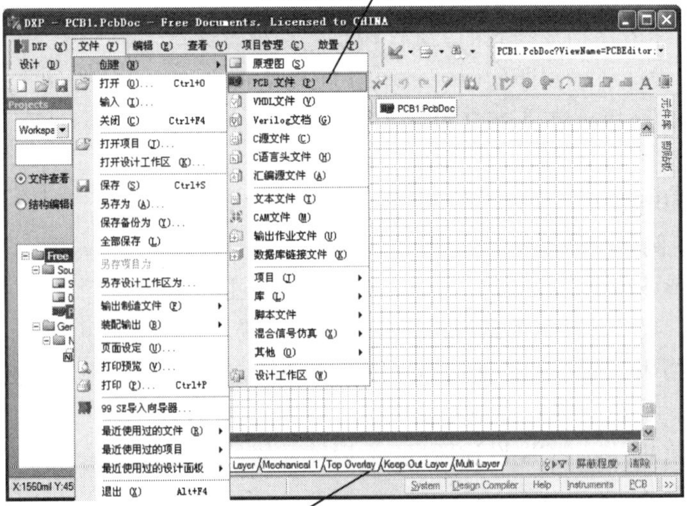

②在 PCB 板编辑界面下方可看到板层信息。

图 5-57　PCB 板编辑界面

### 2. 向导创建 PCB

Protel DXP 提供了 PCB 设计模板向导,图形化的操作使得 PCB 的创建变得非常简单。它提供了很多工业标准板的尺寸规格,也可以用户自定义设置。这种方法适合于各种工业制板,其操作步骤如图 5-58～图 5-65 所示。

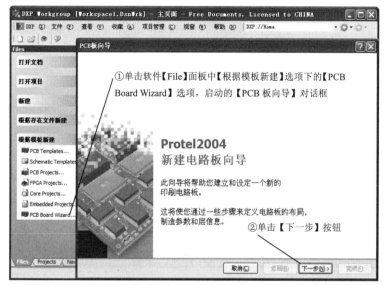

图 5-58　【PCB 板向导】对话框

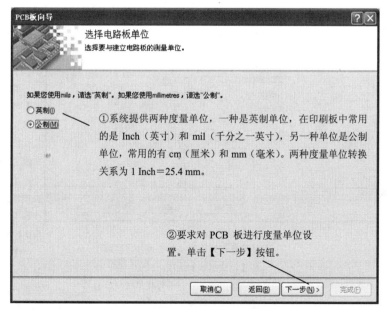

图 5-59　选择单位

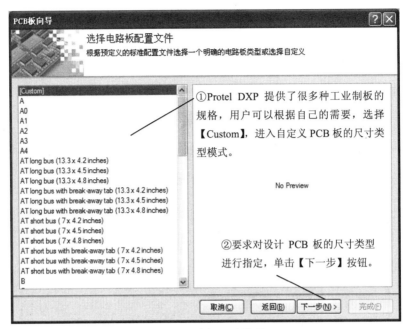

图 5-60　选择尺寸类型

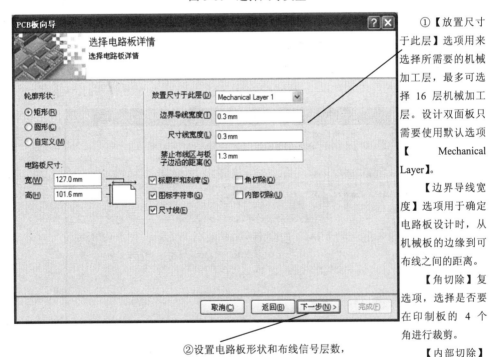

①【放置尺寸于此层】选项用来选择所需要的机械加工层，最多可选择 16 层机械加工层。设计双面板只需要使用默认选项【 Mechanical Layer】。

【边界导线宽度】选项用于确定电路板设计时，从机械板的边缘到可布线之间的距离。

【角切除】复选项，选择是否要在印制板的 4 个角进行裁剪。

【内部切除】复选项用于确定是否进行印刷版内部的裁剪。

②设置电路板形状和布线信号层数，在【轮廓形状】选项区域中，有三种选项可以选择设计的外观形状，单击【下一步】按钮

图 5-61　设置电路板详情

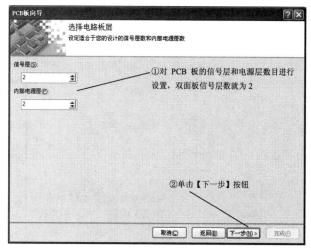

图 5-62　设置信号、电源层

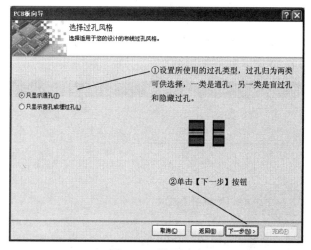

图 5-63　设置过孔

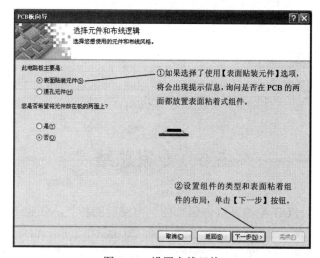

图 5-64　设置布线风格

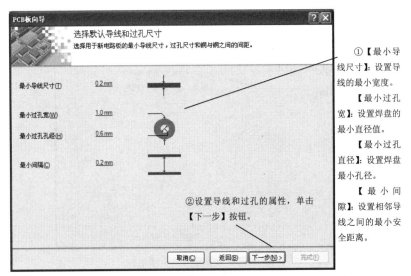

图 5-65　设置导线和过孔的属性

①【最小导线尺寸】：设置导线的最小宽度。

【最小过孔宽】：设置焊盘的最小直径值。

【最小过孔直径】：设置焊盘最小孔径。

【最小间隙】：设置相邻导线之间的最小安全距离。

②设置导线和过孔的属性，单击【下一步】按钮。

PCB 设置完成，单击【完成】按钮，将启动 PCB 编辑器，完成使用 PCB 向导新建 PCB 板的设计，如图 5-66 所示。

图 5-66　完成向导

# 5.5　专家总结

本章主要介绍了 PCB 电路基础，包括印制电路板的种类，创建 PCB 板的方法、组成和制作过程，以及元件封装的知识。一般在进行 PCB 制作之前，设计原理图并加载网络表是常用步骤，之后才能创建 PCB，当然比较简单的 PCB 可以直接进行布局创建。

# 5.6　课后习题

## 5.6.1　填空题

（1）PCB 的种类有_____种。
（2）元件封装和原理图元件的不同是_____。
（3）PCB 的组成有_____、_____、_____、_____、_____。

## 5.6.2　问答题

（1）创建 PCB 的步骤是什么？
（2）PCB 和原理图有何不同？

## 5.6.3　上机操作题

如图 5-67 所示，使用本章学过的知识来创建部分支路原理图的 PCB。
一般创建步骤和方法：
（1）绘制元件。
（2）绘制导线。
（3）创建 PCB。

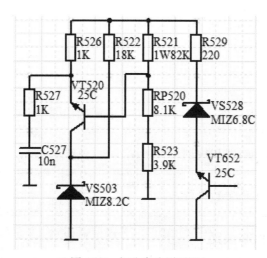

图 5-67　部分支路原理图

# 第6章 PCB 设计基础

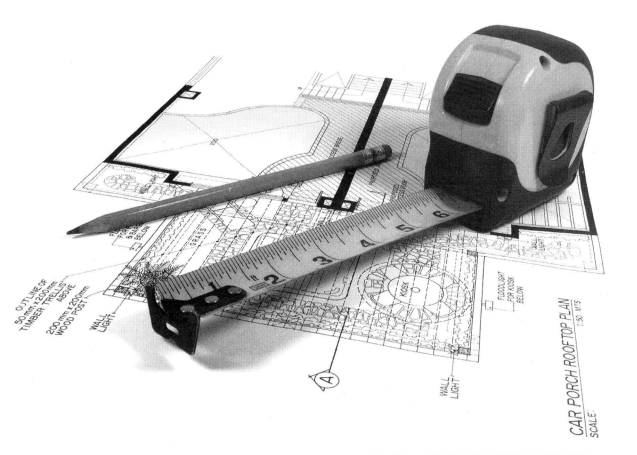

| 内　容 | 掌握程度 | 课　时 |
|---|---|---|
| PCB 编辑器和规划 | 熟练 | 2 |
| PCB 工作参数设置 | 了解 | 1 |
| PCB 放置 | 熟练 | 2 |
| | | |

课训目标

课程学习建议

　　设计原理图和 PCB 的过程中，经常会遇到多幅一模一样的电路，特别是驱动电路。原理图显得繁复，可读性差；而特别是在设计 PCB 时，不得不重复布局，重复布线，不仅枯燥乏味而且也容易出错、电路不美观；同样由于 PCB 布局一致性差，导致硬件测试时每个部分都要重复测试，耗时又繁琐。这时灵活的运用 PCB 编辑器，可以方便准确的绘制重复电路。同时本章介绍了 PCB 工作参数设置和元件的放置操作，可以进一步深入学习印刷电路板的知识。

　　本课程主要是基于 PCB 设计基础的学习，其培训课程表如下。

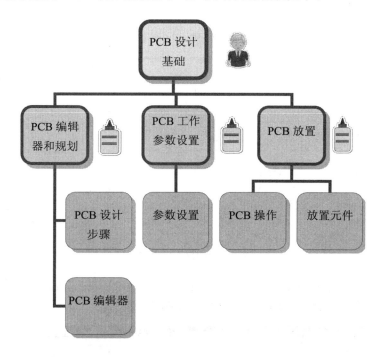

# 6.1　PCB 编辑器和规划

基本概念

PCB 板编辑器是查看和放置 PCB 元件和封装的工具，在 PCB 设计中起重要作用。

课堂讲解课时：2 课时

## 6.1.1 设计理论

下面针对多通道电路设计，介绍通过编辑提高工作效率的设计方法。这里有点类似我们写程序的时候，把一段经常用的代码，封装为一个函数，减少重复劳动增加可读性。

首先需要理解何谓多通道设计。简单地说，多通道设计就是把重复电路的原理图当成一个原件，在另一张原理图里面重复使用。如图 6-1 所示的一个例子，在电路里面更便于理解这个概念。一个有 4 路 IGBT 的驱动电路。如果按照常规设计，在原理图里这个相同的电路不得不复制 4 次，这样电路图必然繁琐，而且耗费时间。

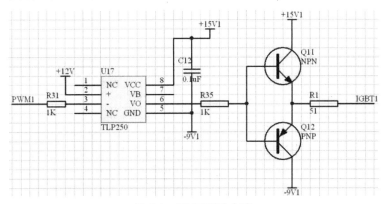

图 6-1　IGBT 驱动电路

下面用多通道设计提高效率。把一路 IGBT 驱动电路设计好以后保存，然后在同一个工程下面新建一个空原理图。接下来的操作，如图 6-2 所示。

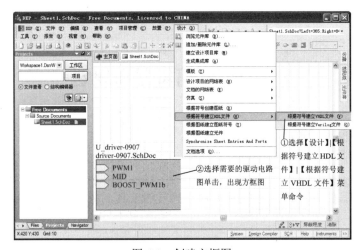

图 6-2　创建方框图

把绿色方框图按照需要的次数复制出来，这里复制三次，如图 6-3 所示。这样，就完成了原理图的重复设计方法。

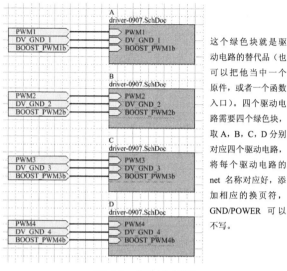

这个绿色块就是驱动电路的替代品（也可以把他当中一个原件，或者一个函数入口）。四个驱动电路需要四个绿色块，取 A，B，C，D 分别对应四个驱动电路，将每个驱动电路的 net 名称对应好，添加相应的换页符，GND/POWER 可以不写。

图 6-3　复制方框图

 **6.1.2　课堂讲解**

PCB 板编辑器界面，如图 6-4 所示。PCB 设计管理器窗口位于 PCB 板编辑器界面的最左端，在进行 PCB 板设计时，通常打开该窗口，会使设计变得更方便。

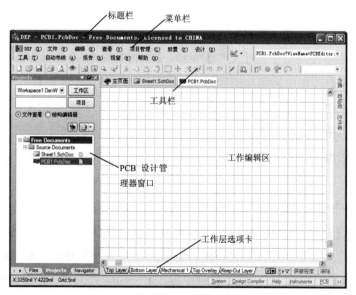

图 6-4　PCB 板编辑器界面

PCB 信息包括网络、元件、封装库、网络组群、元件组群、犯规和规则共七类信息。打开【元件库】窗口，如图 6-5 所示。

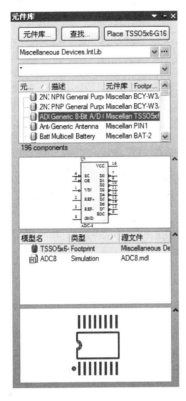

此时浏览选项组与原理图设计管理器窗口的浏览选项组相同，即在信息选择下拉框下的文本框中显示已添加的元器件封装库，显示元件封装信息。如果选中某封装，在其下面的白色背景的图文框中同时还能显示该封装的形状。

图 6-5　【元件库】窗口

PCB 板编辑器界面菜单中的【文件】菜单、【编辑】菜单、【查看】菜单、【视窗】菜单和【帮助】菜单与原理图编辑器相应菜单的功能相同或相似；【报告】菜单提供 PCB 报表的输出。不同的主要有【放置】菜单、【设计】菜单、【工具】菜单和【自动布线】菜单。

在菜单栏上单击【放置】菜单或在 PCB 板编辑区按 P 键，就可弹出【放置】菜单中的各子命令。PCB 板编辑器的【放置】菜单，主要用来完成 PCB 中各种对象的放置工作，如图 6-6 所示。

【放置】菜单中的命令和【配线】工具栏是对应关系，如图 6-7 所示。

Protel DXP 有许多预置的模板，这些模板都具有各自的标题栏、参考布线规则、物理尺寸和标准边缘连接器等，还可以允许用户自定义电路板、创建和保存自己定义的模板。通过 PCB 板向导可以调用这些已设置好的模板。对于初学者来说，使用系统提供的电路板向导来创建 PCB 板比较方便，也容易上手。

【放置】菜单主要有如下子命令组成：【圆弧】、【矩形填充】、【铜区域】、【直线】、【字符串】、【焊盘】、【过孔】、【交互布线】、【元件】、【坐标】、【尺寸】、【内嵌电路板队列】、【覆铜】、【多边形灌铜切块】、【分割覆铜平面】、【禁止布线区】。

图 6-6    【放置】菜单

图 6-7    【配线】工具栏

### 6.1.3    课堂练习——变压电路

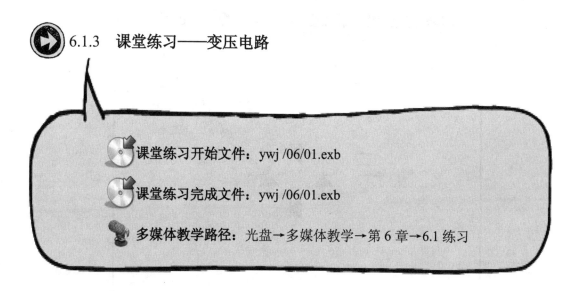

课堂练习开始文件：ywj /06/01.exb

课堂练习完成文件：ywj /06/01.exb

多媒体教学路径：光盘→多媒体教学→第 6 章→6.1 练习

**Step1** 创建插头，如图 6-8 所示。

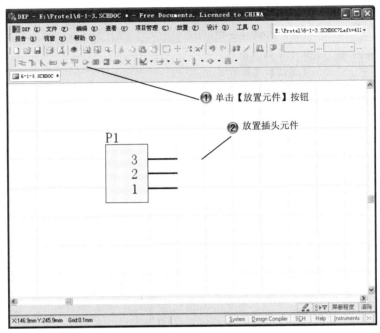

图 6-8　创建插头

**Step2** 创建二极管，如图 6-9 所示。

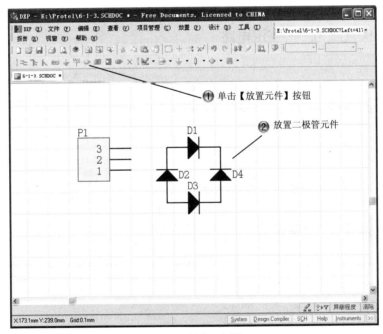

图 6-9　创建二极管

**Step3** 绘制导线，完成分电路 1 绘制，如图 6-10 所示。

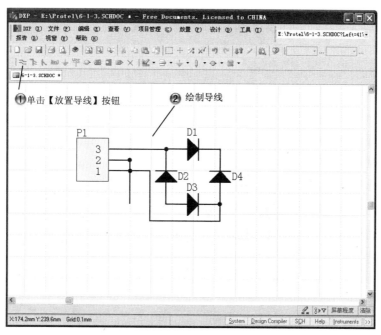

图 6-10　绘制导线

**Step4** 创建接地元件，如图 6-11 所示。

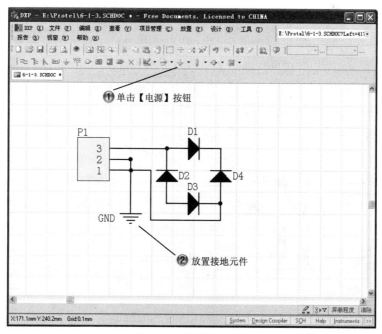

图 6-11　创建接地元件

**Step5** 创建电容，然后绘制导线，完成分电路 2 绘制，如图 6-12 所示。

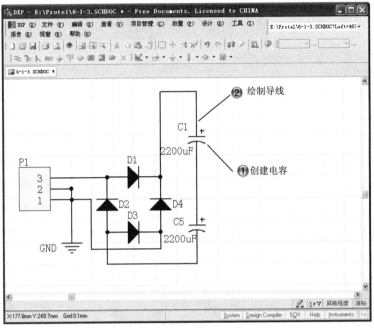

图 6-12　绘制分电路 2

**Step6** 创建电容，然后绘制导线，完成分电路 3 绘制，如图 6-13 所示。

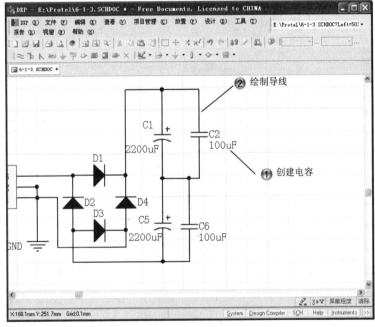

图 6-13　绘制分电路 3

**Step7** 创建电压调节器、电容、二极管和电阻等元件，然后绘制导线，完成分电路 4 绘制，如图 6-14 所示。

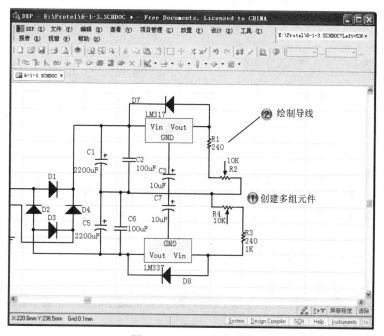

图 6-14　绘制分电路 4

**Step8** 创建二极管和电容，然后绘制导线，完成分电路 5 绘制，如图 6-15 所示。

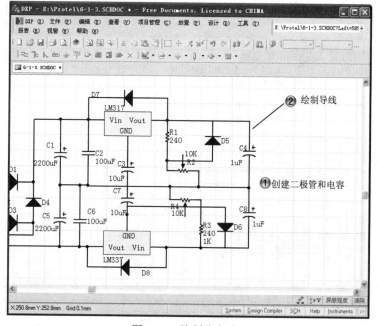

图 6-15　绘制分电路 5

**Step9** 创建插头，然后绘制导线，完成分电路 6 绘制，如图 6-16 所示。

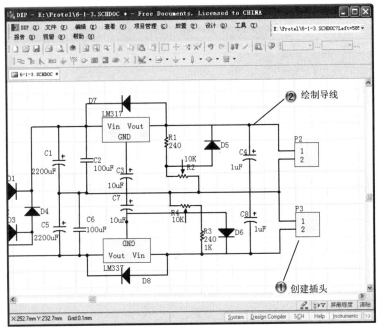

图 6-16　绘制分电路 6

**Step10** 创建接地元件，如图 6-17 所示。

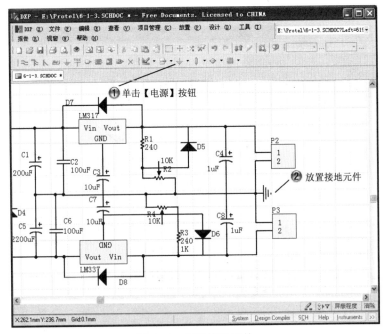

图 6-17　创建接地元件

**Step 11** 完成绘制的变压电路，如图 6-18 所示。

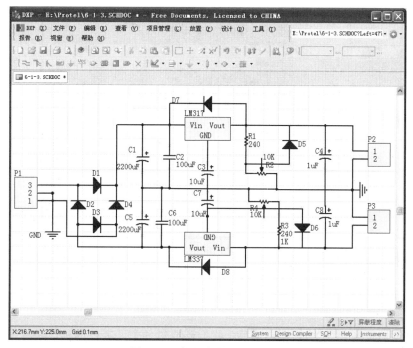

图 6-18　完成绘制的变压电路

# 6.2　PCB 工作参数设置

PCB 的工作参数包括优先设定、PCB 板设置和属性设置，创建 PCB 电路之前有必要对其进行详细设置。

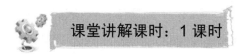

课堂讲解课时：1 课时

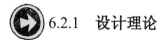 **6.2.1　设计理论**

PCB 工作参数的优先设定选项，位于【优先设定】对话框，选择【DXP】|【优先设定】菜单命令，即可打开进行设置，如图 6-19 所示。

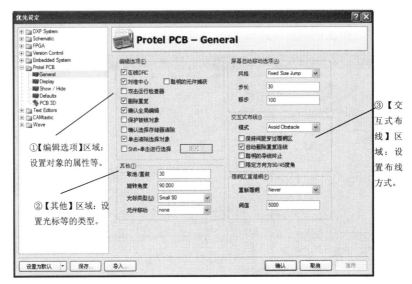

图 6-19 【优先设定】对话框

 6.2.2 课堂讲解

把元器件加载到 PCB 编辑器界面后，我们还要对各个元器件的属性进行编辑。元器件的属性主要包括元器件的标号、元器件的标称值、元器件的形式等。和原理图中元器件一样，对于 PCB 库中每个元器件，也具有自己的文字组件属性，它包括两个文字组件：元器件的标号和元器件的标称值。在对整个元器件属性进行编辑时，可以对它本身的属性（所有的属性，包括组件属性）进行编辑，也可以单独对它的文字组件的属性进行编辑。也就是说，对元器件属性的编辑，既可以对元器件进行整体属性的编辑，也可对它的某个组件进行单独编辑。

在 PCB 编辑界面，在绘图区右击，在快捷菜单中选择【选择项】|【PCB 板选择项】命令，如图 6-20 所示。

在弹出的【PCB 板选择项】对话框中，设置 PCB 的单位、网格、图纸和显示等信息，如图 6-21 所示。

图 6-20 选择【选择项】|【PCB 板选择项】命令

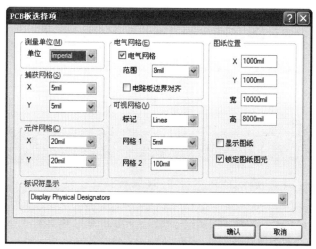

图 6-21　【PCB 板选择项】对话框

在放置元器件命令状态下，按下 Tab 键，或用双击一个已放置的元器件，或用鼠标左键按住一个已放置的元器件不放并同时按下 Tab 键，均可打开【元件】对话框，如图 6-22 所示。

在某些情况下，需要对一些元器件的参数进行全部相同的编辑，例如对所有的电阻或所有的电容进行编辑。

③【标识符】选项卡：设置元器件的标称文本属性、字体等信息。

④【注释】选项卡：是对元器件的标称值属性进一步描述，其中的选项和【标识符】选项卡相同。

①【元件属性】选项卡：用于一般属性设置。

②【封装】选项卡：设置元器件的名称、库、描述等内容。

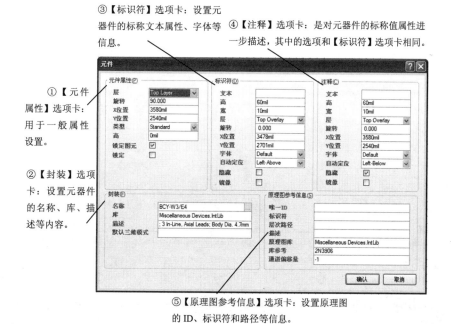

⑤【原理图参考信息】选项卡：设置原理图的 ID、标识符和路径等信息。

图 6-22　【元件】对话框

在进入 PCB 板编辑器界面时，默认的层选项卡从左向右有如下几项，如图 6-23 所示。

【顶层】 　　 【底层】 　 【机械层 1】 　【机械层 2】

图 6-23　层选项卡

　　实际上在使用 Protel DXP 进行 PCB 板设计时，涉及的工作层还有 Signal Layer（信号层）、Internal Layer（内电层）、Mechanical Layer（机械层）、Solder Mask（阻焊层）、Paste Mask（锡膏防护层）、Silkscreen（丝印层）、Keep Out Layer（禁止布线层）、Multi Layer（复合层）、Drill Guide（导孔层）、Drill Drawing（孔位图层）、Connection（连接板层）、DRC Errors（电气错误指示层）、Pad Holes（焊盘孔层）、Via Holes（过孔层）、Visible Grid1（第一可视栅格层）和 Visible Grid2（第二可视栅格层）。

　　Protel DXP 能够进行多层 PCB 板的制作，Protel DXP 最多可达到 32 个信号层，即 Top Layer（顶层）、Bottom Layer（底层）以及 Mid Layer1（中间层 1）～Mid Layer30（中间层 30）。其中顶层主要用于放置元器件，底层主要用于放置焊锡，中间层用于进行走线。

　　Protel DXP 默认的信号层只有顶层、底层两层。Protel DXP 共有 16 个内电层，即 Internal Layer1（内电层 1）～Internal Layer16（内电层 16），在内电层上只能用于布置电源线和地线。在同一内电层上允许有多个电源或地。每个内电层都可以具有一个网络名称，PCB 编辑器自动将其与其具有相同网络名称的焊盘以飞线形式连接起来。

　　阻焊层主要用于放置阻焊漆，除焊盘和过孔对应部分不放置阻焊漆之外，其它部分都要放置阻焊漆。阻焊层有 Top Solder Mask（顶层阻焊层）和 Bottom Solder Mask（底层阻焊层）。

　　丝印层有 TopOverlay（顶层丝印层）和 BottomOverlay（底层丝印层），丝印层上主要用于放置元器件的外形轮廓、元器件序号及其它文本信息。

　　禁止布线层用于设定元器件放置及布线的区域，在此区域之外，禁止放置元器件及布线；复合层主要用于放置焊盘、过孔等；在手工钻孔时，在导孔层进行钻孔说明；孔位图层主要是在数控钻床加工时，放置钻孔信息；连接板层主要用来显示飞线；电气错误指示层主要用来显示进行 DRC 检查后的错误信息；焊盘孔层用于显示焊盘通孔；过孔层用于显示过孔；第一及第二可视栅格层主要用于显示第一及第二可视栅格；锡膏防护层主要用于 SMD 元器件的自动焊接。为了保证 SMD 元器件被放置在电路板上后不会移位，除焊盘以外，其它部位都要涂防锡膏，锡膏防护层也有顶层和底层两种。

### 6.2.3 课堂练习——控制电路

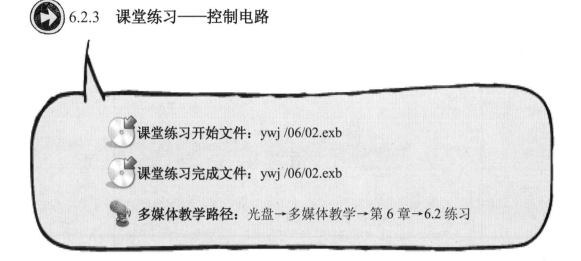

课堂练习开始文件：ywj /06/02.exb

课堂练习完成文件：ywj /06/02.exb

多媒体教学路径：光盘→多媒体教学→第 6 章→6.2 练习

**Step1** 创建 IC1 元件，如图 6-24 所示。

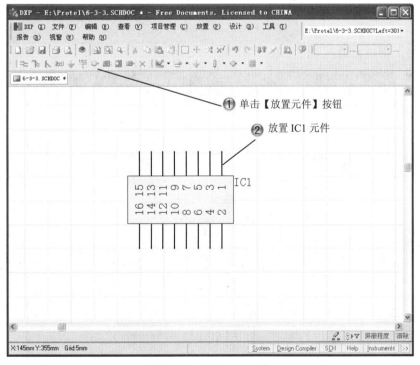

图 6-24 创建 IC1 元件

**Step2** 创建电容，如图 6-25 所示。

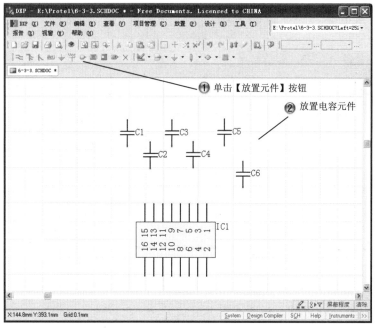

图 6-25　创建电容

**Step3** 创建电阻，如图 6-26 所示。

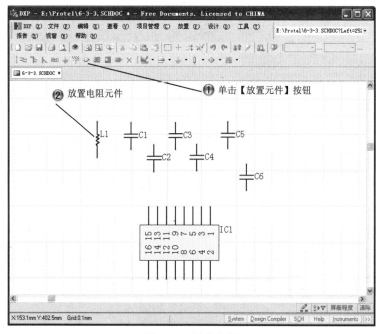

图 6-26　创建电阻

**Step4** 绘制导线，完成分电路 1 绘制，如图 6-27 所示。

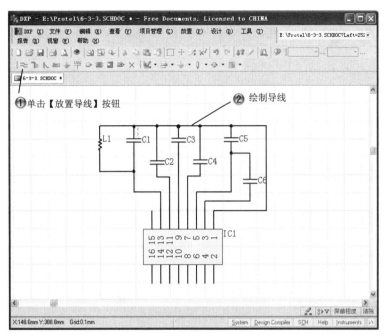

图 6-27　绘制导线

**Step5** 创建电容、电阻和三极管，绘制导线，完成分电路 2 绘制，如图 6-28 所示。

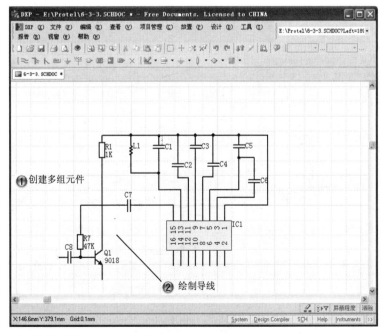

图 6-28　绘制分电路 2

**Step6** 创建电容，绘制导线，完成分电路 3 绘制，如图 6-29 所示。

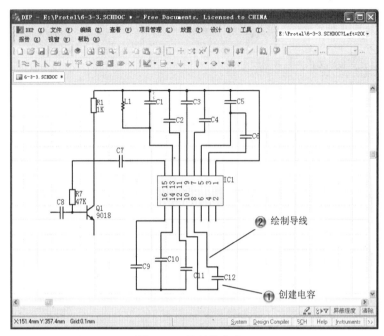

图 6-29　绘制分电路 3

**Step7** 创建接地元件，如图 6-30 所示。

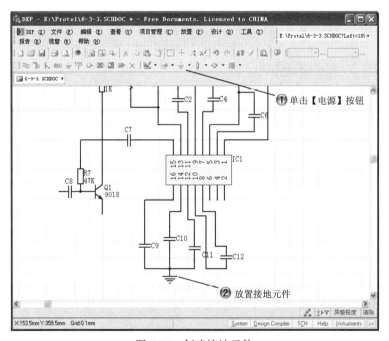

图 6-30　创建接地元件

**Step8** 创建电阻、二极管和接地元件，绘制导线，完成分电路 4 绘制，如图 6-31 所示。

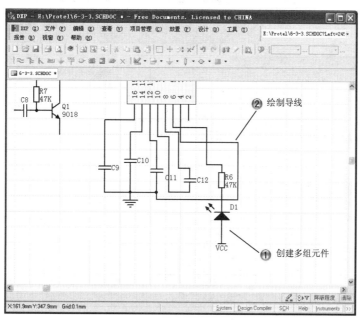

图 6-31　绘制分电路 4

**Step9** 创建电阻和电容，绘制导线，完成分电路 5 绘制，如图 6-32 所示。

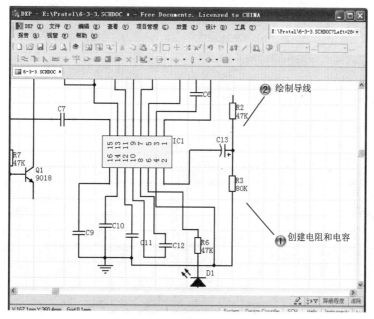

图 6-32　绘制分电路 5

**Step 10** 创建三极管和电阻，绘制导线，完成分电路 6 绘制，如图 6-33 所示。

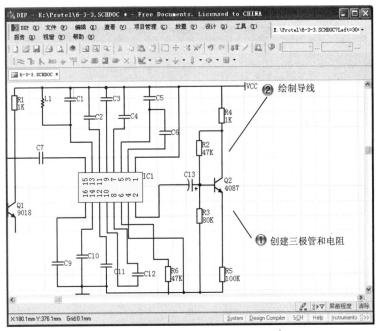

图 6-33　绘制分电路 6

**Step 11** 创建电阻和电容，如图 6-34 所示。

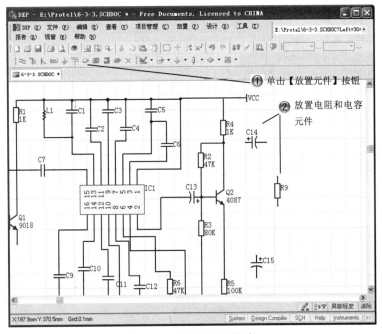

图 6-34　创建电阻和电容

**Step12** 绘制导线，如图 6-35 所示。这样完成绘制的控制电路，如图 6-36 所示。

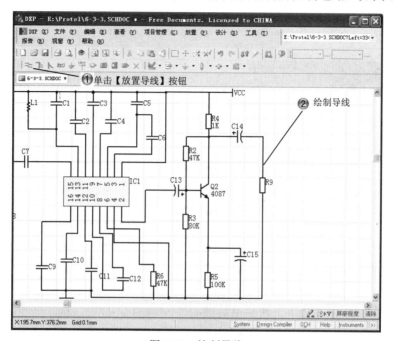

图 6-35　绘制导线

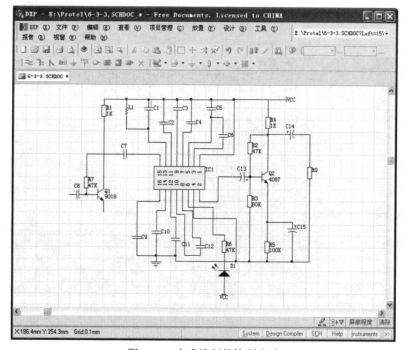

图 6-36　完成绘制的控制电路

# 6.3　PCB 放置

基本概念

PCB 的放置指的是把原理图的原件 PCB 封装都添加完毕，然后导入到 PCB，最后生成真实布局的电路板。

课堂讲解课时：2 课时

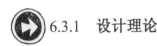

6.3.1　设计理论

PCB 的一般放置操作如下，把一个原理图导入 PCB ，比如生成了 4 路，每路带一个 room，如图 6-37 所示。这里 room 不能删掉，在这里起关键作用。

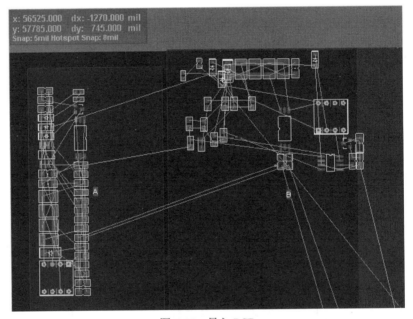

图 6-37　导入 PCB

选择【设计】|【模板】|【更新】菜单命令，将出现一个十字，单击一个 room 支路，接着单击还没有设计好的第二路，弹出对话框后确认。导入的四个电路会变成一致，如图 6-38 所示。

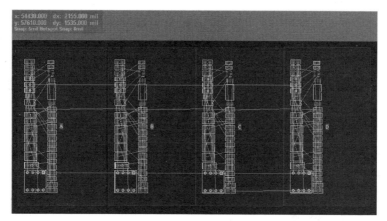

图 6-38  导入四个电路

四路驱动电路全部导进来后，按照要求设计好第一路，如图 6-39 所示。

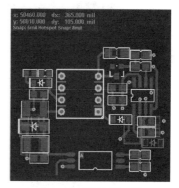

使用【设计】|【模板】|【更新】菜单命令，将出现一个十字，单击已经设计好的第一路电路，接着单击还没有设计好的第二路。另外一路马上根据第一路完成布局和布线。如此重复 3 次，即可完成四个驱动电路的放置、布局和布线工作，如图 6-40 所示。

图 6-39  设计第一路

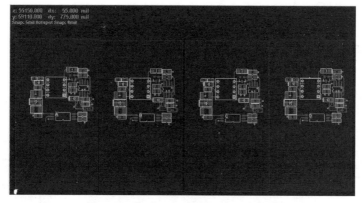

图 6-40  完成 PCB 放置、布局和布线

 6.3.2  课堂讲解

1. 使用菜单放置元件

PCB 元器件放置，除了通过网络表加载元器件外，还可以手工放置元器件。熟练的电

路设计者对于比较简单的电路图，一般不需要进行电路原理图的绘制，而直接在 PCB 板上放置元器件，经过手工布局之后，再进行手工布线，从而完成 PCB 板的设计。PCB 元器件的手工放置方法通常有下面几种：使用菜单放置元器件；使用工具栏放置元器件；使用热键放置元器件；使用 PCB 设计管理器放置元器件；使用【元件库】窗口放置元器件。

使用菜单命令放置元器件，如图 6-41 所示。具体的操作步骤与原理图中使用菜单放置元器件的步骤类似。

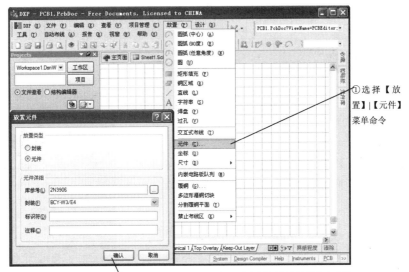

图 6-41　使用菜单命令放置元件

使用工具栏命令放置元器件，如图 6-42 所示。

图 6-42　使用工具栏命令放置元件

在【放置元件】对话框中单击按钮⬚，弹出【浏览元件库】对话框，可以对元件进行选择，添加到 PCB 中，如图 6-43 所示，这些都属于手动添加元件封装。

2. 使用元件库放置元件

使用元件库放置元器件，在不知道元器件名称或只知道名称中的一部分时，通过使用元件库对已添加的库中元器件进行浏览，待找到合适的元器件后再进行放置，如图 6-44 所示。

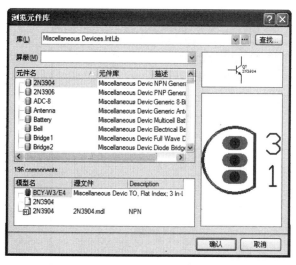

图 6-43 【浏览元件库】对话框

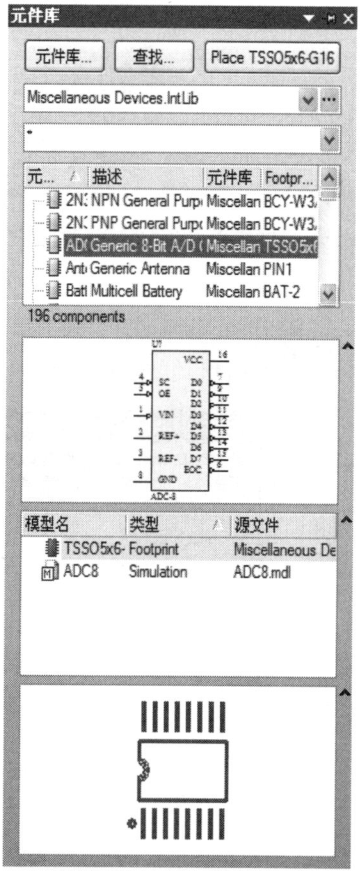

图 6-44 元件库

3. 使用热键放置元件

使用热键命令进行放置元器件，就是在 PCB 编辑器界面中，依次按下 P 键和 C 键，就可弹出【放置元件】对话框。采用热键放置 PCB 元器件对熟悉 PCB 元器件（原理图元器件封装）的人来说操作起来比较方便。

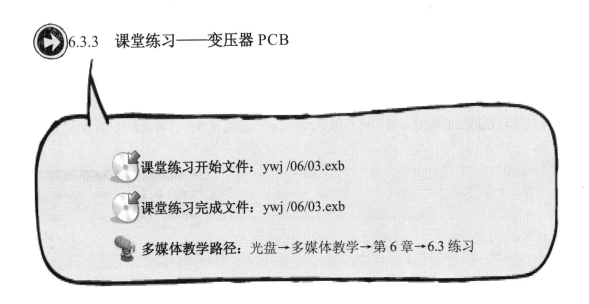

**6.3.3　课堂练习——变压器 PCB**

课堂练习开始文件：ywj /06/03.exb

课堂练习完成文件：ywj /06/03.exb

多媒体教学路径：光盘→多媒体教学→第 6 章→6.3 练习

**Step 1** 创建变压器，如图 6-45 所示。

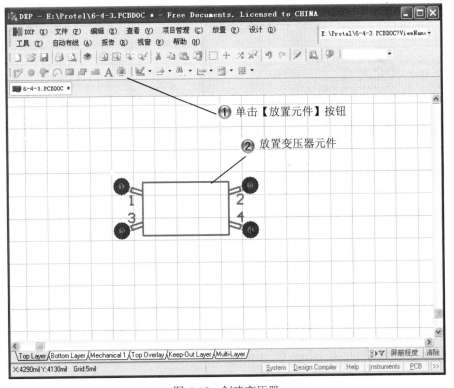

① 单击【放置元件】按钮

② 放置变压器元件

图 6-45　创建变压器

**Step2** 创建二极管，如图 6-46 所示。

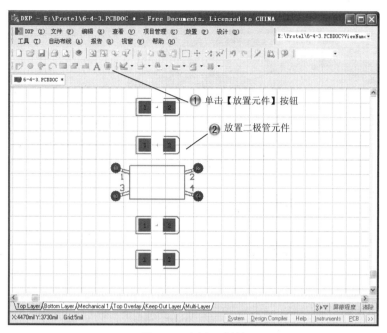

图 6-46　创建二极管

**Step3** 创建电容，如图 6-47 所示。

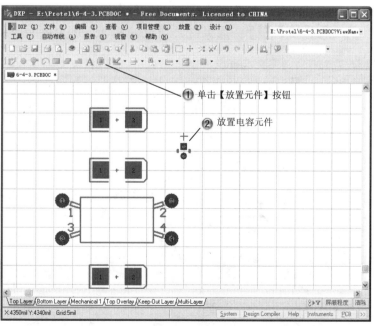

图 6-47　创建电容

**Step4** 创建三极管，如图 6-48 所示。

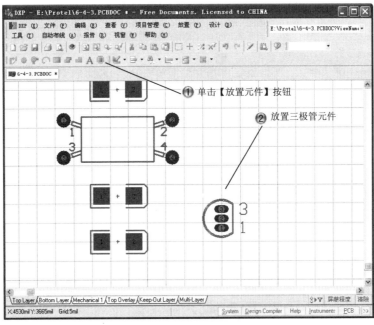

图 6-48　创建三极管

**Step5** 绘制导线，完成分电路 1 绘制，如图 6-49 所示。

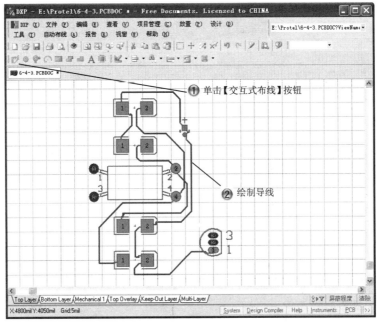

图 6-49　绘制导线

**Step6** 创建二极管和三极管，绘制导线，完成分电路 2 绘制，如图 6-50 所示。

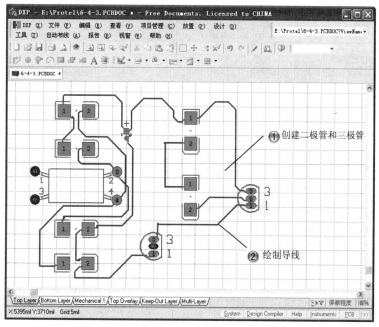

图 6-50　绘制分电路 2

**Step7** 创建电感元件，绘制导线，完成分电路 3 绘制，如图 6-51 所示。

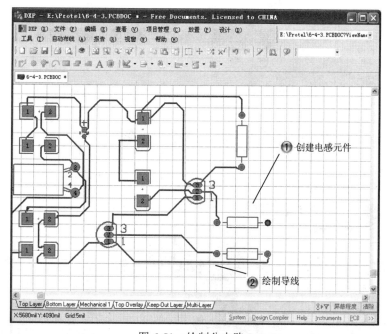

图 6-51　绘制分电路 3

**Step8** 创建三极管、电感元件和二极管，绘制导线，完成分电路 4 绘制，如图 6-52 示。

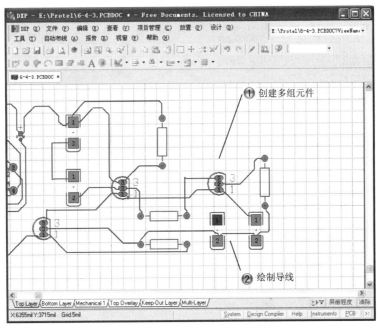

图 6-52　绘制分电路 4

**Step9** 创建电源、三极管、电感和变阻器，绘制导线，完成分电路 5 绘制，如图 6-53 所示。

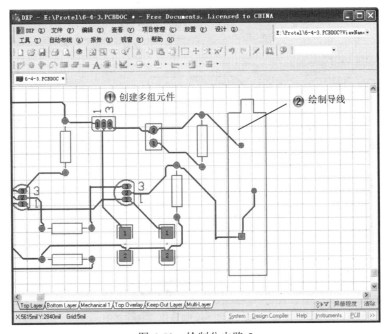

图 6-53　绘制分电路 5

**Step10** 创建变阻器和电源，绘制导线，完成分电路 6 绘制，如图 6-54 所示。

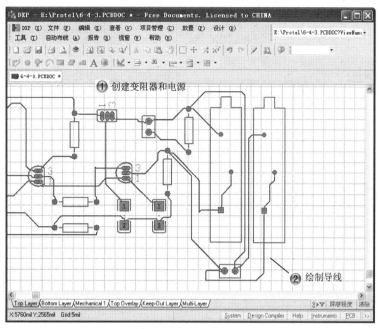

图 6-54　绘制分电路 6

**Step11** 这样就完成变压器 PCB 的布局，如图 6-55 所示。

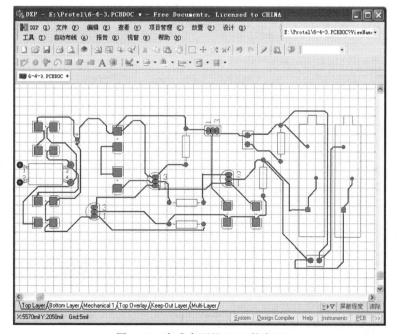

图 6-55　完成变压器 PCB 的布局

**Step12** 放置铜区域，如图 6-56 所示。

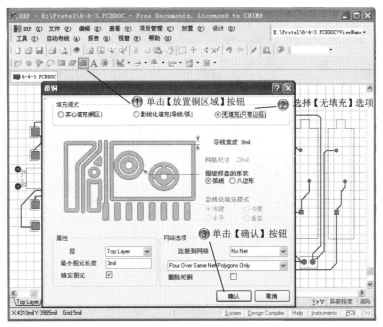

图 6-56 放置铜区域

**Step13** 完成的变压器 PCB，如图 6-57 所示。

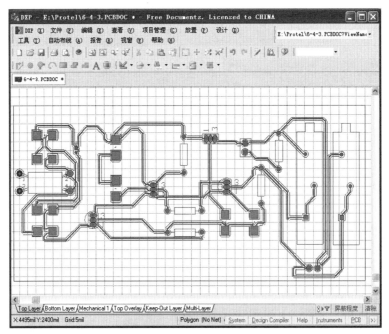

图 6-57 完成的变压器 PCB

## 6.4　专家总结

本章主要介绍了 PCB 编辑器、PCB 工作参数设置和元件的放置操作，这些内容是 PCB 电路板创建的主要内容，读者可以通过课堂练习加深学习。

## 6.5　课后习题

### 6.5.1　填空题

（1）PCB 编辑器的组成有_____。
（2）创建 PCB 的顺序是_____、_____、_____。
（3）PCB 的放置方法有_____、_____、_____。

### 6.5.2　问答题

（1）PCB 在什么创建之后才能创建？
（2）PCB 和电路原理图的联系是什么？

### 6.5.3　上机操作题

如图 6-58 所示，使用本章学过的知识创建放大电路的 PCB。
一般创建步骤和方法：
（1）创建电气元件。
（2）绘制导线。
（3）添加接地元件。
（4）创建 PCB 部分。

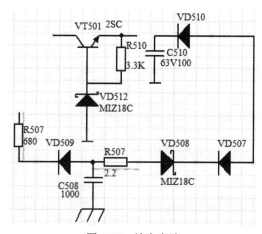

图 6-58　放大电路

# 第7章 PCB 高级设计

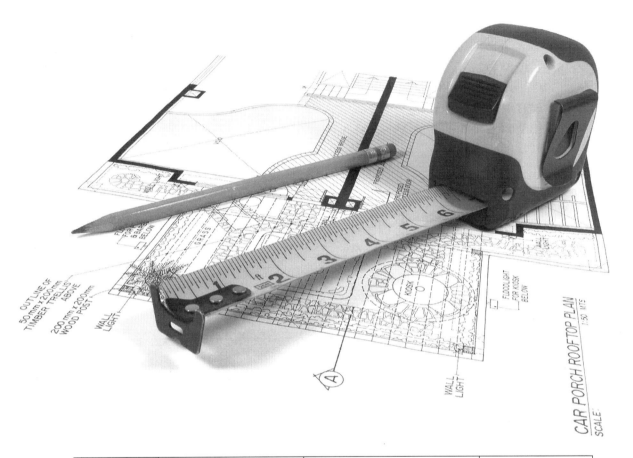

| 内　容 | 掌握程度 | 课　时 |
|---|---|---|
| PCB 设计规则 | 理解 | 1 |
| PCB 布线 | 熟练 | 2 |
| PCB 覆铜及附属 | 熟练 | 2 |
| 生成 PCB 信息报表 | 熟练 | 1 |

课训目标

**课程学习建议**

由原理图延伸下去会涉及 PCB layout，也就是 PCB 布线，当然这种布线是基于原理图来做成的，通过对原理图的分析以及电路板其他条件的限制，设计者得以确定器件的位置以及电路板的层数等。了解电路板设计的基本步骤之后，设计一块自己的电路板就并不是件难事了。事实上要真正设计出一块满足技术要求、功能完善，布局合理且可靠、实用、美观的电路板绝非一朝一夕能做到的。本章介绍的印制电路板的设计规则、PCB 布线和覆铜等内容可通过课堂练习掌握。

本课程主要基于练习 PCB 高级设计知识，其培训课程表如下。

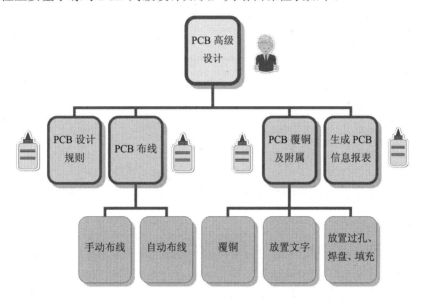

# 7.1 PCB 设计规则

**基本概念**

印制电路板设计是一个实践经验要求较高的工作。为设计出性能优良、可靠性高、稳定性好的印制电路板，在设计中需满足的原则较多，例如印制电路板各模块之间的抗干扰要求、散热性等。

课堂讲解课时：1 课时

 7.1.1　设计理论

以下对 PCB 板的元器件布局和布线原则进行简单介绍。

**元器件布局原则：**

（1）一般情况下，双面板应尽量避免元器件的两面放置，当顶层元器件排列过密时，才将部分元器件放置在底层。

（2）元器件在印制电路板上的分布在按功能模块进行分布的条件下，应分布均匀，排列疏密有致。

（3）在保证电气性能的前提条件下，元件放置应平行或垂直排列，例如双列直插式集成芯片、电阻等。

（4）高低元件分开排列。

（5）对于电位差较大的元器件或导线，应增大其间距离，避免因放电导致意外短路。

（6）对可能产生干扰的元器件尽量分开放置，也可采取其他隔离措施。

（7）元器件布局时，应考虑信号流向，使所布导线信号流向尽可能一致。

（8）对于易受干扰的元器件，应加大相互直接的举例或加以屏蔽，例如，热敏电阻尽可能远离发热量大的元器件等。

（9）对于大功率元器件应和小功率元器件分开放置。

（10）对于可调元器件，例如电位器、可变电容等，布局时应考虑整机的结构要求。若是采用机内调节，应放在印制电路板便于调节的地方，例如印制电路板端部；若是机外调节，则只需与机箱对应按钮、开关对应。

（11）电路板的形状多为矩形，长宽比多为 4：3，也可根据印制电路板在机箱内的位置、尺寸进行定义。

**印制电路板布线原则：**

（1）为避免高频干扰，布线时，应尽可能选择短而粗的导线。

（2）布线时，应尽可能选择 45° 折线，避免 90° 直角布线。

（3）I/O 口驱动电路应尽量靠近印制电路板边缘，使信号尽快离开印制电路板。

（4）时钟电路应尽量靠近连接时钟电路的元器件，布线尽可能短。

（5）布线时，应使电源线和地线加粗。当布置大面积电源和地时，应使用栅格状铜箔，避免因受热产生气体使铜箔脱落。

（6）去耦电容应尽量与电源之间连接。

 **7.1.2 课堂讲解**

PCB 的设计规则有如下几点。

**1. 连线精简原则**

连线要精简，尽可能短，尽量少拐弯，力求线条简单明了，特别是在高频回路中，当然为了达到阻抗匹配而需要进行特殊延长的线例外，例如蛇行走线等。

**2. 安全载流原则**

铜线的宽度应以自己所能承载的电流为基础进行设计，铜线的载流能力取决于以下因素：线宽、线厚（铜铂厚度）、允许温升等，下面给出了铜导线的宽度和导线面积以及导电电流的关系（军品标准），可以根据这个基本的关系对导线宽度进行适当的考虑。

印制导线最大允许工作电流（导线厚 50um，允许温升 10℃）

相关的计算公式为：$I=KT^{0.44}A^{0.75}$

其中：K 为修正系数，一般覆铜线在内层时取 0.024，在外层时取 0.048；T 为最大温升，单位为℃；A 为覆铜线的截面积，单位为 mil（不是 mm，注意）；I 为允许的最大电流，单位是 A。

**3. 电磁抗干扰原则**

电磁抗干扰原则涉及的知识点比较多，例如铜膜线的拐弯处应为圆角或斜角（因为高频时直角或者尖角的拐弯会影响电气性能）、双面板两面的导线应互相垂直、斜交或者弯曲走线，尽量避免平行走线，减小寄生耦合等。

### 4. 地线的设计原则

在低频电路中，信号的工作频率小于 1MHZ，它的布线和器件间的电感影响较小，而接地电路形成的环流对干扰影响较大，因而应采用一点接地。当信号工作频率大于 10MHZ 时，如果采用一点接地，其地线的长度不应超过波长的 1/20，否则应采用多点接地法。数字地与模拟地分开。

若线路板上既有逻辑电路又有线性电路，应尽量使它们分开。一般数字电路的抗干扰能力比较强，例如 TTL 电路的噪声容限为 0.4~0.6V，CMOS 电路的噪声容限为电源电压的 0.3~0.45 倍，而模拟电路只要有很小的噪声就足以使其工作不正常，所以这两类电路应该分开布局布线。

接地线应尽量加粗。若接地线用很细的线条，则接地电位会随电流的变化而变化，使抗噪性能降低。因此应将地线加粗，使它能通过三倍于印制板上的允许电流。如有可能，接地线应在 2~3mm 以上。

接地线构成闭环路。只由数字电路组成的印制板，其接地电路布成环路大多能提高抗噪声能力。因为环形地线可以减小接地电阻，从而减小接地电位差。

### 5. 配置退耦电容

PCB 设计的常规做法之一是在印刷板的各个关键部位配置适当的退耦电容，退耦电容的一般配置原则是：

（1）电源的输入端跨接 10~100uf 的电解电容器，如果印制电路板的位置允许，采用 100uf 以上的电解电容器抗干扰效果会更好。

原则上每个集成电路芯片都应布置一个 0.01uf~0.1uf 的瓷片电容，如遇印制板空隙不够，可每 4~8 个芯片布置一个 1~10uf 的钽电容（最好不用电解电容，电解电容是两层薄膜卷起来的，这种卷起来的结构在高频时表现为电感，最好使用钽电容或聚碳酸酯电容）。对于抗噪能力弱、关断时电源变化大的器件，如 RAM、ROM 存储器件，应在芯片的电源线和地线之间直接接入退耦电容。电容引线不能太长，尤其是高频旁路电容不能有引线。

（2）过孔设计。在高速 PCB 设计中，看似简单的过孔也往往会给电路的设计带来很大的负面效应，为了减小过孔的寄生效应带来的不利影响，在设计中可以尽量做到。

（3）从成本和信号质量两方面来考虑，选择合理尺寸的过孔大小。例如对层的内存模块 PCB 设计来说，选用 10/20mil（钻孔/焊盘）的过孔较好，对于一些高密度的小尺寸的板子，也可以尝试使用 8/18Mil 的过孔。在目前技术条件下，很难使用更小尺寸的过孔了（当孔的深度超过钻孔直径的 6 倍时，就无法保证孔壁能均匀镀铜）；对于电源或地线的过孔则可以考虑使用较大尺寸，以减小阻抗。

（4）使用较薄的 PCB 板有利于减小过孔的两种寄生参数。

PCB 板上的信号走线尽量不换层，即尽量不要使用不必要的过孔。

电源和地的管脚要就近打过孔，过孔和管脚之间的引线越短越好。

在信号换层的过孔附近放置一些接地的过孔，以便为信号提供最近的回路。甚至可以在 PCB 板上大量放置一些多余的接地过孔。

6. 降低噪声与电磁干扰的一些经验

能用低速芯片就不用高速的，高速芯片用在关键地方。可用串一个电阻的方法，降低控制电路上下沿跳变速率。

尽量为继电器等提供某种形式的阻尼，如 RC 设置电流阻尼。

使用满足系统要求的最低频率时钟。

时钟应尽量靠近到用该时钟的器件，石英晶体振荡器的外壳要接地。

用地线将时钟区圈起来，时钟线尽量短。

石英晶体下面以及对噪声敏感的器件下面不要走线。

时钟、总线、片选信号要远离 I/O 线和接插件。

时钟线垂直于 I/O 线比平行于 I/O 线干扰小。

I/O 驱动电路尽量靠近 PCB 板边，让其尽快离开 PCB。对进入 PCB 的信号要加滤波，从高噪声区来的信号也要加滤波，同时用串终端电阻的办法，减小信号反射。

MCU 无用端要接高，或接地，或定义成输出端，集成电路上该接电源、地的端都要接，不要悬空。

闲置不用的门电路输入端不要悬空，闲置不用的运放正输入端接地，负输入端接输出端。

印制板尽量使用 45 折线而不用 90 折线布线，以减小高频信号对外的发射与耦合。

印制板按频率和电流开关特性分区，噪声元件与非噪声元件的距离再远一些。

单面板和双面板用单点接电源和单点接地、电源线、地线尽量粗。

模拟电压输入线、参考电压端要尽量远离数字电路信号线，特别是时钟。

对 A/D 类器件，数字部分与模拟部分不要交叉。

元件引脚尽量短，去耦电容引脚尽量短。

关键的线要尽量粗，并在两边加上保护地，高速线要短要直。

对噪声敏感的线不要与大电流，高速开关线并行。

弱信号电路，低频电路周围不要形成电流环路。

任何信号都不要形成环路，如不可避免，让环路区尽量小。

每个集成电路有一个去耦电容。每个电解电容边上都要加一个小的高频旁路电容。

用大容量的钽电容或聚酯电容而不用电解电容做电路充放电储能电容，使用管状电容时，外壳要接地。

对干扰十分敏感的信号线要设置包地，可以有效地抑制串扰。

信号在印刷板上传输，其延迟时间不应大于所有器件的标称延迟时间。

### 7. 环境效应原则

要注意所应用的环境，例如在一个振动或者其他容易使板子变形的环境中采用过细的铜膜导线很容易起皮拉断等。

### 8. 安全工作原则

要保证安全工作，例如要保证两线最小间距要承受所加电压峰值，高压线应圆滑，不得有尖锐的倒角，否则容易造成板路击穿等。

### 9. 组装方便、规范原则

走线设计要考虑组装是否方便，例如印制板上有大面积地线和电源线区时（面积超过500平方毫米），应局部开窗口以方便腐蚀等。

此外还要考虑组装规范设计，例如元件的焊接点用焊盘来表示，这些焊盘（包括过孔）均会自动不上阻焊油，但是如用填充块当表贴焊盘或用线段当金手指插头，而又不做特别处理，（在阻焊层画出无阻焊油的区域），阻焊油将掩盖这些焊盘和金手指，容易造成误解性错误；SMD 器件的引脚与大面积覆铜连接时，要进行热隔离处理，一般是做一个 Track 到铜箔，以防止受热不均造成的应力集中而导致虚焊；PCB 上如果有 Φ12 或方形 12mm 以上的过孔时，必须做一个孔盖，以防止焊锡流出等。

### 10. 经济原则

遵循该原则要求设计者要对加工，组装的工艺有足够的认识和了解，例如 5mil 的线做腐蚀要比 8mil 难，所以价格要高，过孔越小越贵等。

### 11. 热效应原则

在印制板设计时可考虑用以下几种方法：均匀分布热负载、给零件装散热器，局部或全局强迫风冷。从有利于散热的角度出发，印制板最好是直立安装，板与板的距离一般不应小于 2cm，而且器件在印制板上的排列方式应遵循一定的规则：同一印制板上的器件应尽可能按其发热量大小及散热程度分区排列，发热量小或耐热性差的器件（如小信号晶体管、小规模集成电路、电解电容等）放在冷却气流的最上（入口处），发热量大或耐热性好的器件（如功率晶体管、大规模集成电路等）放在冷却气流最下。在水平方向上，大功率器件尽量靠近印刷板的边沿布置，以便缩短传热路径；在垂直方向上，大功率器件尽量靠近印刷板上方布置，以便减少这些器件在工作时对其他器件温度的影响。对温度比较敏感的器件最好安置在温度最低的区域（如设备的底部），千万不要将它放在发热器件的正上方，多个器件最好是在水平面上交错布局。设备内印制板的散热主要依靠空气流动，所以在设计时要研究空气流动的路径，合理配置器件或印制电路板。采用合理的器件排列方式，可以有效地降低印制电路的温升。此外通过降额使用，做等温处理等方法也是热设计中经常使用的手段。

# 7.2 PCB 布线

 **基本概念**

导线用于在元器件的焊盘之间构成电气连接，也可用于在机械层绘制 PCB 板的物理边界和在禁止布线层绘制 PCB 板的电气边界。

 **课堂讲解课时：2 课时**

 **7.2.1 设计理论**

载入网络表和元器件封装后，下一步就涉及对元器件进行布局和布线。布线有自动和手动两种工作方式。

在进行布线前，还需要对布线规则进行设置，如图 7-1 所示。选择命令后，弹出【PCB 规则和约束编辑器】对话框，设置布线规则，如图 7-2 所示。

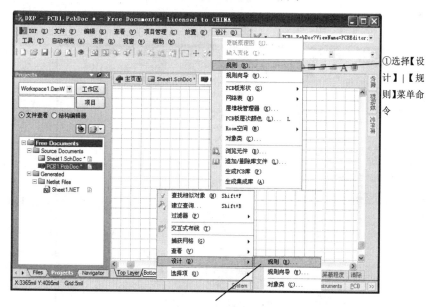

图 7-1 规则设置命令

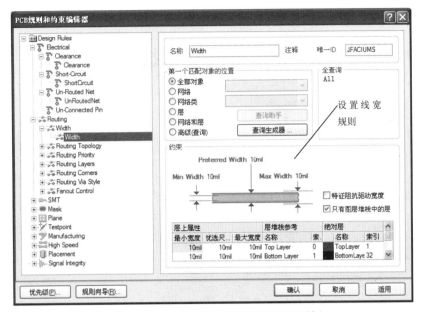

图 7-2 【PCB 规则和约束编辑器】对话框

 **7.2.2 课堂讲解**

**1. 手动放置导线**

导线属性的设置有两种方法，一是在放置导线过程中设置，另一种方法是当导线放置完后再进行设置。放置导线的命令，如图 7-3 所示。

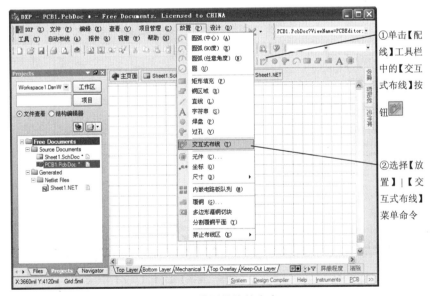

图 7-3 放置导线的命令

在放置导线过程中，按 Tab 键，弹出【交互式布线】对话框，如图 7-4 所示。

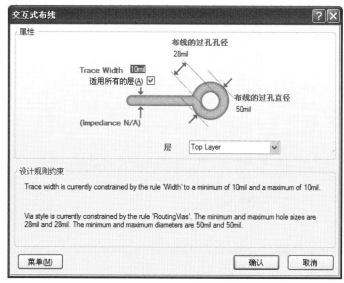

在该对话框内可以修改当前导线所在的工作层、导线的宽度以及修改过孔直径和孔径。工作层面的切换可以通过小键盘上的"+"或"-"或"*"键直接切换。在放置导线过程中，若切换工作层，则在切换处系统会自动生成一个过孔。

图 7-4 【交互式布线】对话框

放置完导线后，可以通过用鼠标双击已布的导线，打开【导线】对话框，来对导线属性进行修改，如图 7-5 所示。

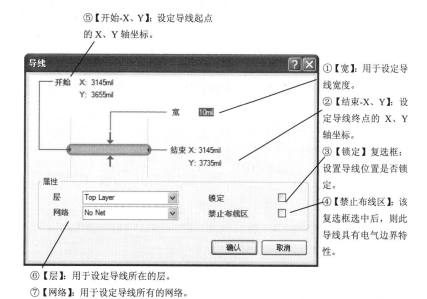

⑤【开始-X、Y】：设定导线起点的 X、Y 轴坐标。

①【宽】：用于设定导线宽度。

②【结束-X、Y】：设定导线终点的 X、Y 轴坐标。

③【锁定】复选框：设置导线位置是否锁定。

④【禁止布线区】：该复选框选中后，则此导线具有电气边界特性。

⑥【层】：用于设定导线所在的层。

⑦【网络】：用于设定导线所有的网络。

图 7-5 【导线】对话框

## 2. 自动布线

完成元器件的自动布局工作后，此时我们看到在元器件的各个引脚之间有绿色的细线相连，这就是通常所说的飞线，它只是在逻辑上表示各元器件焊盘间的电气连接关系，还不是导线。我们通常所说的布线就是根据飞线所指示的电气连接关系来放置铜膜导线。和自动布局一样，在进行自动布线之前，也必须先对相关的参数进行设置，然后再进行布线。

自动布线包括多种布线方法，其操作如图 7-6 和图 7-7 所示。

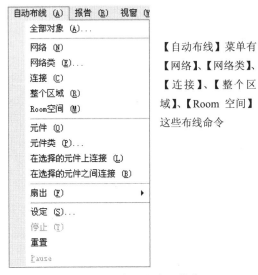

【自动布线】菜单有【网络】、【网络类】、【连接】、【整个区域】、【Room 空间】这些布线命令

图 7-6　【自动布线】菜单

选择【自动布线】|【设定】菜单命令，选择多种布线命令，弹出【Situs 布线策略】对话框，可以对布线参数进行详细设置。

图 7-7　【自动布线设定】对话框

### 7.2.3　课堂练习——交直流电源

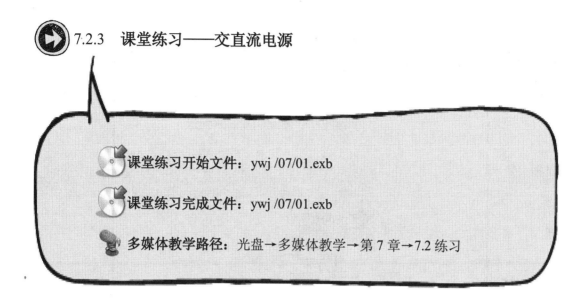

课堂练习开始文件：ywj /07/01.exb

课堂练习完成文件：ywj /07/01.exb

多媒体教学路径：光盘→多媒体教学→第 7 章→7.2 练习

**Step 1** 创建二极管，如图 7-8 所示。

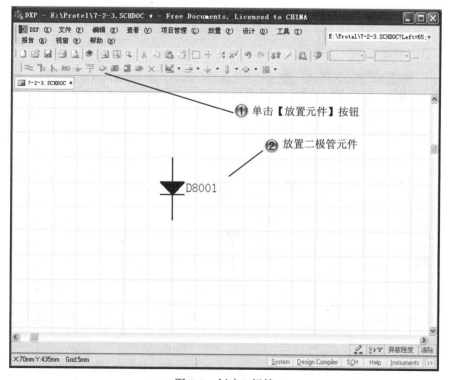

图 7-8　创建二极管

**Step2** 创建电阻和电容，如图 7-9 所示。

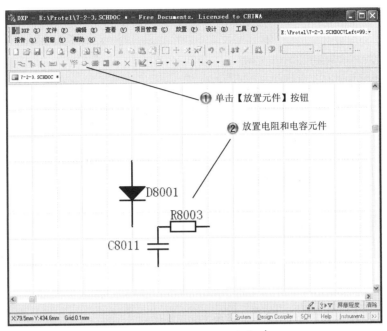

图 7-9　创建电阻和电容

**Step3** 创建二极管，如图 7-10 所示。

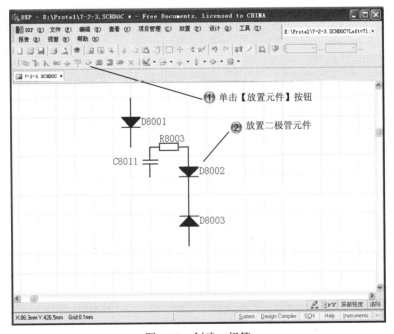

图 7-10　创建二极管

**Step4** 创建 IC 芯片，如图 7-11 所示。

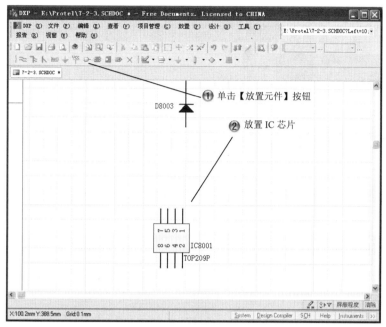

图 7-11　创建 IC 芯片

**Step5** 创建电阻和二极管，如图 7-12 所示。

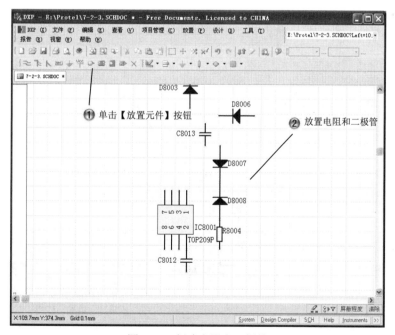

图 7-12　创建电阻和二极管

**Step6** 创建电阻和三极管，如图 7-13 所示。

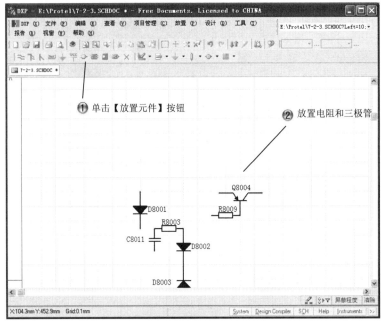

图 7-13　创建电阻和三极管

**Step7** 绘制导线，完成分电路 1 绘制，如图 7-14 所示。

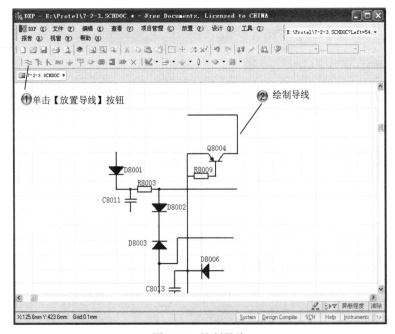

图 7-14　绘制导线

**Step8** 创建接地和电源，如图 7-15 所示。

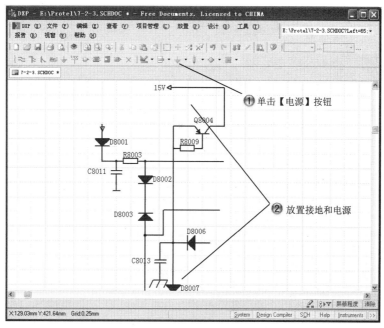

图 7-15　创建接地和电源

**Step9** 创建电感、电阻、二极管、三极管和光耦合器等多组元件，然后绘制导线，完成分电路 2 的绘制，如图 7-16 所示。

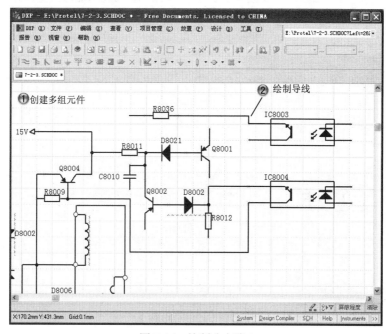

图 7-16　绘制分电路 2

**Step10** 创建接地元件，如图 7-17 所示。

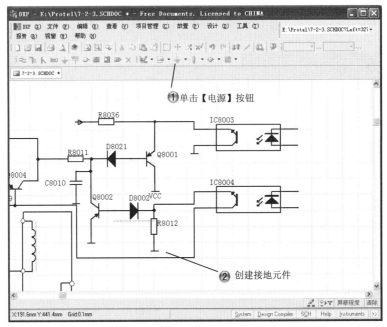

图 7-17　创建接地元件

**Step11** 创建电阻、三极管和二极管，绘制导线，完成分电路 3 绘制，如图 7-18 所示。

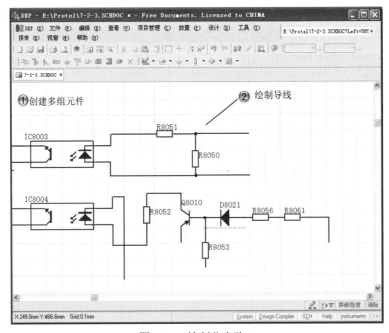

图 7-18　绘制分电路 3

**Step12** 创建电源，如图 7-19 所示。

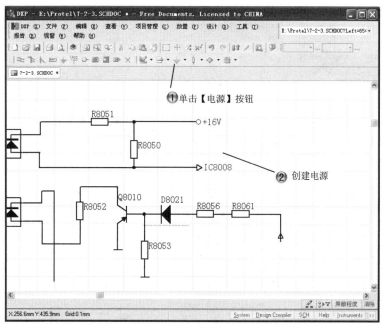

图 7-19　创建电源

**Step13** 创建二极管、电阻和三极管，绘制导线，完成分电路 4 绘制，如图 7-20 所示。

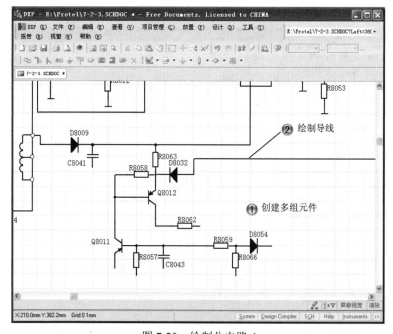

图 7-20　绘制分电路 4

**Step 14** 创建接地元件，如图 7-21 所示。

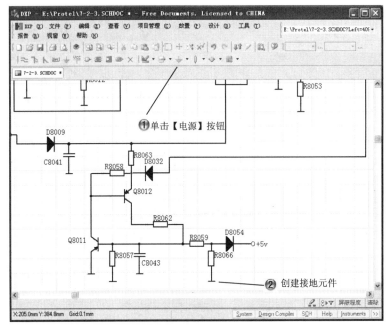

图 7-21　创建接地元件

**Step 15** 创建电压调节器、二极管和电容，绘制导线，完成分电路 5 绘制，如图 7-22 所示。

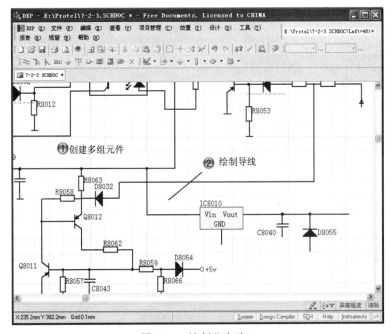

图 7-22　绘制分电路 5

**Step16** 创建接地元件，如图 7-23 所示。

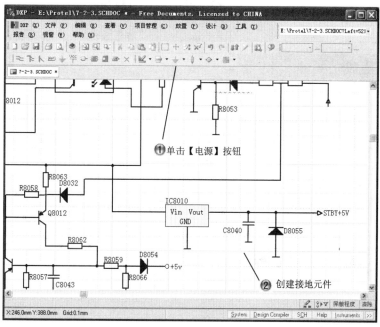

图 7-23　创建接地元件

**Step17** 完成绘制交直流电源，如图 7-24 所示。

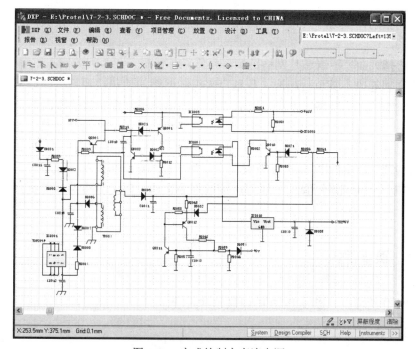

图 7-24　完成绘制交直流电源

# 7.3 PCB 覆铜及附属

**基本概念**

所谓覆铜,就是将 PCB 上闲置的空间作为基准面,然后用固体铜填充,这些铜区又称为灌铜。覆铜的意义在于,减小地线阻抗,提高抗干扰能力;降低压降,提高电源效率;还有,与地线相连,减小环路面积。如果 PCB 的地较多,有 SGND、AGND、GND 等,就要根据 PCB 板面位置的不同,分别以最主要的"地"作为基准参考来独立覆铜,数字地和模拟地分开来敷铜自不多言。

**课堂讲解课时:2 课时**

**7.3.1 设计理论**

覆铜需要处理好几个问题:一是不同地的单点连接,做法是通过 0 欧电阻或者磁珠或者电感连接;二是晶振附近的覆铜,电路中的晶振为一高频发射源,做法是在环绕晶振敷铜,然后将晶振的外壳另行接地。三是孤岛(死区)问题,如果觉得很大,那就定义个地过孔添加进去。

另外,选择大面积覆铜还是网格覆铜,要看具体情况。大面积覆铜,如果过波峰焊时,板子就可能会翘起来,甚至会起泡。从这点来说,网格的散热性要好些。通常是高频电路对抗干扰要求高的多用网格,低频电路有大电流的电路等常用完整的覆铜。

覆铜面只在已设置的前提下,才会与覆铜网络相同的焊盘和过孔连接。是不会和网络不同的导线焊盘连接的,但覆铜是 PCB 制作的后期工作,覆铜之后再对 PCB 进行修改就要注意短路问题。通常的 PCB 电路板设计中,为了提高电路板的抗干扰能力,将电路板上没有布线的空白区间铺满铜膜。一般将所铺的铜膜接地,以便于电路板能更好地抵抗外部信号的干扰。

**7.3.2 课堂讲解**

下面主要介绍覆铜,以及 PCB 的附属创建过程。

1. 覆铜

覆铜命令的选取,如图 7-25 所示。

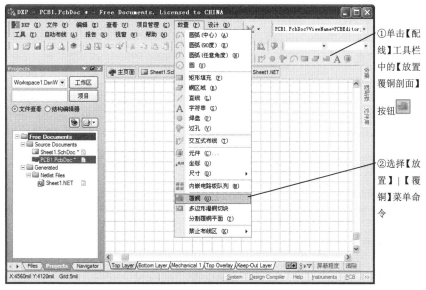

①单击【配线】工具栏中的【放置覆铜剖面】按钮

②选择【放置】|【覆铜】菜单命令

图 7-25　覆铜命令的选取

进入敷铜的状态后，系统将会弹出【覆铜】对话框，如图 7-26 所示。

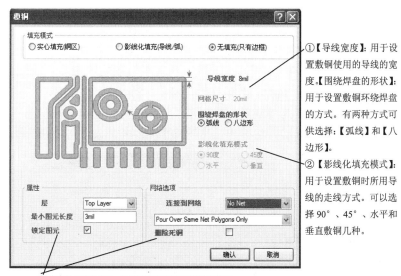

①【导线宽度】：用于设置敷铜使用的导线的宽度。【围绕焊盘的形状】：用于设置敷铜环绕焊盘的方式。有两种方式可供选择：【弧线】和【八边形】。

②【影线化填充模式】：用于设置敷铜时所用导线的走线方式。可以选择 90°、45°、水平和垂直敷铜几种。

③【层】下拉列表：用于设置敷铜所在的布线层。

④【最小图元长度】文本框：用于设置最小敷铜线的距离。

⑤【锁定图元】：是否将敷铜线锁定，系统默认为锁定。

⑥【删除死铜】复选项：用于设置是否在无法连接到指定网络的区域进行敷铜。

图 7-26　【覆铜】对话框

设置好敷铜的属性后，鼠标变成十字光标状态，将鼠标移动到合适的位置，单击鼠标确定放置敷铜的起始位置。再移动鼠标到合适位置单击，确定所选敷铜范围的各个端点。

必须保证的是，敷铜的区域必须为封闭的多边形状，比如电路板设计采用的是长方形电路板，是敷铜区域最好沿长方形的四个顶角选择敷铜区域，即选中整个电路板。

敷铜区域选择好后，单击鼠标右键退出放置敷铜状态，系统自动运行敷铜并显示敷铜结果。

2. 放置文字

有时在布好的印刷板上需要放置相应组件的文字标注，或者电路注释及公司的产品标志等文字。必须注意的是所有的文字都放置在丝印层上。

选择文字命令的操作，如图 7-27 所示。

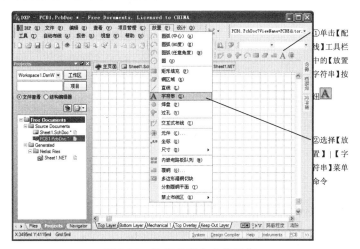

图 7-27　选择文字命令的操作

选中文字命令后，鼠标变成十字光标状态，将鼠标移动到合适的位置，单击鼠标就可以放置文字。系统默认的文字是"String"，可以用以下的办法对其编辑。

（1）在放置文字时按 Tab 键，将弹出【字符串】对话框，如图 7-28 所示。

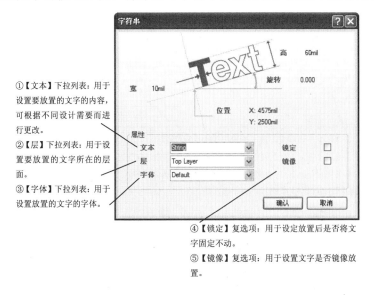

图 7-28　【字符串】对话框

（2）对已经在 PCB 板上放置好的文字，直接双击文字，也可以弹出【字符串】对话框。【字符串】对话框中可以设置的项是文字的高度、宽度、放置的角度和坐标位置。

### 3. 放置过孔

当导线从一个布线层穿透到另一个布线层时，就需要放置过孔；过孔用于同板层之间导线的连接。

选择过孔命令的操作，如图 7-29 所示。进入放置过孔状态后，鼠标变成十字光标状，将鼠标移动到合适的位置单击，就完成了过孔的放置。

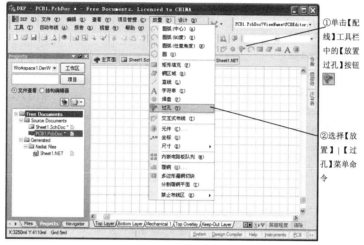

图 7-29　选择过孔命令的操作

在用鼠标放置过孔时按 Tab 键，将弹出【过孔】对话框，如图 7-30 所示。对已经在 PCB 板上放置好的过孔，直接双击，也可以弹出【过孔】对话框。

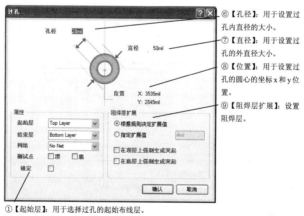

①【起始层】：用于选择过孔的起始布线层。
②【结束层】：用于选择过孔的终止布线层。
③【网络】下拉列表：用于设置过孔相连接的网络。
④【测试点】复选项：用于设置过孔是否作为测试点，注意可以做测试点的只有位于顶层的和底层的过孔。
⑤【锁定】复选项：用于设定放置过孔后是否将过孔固定不动。

图 7-30　【过孔】对话框

### 4. 放置焊盘

选择焊盘命令的操作, 如图 7-31 所示。进入放置焊盘状态后, 鼠标变成十字光标状态, 将鼠标移动到合适的位置单击, 就完成了焊盘的放置。

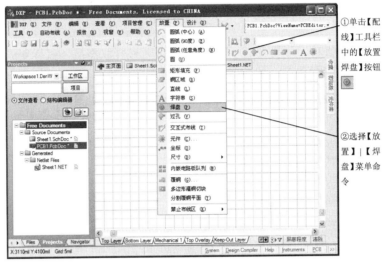

图 7-31　选择焊盘命令的操作

在用鼠标放置焊盘时按 Tab 键, 将弹出【焊盘】对话框, 如图 7-32 所示。对已经在 PCB 板上放置好的焊盘, 直接双击, 也可以弹出【焊盘】对话框。

① 【孔径】: 用于设置焊盘的内直径大小。
② 【旋转】: 用一设置焊盘放置的旋转角度。
③ 【位置】: 用于设置焊盘圆心的 x 和 y 坐标的位置。

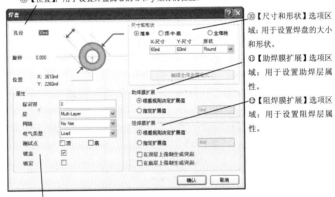

⑩ 【尺寸和形状】选项区域: 用于设置焊盘的大小和形状。
⑪ 【助焊膜扩展】选项区域: 用于设置助焊层属性。
⑫ 【阻焊膜扩展】选项区域: 用于设置阻焊层属性。

④ 【标识符】文本框: 用于设置焊盘的序号。
⑤ 【层】下拉列表: 从该下拉列表中可以选择焊盘放置的布线层。
⑥ 【网络】下拉列表: 该下拉列表用于设置焊盘的网络。
⑦ 【电气类型】下拉列表: 用于选择焊盘的电气特性。该下拉列表共有 3 种选择方式: 节点、源点和终点。
⑧ 【测试点】选项: 用于设置焊盘是否作为测试点, 可以做测试点的只有位于顶层的和底层的焊盘。
⑨ 【锁定】复选项: 选中该复选项, 表示焊盘放置后位置将固定不动。

图 7-32　【焊盘】对话框

**5. 放置填充**

铜膜矩形填充也可以起到导线的作用，同时也稳固了焊盘。

选择填充命令的操作，如图 7-33 所示。进入放置矩形填充状态后，鼠标变成十字光标状态，将鼠标移动到合适的位置拉伸，形成矩形。

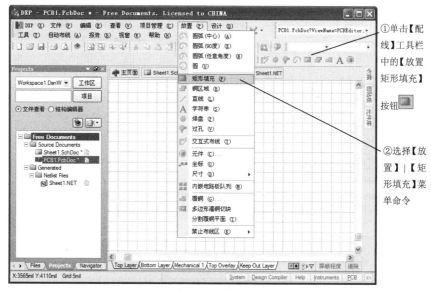

①单击【配线】工具栏中的【放置矩形填充】按钮

②选择【放置】|【矩形填充】菜单命令

图 7-33　选择填充命令的操作

在用鼠标放置矩形填充时按 Tab 键，将弹出【矩形填充】对话框，如图 7-34 所示。对已经在 PCB 板上放置好的矩形填充，直接双击，也可以弹出【矩形填充】对话框。

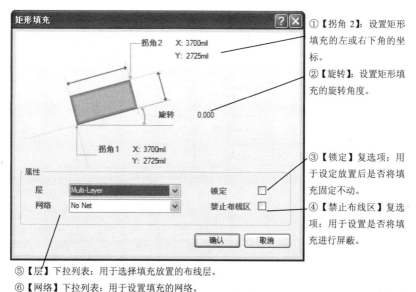

①【拐角 2】：设置矩形填充的左或右下角的坐标。

②【旋转】：设置矩形填充的旋转角度。

③【锁定】复选项：用于设定放置后是否将填充固定不动。

④【禁止布线区】复选项：用于设置是否将填充进行屏蔽。

⑤【层】下拉列表：用于选择填充放置的布线层。

⑥【网络】下拉列表：用于设置填充的网络。

图 7-34　【矩形填充】对话框

### 7.3.3 课堂练习——扩音器电路

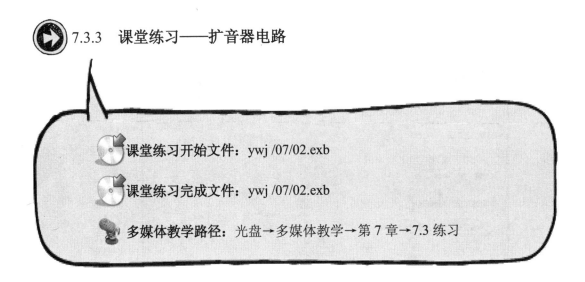

课堂练习开始文件：ywj /07/02.exb

课堂练习完成文件：ywj /07/02.exb

多媒体教学路径：光盘→多媒体教学→第 7 章→7.3 练习

**Step1** 创建 IC1 芯片，如图 7-35 所示。

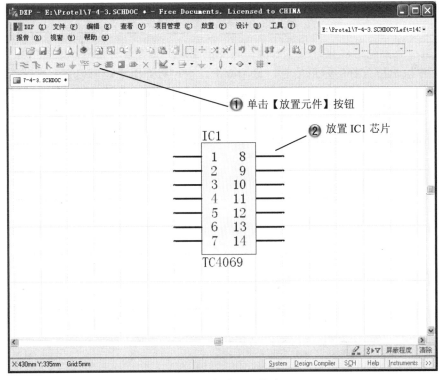

① 单击【放置元件】按钮

② 放置 IC1 芯片

图 7-35 创建 IC1 芯片

Step2 创建电阻，如图 7-36 所示。

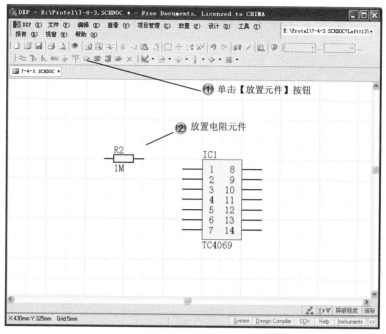

图 7-36　创建电阻

Step3 创建电容，如图 7-37 所示。

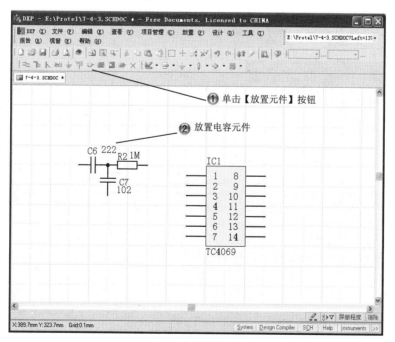

图 7-37　创建电容

**Step4** 创建接地元件，如图 7-38 所示。

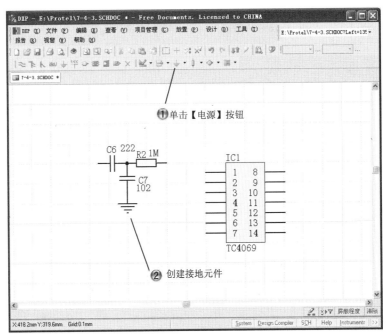

图 7-38　创建接地元件

**Step5** 绘制导线，完成分电路 1 绘制，如图 7-39 所示。

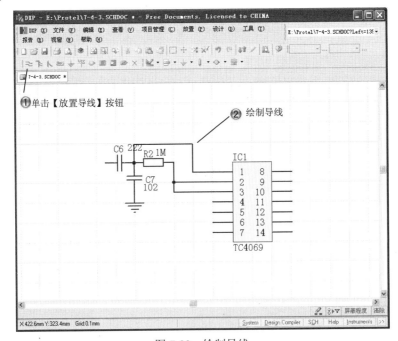

图 7-39　绘制导线

**Step6** 创建电阻和电容，绘制导线，完成分电路 2 绘制，如图 7-40 所示。

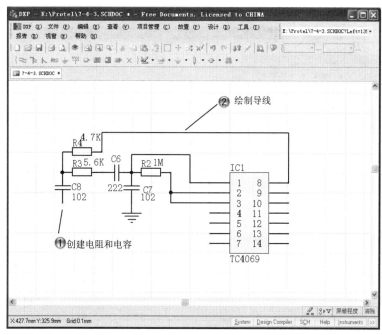

图 7-40　绘制分电路 2

**Step7** 创建接地元件，如图 7-41 所示。

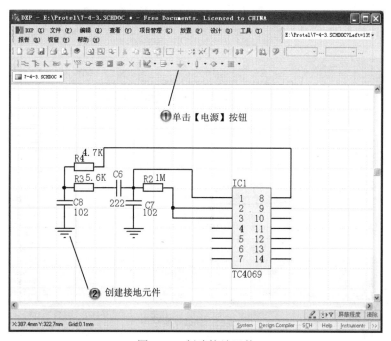

图 7-41　创建接地元件

**Step8** 创建电感、电容、电阻和三极管等多组元件，然后绘制导线，完成分电路 3 绘制，如图 7-42 所示。

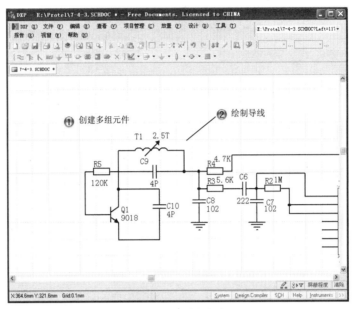

图 7-42　绘制分电路 3

**Step9** 创建电感、电阻和电容，绘制导线，完成分电路 4 绘制，如图 7-43 所示。

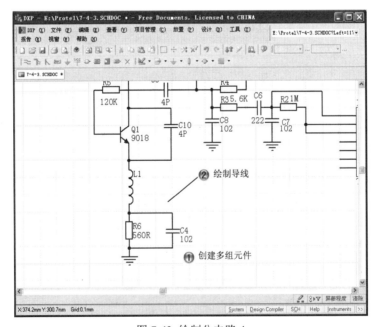

图 7-43　绘制分电路 4

**Step 10** 创建三极管、电阻和电容，绘制导线，完成分电路 5 绘制，如图 7-44 所示。

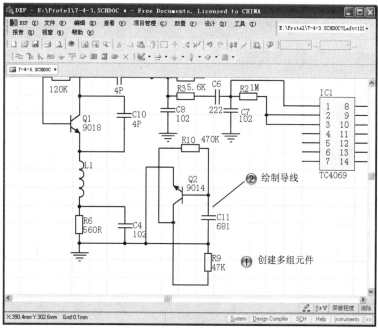

图 7-44　绘制分电路 5

**Step 11** 创建晶振元件和电阻，绘制导线，完成分电路 6 绘制，如图 7-45 所示。

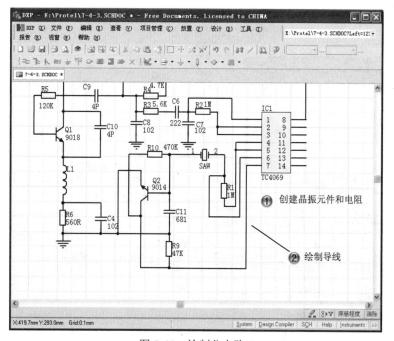

图 7-45　绘制分电路 6

**Step12** 创建电容，绘制导线，完成分电路 7 绘制，如图 7-46 所示。

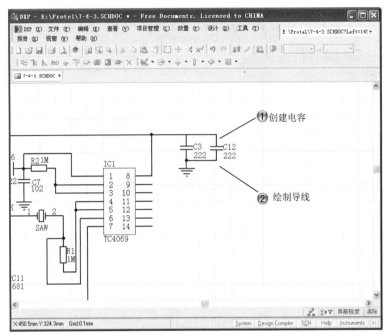

图 7-46　绘制分电路 7

**Step13** 创建电容和二极管，绘制导线，完成分电路 8 绘制，如图 7-47 所示。

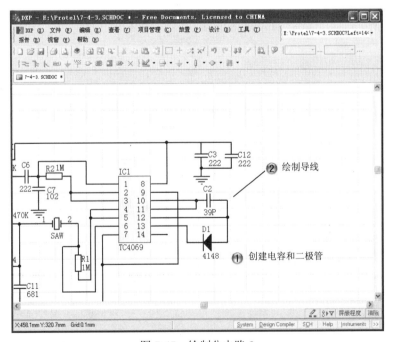

图 7-47　绘制分电路 8

**Step14** 创建电容和电阻，绘制导线，完成分电路 9 绘制，如图 7-48 所示。

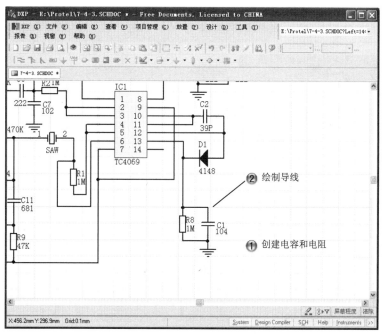

图 7-48　绘制分电路 9

**Step15** 创建 IC 芯片和开关，绘制导线，完成分电路 10 绘制，如图 7-49 所示。

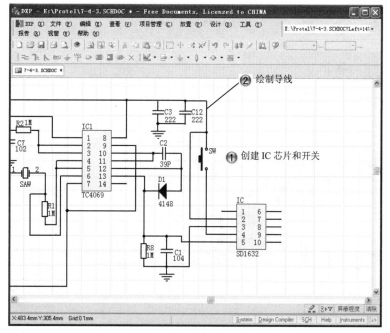

图 7-49　绘制分电路 10

**Step18** 创建扬声器和二极管，绘制导线，完成分电路 11 绘制，如图 7-50 所示。

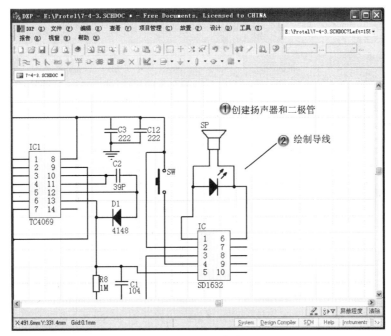

图 7-50　绘制分电路 11

**Step17** 绘制导线并添加电源，如图 7-51 所示。

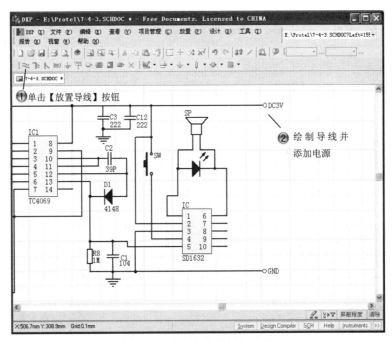

图 7-51　绘制导线并添加电源

**Step18** 这样就完成扩音器电路绘制，如图 7-52 所示。

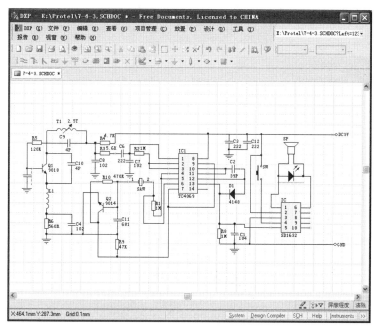

图 7-52　完成绘制的扩音器电路

# 7.4　生成 PCB 信息报表

**基本概念**

网络表分为外部网络表和内部网络表两种。从 SCH 原理图生成的供 PCB 使用的网络表就叫做外部网络表，在 PCB 内部根据所加载的外部网络表所生成表称为内部网络表，用于 PCB 组件之间飞线的连接。一般用户所使用的也就是外部网络表，所以不用将两种网络表严格区分。

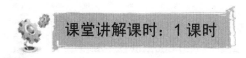

**课堂讲解课时：1 课时**

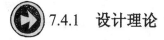

## 7.4.1　设计理论

为单个原理图文件创建网络表的步骤，如图 7-53 所示。

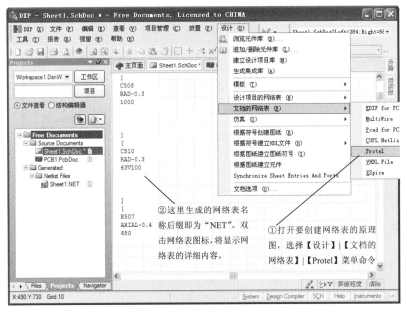

图 7-53  创建网络表

 7.4.2  课堂讲解

1. 网络表组成

Protel 网络表的格式由两部分组成，一部分是组件的定义，另一部分是网络的定义。

（1）组件的定义

网络表第一部分是对所使用的组件进行定义，一个典型的组件定义如下：

| [: | 组件定义开始， |
| C1: | 组件标志名称， |
| RAD－0.3: | 组件的封装， |
| 10n: | 组件注释（就是把各种元器件表达出来， |
| ]: | 组件定义结束。 |

每一个组件的定义都以符号"["开始，以符号"]"结束。第一行是组件的名称，即 Designator 信息；第二行为组件的封装，即 Footprint 信息；第三行为组件的注释。

（2）网络的定义

网络表的后半部分为电路图中所使用的网络定义。每一个网络意义就是对应电路中有电气连接关系的一个点。一个典型的网络定义如下：

（：　　　　网络定义开始，

NetC2_2：　　网络的名称，

C2-2 ：　　连接到此网络的所有组件的标志和引脚号，

X1-1：　　连接到此网络的组件标志和引脚号，

）：　　　　网络定义结束。

每一个网络定义的部分从符号"（"开始，以符号"）"结束。"（"符号下第一行为网络的名称。以下几行都是连接到该网络点的所有组件的组件标识和引脚号。如 C2-2 表示电容 C2 的第 2 脚连接到网络 NetC2_2 上；X1-1 表示还有晶振 X1 的第 1 脚也连接到该网络点上。

## 2. 更新 PCB 板

生成网络表后，即可将网络表里的信息导入印刷电路板，为电路板的组件布局和布线做准备。Protel 提供了从原理图到 PCB 板自动转换设计的功能，它集成在 ECO 项目设计更改管理器中。启动项目设计更改管理器的方法有两种。

在原理图编辑环境下，选择【设计】|【Update PCB Document...】菜单命令，如图 7-54 所示。执行以上相应命令后，将弹出【工程变化订单】对话框，如图 7-55 所示。

图 7-54　选择【设计】|【Update PCB Document...】菜单命令

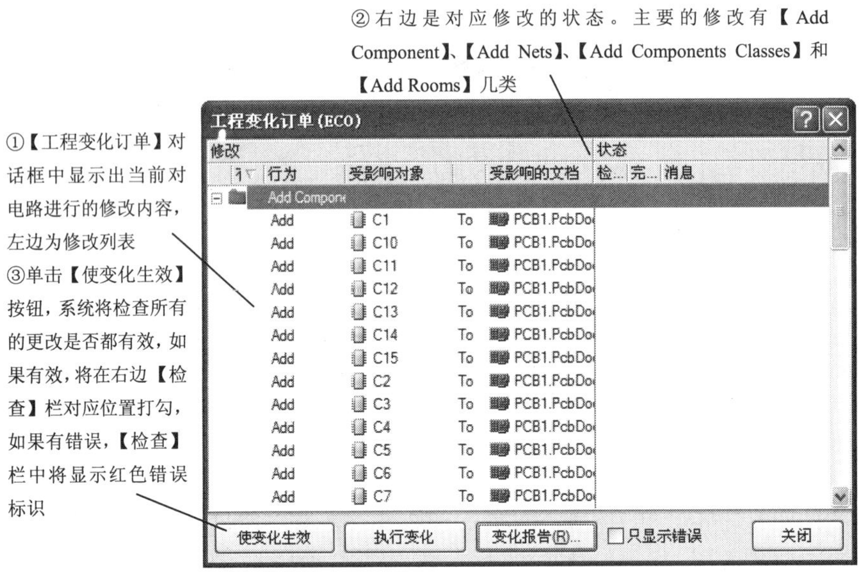
②右边是对应修改的状态。主要的修改有【Add Component】、【Add Nets】、【Add Components Classes】和【Add Rooms】几类
①【工程变化订单】对话框中显示出当前对电路进行的修改内容，左边为修改列表
③单击【使变化生效】按钮，系统将检查所有的更改是否都有效，如果有效，将在右边【检查】栏对应位置打勾，如果有错误，【检查】栏中将显示红色错误标识
工程变化订单(ECO)
修改
状态
行为
受影响对象
受影响的文档
检...
完...
消息
Add Compone
使变化生效
执行变化
变化报告(R)...
只显示错误
关闭

图 7-55 【工程变化订单】对话框

一般的错误都是由于组件封装定义不正确，系统找不到给定的封装，或者设计 PCB 板时没有添加对应的集成库。此时则返回到原理图编辑环境中，如图 7-56 所示。

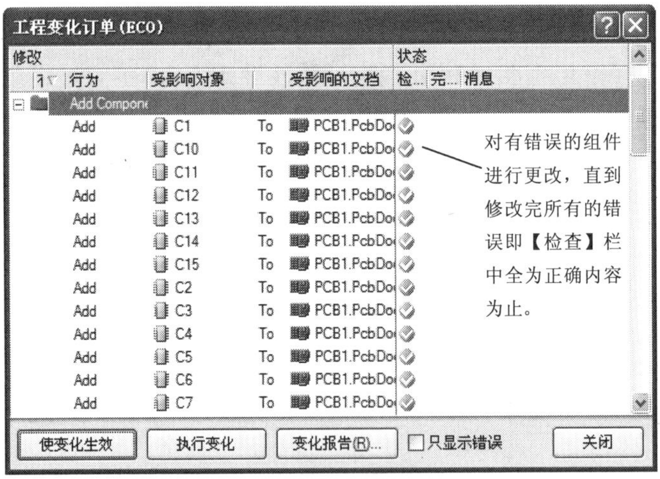
工程变化订单(ECO)
修改
状态
行为
受影响对象
受影响的文档
检...
完...
消息
Add Compone
对有错误的组件进行更改，直到修改完所有的错误即【检查】栏中全为正确内容为止。
使变化生效
执行变化
变化报告(R)...
只显示错误
关闭

图 7-56 检查结果

单击【执行变化】按钮，系统将执行所有的更改操作，如果执行成功，则如图 7-57 所示完成元件添加。

在【工程变化订单】对话框中，允许将所有的更改过的档以 Excel 格式保存。保存输出文件后，系统将返回到对话框，单击【关闭】按钮，将关闭该对话框，进入 PCB 编辑接口。此时所有的组件都已经添加到 PCB 文件中，组件之间的飞线也已经连接。

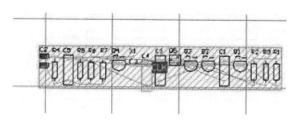

图 7-57　完成添加元件

## 3. 生成 PCB 报表

生成 PCB 报表的操作，如图 7-58 所示。

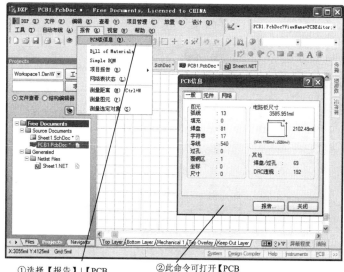

①选择【报告】|【PCB
板信息】菜单命令，可生
成电路板信息报告

②此命令可打开【PCB
信息】对话框

图 7-58　生成 PCB 报表的操作

【PCB 信息】对话框共有三个选项卡，介绍如图 7-59 到图 7-61 所示。

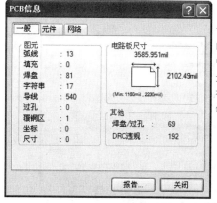

【一般】选项卡：
说明了该电路板图
的大小，电路板图
中各种图件的数
量，钻孔数目以及
有无违反设计规则
等等。

图 7-59　【PCB 信息】对话框

【元件】选项卡：
显示了电路板图中
有关元件的信息，
其中，【合计】栏说
明电路板图中元件
的个数，【顶】和
【底】分别说明电
路板顶层和低层元
件的个数。下方的
方框中列出了电路
板中所有的元件。

图 7-60　【元件】选项卡

【网络】选项卡：
列出了电路板图中
所有的网络名称，
其中的【导入】栏
说明了网络的总
数。

图 7-61　【网络】选项卡

如果需要查看电路板电源层的信息，可以单击【电源／地】按钮。如果设计者要生成
一个报告，单击任何一个选项卡中的【报告】按钮，系统会产生【电路板报告】设置对话
框，如图 7-62 所示。

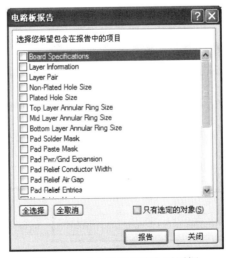

图 7-62　【电路板报告】对话框

若全部选择图 7-62 中的所有选项，并单击对话框下面的【报告】按钮，系统会生成“*.REP” 格式的电路板报告文件，如图 7-63 所示。

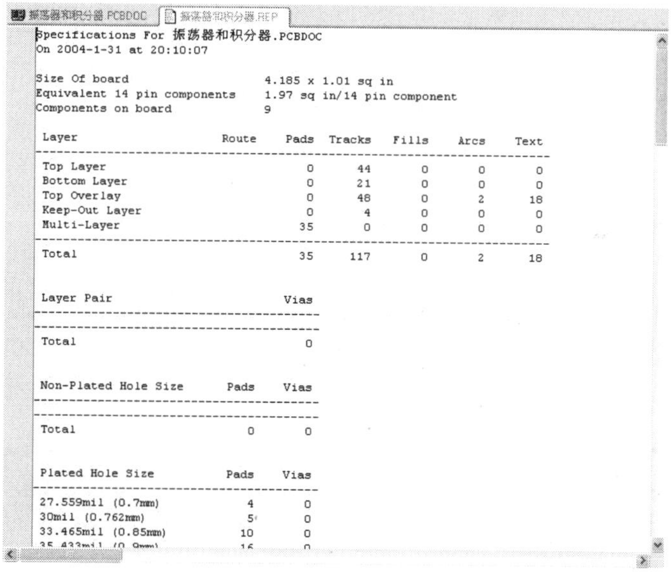
振荡器和积分器.PCBDOC 振荡器和积分器.REP

Specifications For 振荡器和积分器.PCBDOC
On 2004-1-31 at 20:10:07

Size Of board 4.185 x 1.01 sq in
Equivalent 14 pin components 1.97 sq in/14 pin component
Components on board 9

| Layer | Route | Pads | Tracks | Fills | Arcs | Text |
|---|---|---|---|---|---|---|
| Top Layer | | 0 | 44 | 0 | 0 | 0 |
| Bottom Layer | | 0 | 21 | 0 | 0 | 0 |
| Top Overlay | | 0 | 48 | 0 | 2 | 18 |
| Keep-Out Layer | | 0 | 4 | 0 | 0 | 0 |
| Multi-Layer | | 35 | 0 | 0 | 0 | 0 |
| Total | | 35 | 117 | 0 | 2 | 18 |

| Layer Pair | Vias |
|---|---|
| Total | 0 |

| Non-Plated Hole Size | Pads | Vias |
|---|---|---|
| Total | 0 | 0 |

| Plated Hole Size | Pads | Vias |
|---|---|---|
| 27.559mil (0.7mm) | 4 | 0 |
| 30mil (0.762mm) | 5 | 0 |
| 33.465mil (0.85mm) | 10 | 0 |
| 35.433mil (0.9mm) | 16 | 0 |

图 7-63　电路板报告

# 7.5　专家总结

本章主要介绍了 PCB 电路高级设计，包括创建 PCB 板的设计规则，PCB 布线和覆铜等操作，最好介绍了 PCB 信息报表的创建过程。一般在进行 PCB 制作之前，设计原理图并加载网络表是常用步骤，对于较为简单的 PCB 板可以直接进行布局和布线。

# 7.6　课后习题

## 7.6.1　填空题

（1）PCB 设计规则有________种。

（2）PCB 布线命令有________、________。

（3）PCB 布线完成后的操作有________、________、________、________。

### 7.6.2　问答题

（1）PCB 信息报表的作用有哪些？
（2）创建 PCB 报表的多种方法有哪些？

### 7.6.3　上机操作题

如图 7-64 所示，使用 PCB 设计规则来创建 L602 电路图纸的 PCB。
一般创建步骤和方法：
（1）绘制电气元件。
（2）绘制导线。
（3）绘制接地元件。
（4）创建 PCB。

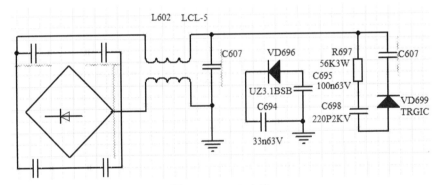

图 7-64　L602 电路

# 第8章 元件原理图库操作

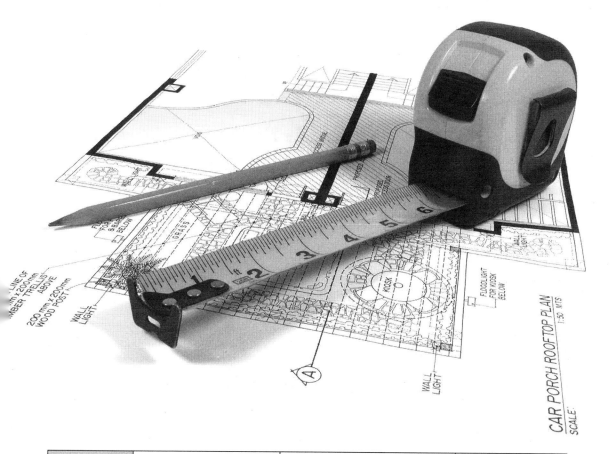

| | 内　容 | 掌握程度 | 课　时 |
|---|---|---|---|
| 课训目标 | 元件原理图库 | 熟练运用 | 2 |
| | 图库基本操作 | 熟练运用 | 2 |
| | | | |
| | | | |

**课程学习建议**

本章主要介绍原理图库的应用。原理图符号设计是绘制电器原理图的基础，只有具备符合电路要求的各种电路符号，使用线路进行连接，才能得到合格的电路原理图。

本课程主要基于元件原理图库的操作，其培训课程表如下。

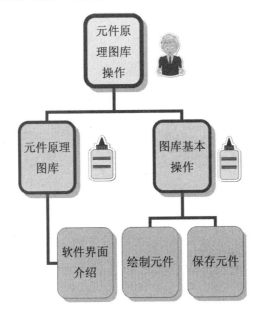

# 8.1  元件原理图库

**基本概念**

电子元件是组成电子产品的基础，了解常用的电子元件的种类、结构、性能并能正确选用是学习、掌握电子技术的基本。元件的原理图库允许自定义需要的元件。

**课堂讲解课时：2 课时**

## 8.1.1  设计理论

常用的电子元件有：电阻、电容、电感、电位器、变压器、三极管、二极管、IC 等，就安装方式而言，目前可分为传统安装（又称通孔装，即 DIP）和表面安装两大类（即又称 SMT 或 SMD）。

1. 常见元件——电阻和电容

（1）电阻器简称电阻（Resistor，通常用"R"表示）是所有电子电路中使用最多的元件，如图 8-1 所示是常见类型的电阻。电阻的主要物理特征是变电能为热能，也可说它是一个耗能元件，电流经过它就产生内能。电阻在电路中通常起分压分流的作用，对信号来说，交流与直流信号都可以通过电阻。

导体对电流的阻碍作用就叫该导体的电阻。电阻小的物质称为电导体，简称导体。电阻大的物质称为电绝缘体，简称绝缘体。在物理学中，用电阻（resistance）来表示导体对电流阻碍作用的大小。导体的电阻越大，表示导体对电流的阻碍作用越大。不同的导体，电阻一般不同，电阻是导体本身的一种性质。导体的电阻通常用字母 R 表示，电阻的单位是欧姆（ohm），简称欧，符号是 Ω。比较大的单位有千欧（kΩ）、兆欧（MΩ）。

（2）电容（或称电容量）是表征电容器容纳电荷本领的物理量。我们把电容器的两极板间的电势差增加 1 伏所需的电量，叫做电容器的电容。电容器从物理学上讲，它是一种静态电荷存储介质（就像一只水桶一样，可以把电荷存进去，在没有放电回路的情况下，刨除介质漏电自放电效应/电解电容比较明显，可能电荷会永久存在，这是它的特征），它的用途较广，它是电子、电力领域中不可缺少的电子元件。主要用于电源滤波、信号滤波、信号耦合、谐振、隔直流等电路中。电容的符号是 C。

很多电子产品中，电容器都是必不可少的电子元器件，它在电子设备中充当整流器的平滑滤波、电源和退耦、交流信号的旁路、交直流电路的交流耦合等。由于电容器的类型和结构种类比较多，因此，使用者不仅需要了解各类电容器的性能指标和一般特性，而且还必须了解在给定用途下各种元件的优缺点、机械或环境的限制条件等，如图 8-2 是常见电容类型。

图 8-1　电阻

图 8-2　电容

2. 电气元件损坏的特定

（1）电阻损坏的特点

电阻是电器设备中数量最多的元件，但不是损坏率最高的元件。电阻损坏以开路最常见，阻值变大较少见，阻值变小十分少见。常见的有碳膜电阻、金属膜电阻、线绕电阻和保险电阻几种。前两种电阻应用最广，其损坏的特点一是低阻值（100Ω以下）和高阻值（100kΩ以上）的损坏率较高，中间阻值（如几百欧到几十千欧）的极少损坏；二是低阻值电阻损坏时往往是烧焦发黑，很容易发现，而高阻值电阻损坏时很少有痕迹。线绕电阻一般用作大电流限流，阻值不大。圆柱形线绕电阻烧坏时有的会发黑或表面爆皮、裂纹，有的没有痕迹。水泥电阻是线绕电阻的一种，烧坏时可能会断裂，否则也没有可见痕迹。保险电阻烧坏时有的表面会炸掉一块皮，有的也没有什么痕迹，但绝不会烧焦发黑。根据以上特点，在检查电阻时可有所侧重，快速找出损坏的电阻。

（2）电解电容损坏的特点

电解电容在电器设备中的用量很大，故障率很高。电解电容损坏有以下几种表现：一是完全失去容量或容量变小；二是轻微或严重漏电；三是失去容量或容量变小兼有漏电。查找损坏的电解电容方法有：

①看：有的电容损坏时会漏液，电容下面的电路板表面甚至电容外表都会有一层油渍，这种电容绝对不能再用；有的电容损坏后会鼓起，这种电容也不能继续使用；

②摸：开机后有些漏电严重的电解电容会发热，用手指触摸时甚至会烫手，这种电容必须更换；

③电解电容内部有电解液，长时间烘烤会使电解液变干，导致电容量减小，所以要重点检查散热片及大功率元器件附近的电容，离其越近，损坏的可能性就越大。

（3）二、三极管等半导体器件损坏的特点

二、三极管的损坏一般是 PN 结击穿或开路，其中以击穿短路居多。此外还有两种损坏表现：一是热稳定性变差，表现为开机时正常，工作一段时间后，发生软击穿；另一种是 PN 结的特性变差，用万用表 R×1k 测，各 PN 结均正常，但上机后不能正常工作，如果用 R×10 或 R×1 低量程档测，就会发现其 PN 结正向阻值比正常值大。测量二、三极管可以用指针万用表在路测量，较准确的方法是：将万用表置 R×10 或 R×1 档（一般用 R×10 档，不明显时再用 R×1 档）在路测二、三极管的 PN 结正、反向电阻，如果正向电阻不太大（相对正常值），反向电阻足够大（相对正向值），表明该 PN 结正常，反之就值得怀疑，需焊下后再测。这是因为一般电路的二、三极管外围电阻大多在几百、几千欧以上，用万用表低阻值档在路测量，可以基本忽略外围电阻对 PN 结电阻的影响。

（4）集成电路损坏的特点

集成电路内部结构复杂，功能很多，任何一部分损坏都无法正常工作。集成电路的损坏也有两种：彻底损坏、热稳定性不良。彻底损坏时，可将其拆下，与正常同型号集成电路对比测其每一引脚对地的正、反向电阻，总能找到其中一只或几只引脚阻值异常。对热稳定性差的，可以在设备工作时，用无水酒精冷却被怀疑的集成电路，如果故障发生时间推迟或不再发生故障，即可判定。通常只能更换新集成电路来排除。

3. 产业发展

随着世界电子信息产业的快速发展，作为电子信息产业基础的电子元件产业发展也异常迅速。2005 年，世界电子元件市场需求约 3000 亿美元，占世界电子产品市场的 15%，年均增长率 10%左右，而新型电子元器件需求增长最快，约 1500 亿～1800 亿美元。

电子元件正进入以新型电子元件为主体的新一代元器件时代，它将基本上取代传统元器件，电子元器件由原来只为适应整机的小型化及其新工艺要求为主的改进，变成以满足数字技术、微电子技术发展所提出的特性要求为主，而且是成套满足的产业化发展阶段。

中国电子工业持续高速增长，带动电子元件产业的强劲发展。中国已经成为扬声器、铝电解电容器、显像管、印制电路板、半导体分立器件等电子元件的世界生产基地。

 **8.1.2　课堂讲解**

原理图库的新建方法，如图 8-3 所示。

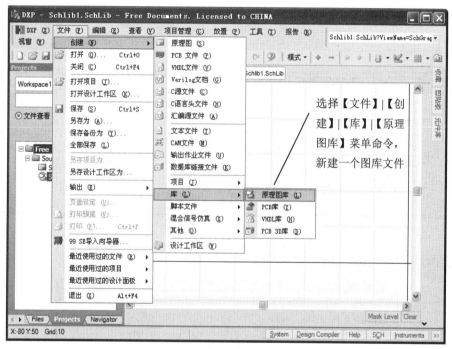

图 8-3　原理图库的新建方法

在【实用工具】工具栏中，各种按钮工具及其含义，如图 8-4 到图 8-6 所示。

图 8-4　IEEE 符号下列列表

绘图工具：绘制直
线、圆弧、文字、
新元件等的工具

图 8-5　绘图工具

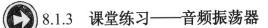

网格工具：设置捕获网格的工具

图 8-6　网格工具

### 8.1.3　课堂练习——音频振荡器

课堂练习开始文件：ywj /08/01.exb

课堂练习完成文件：ywj /08/01.exb

多媒体教学路径：光盘→多媒体教学→第 8 章→8.1 练习

**Step1** 创建天线，如图 8-7 所示。

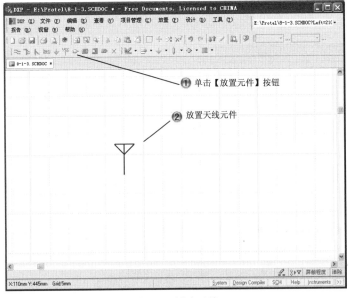

① 单击【放置元件】按钮

② 放置天线元件

图 8-7　创建天线

**Step2** 创建电容，如图 8-8 所示。

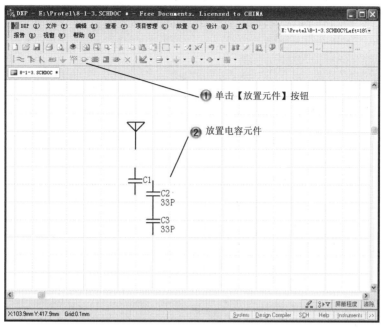

图 8-8　创建电容

**Step3** 创建电阻，如图 8-9 所示。

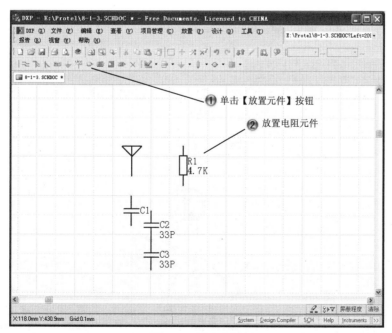

图 8-9　创建电阻

**Step4** 创建电感，如图 8-10 所示。

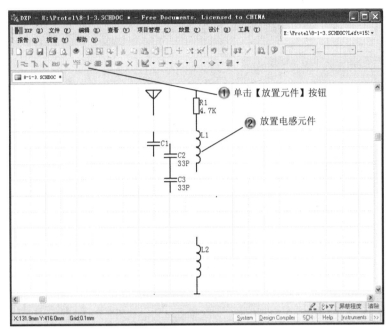

图 8-10　创建电感

**Step5** 创建二极管，如图 8-11 所示。

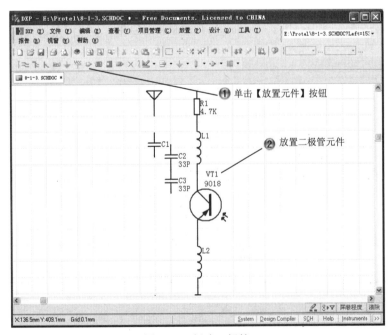

图 8-11　创建二极管

**Step6** 创建电阻和电容，如图 8-12 所示。

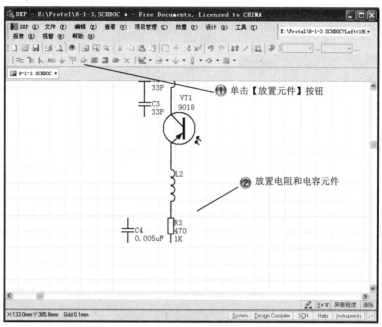

图 8-12　创建电阻和电容

**Step7** 绘制导线，完成分电路 1 绘制，如图 8-13 所示。

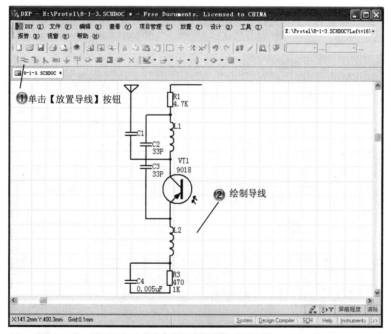

图 8-13　绘制导线

**Step8** 创建电阻和电容，绘制导线，完成分电路 2 绘制，如图 8-14 所示。

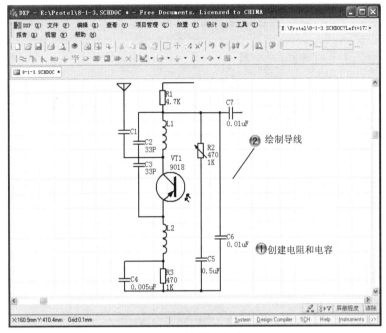

图 8-14　绘制分电路 2

**Step9** 绘制 3 个三角形，如图 8-15 所示。

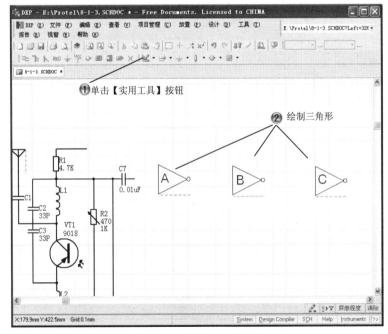

图 8-15　绘制 3 个三角形

Step 10 创建电容、电阻和可变电阻，绘制导线，完成分电路 3 绘制，如图 8-16 所示。

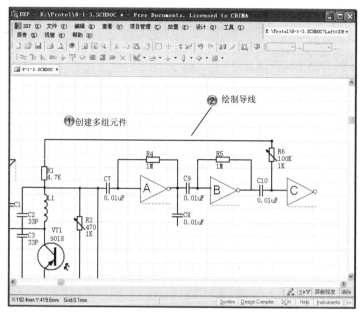

图 8-16　绘制分电路 3

Step 11 创建 3 个三角形、电阻和电容，绘制导线，完成分电路 4 绘制，如图 8-17 所示。

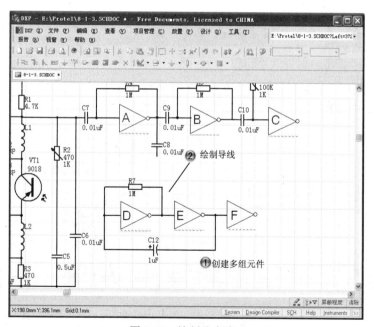

图 8-17　绘制分电路 4

**!Step 12** 创建二极管和电容，绘制导线，完成分电路 5 绘制，如图 8-18 所示。

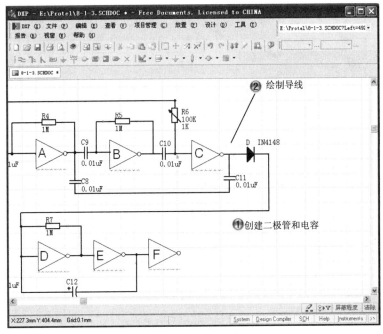

图 8-18　绘制分电路 5

**!Step 13** 创建电阻，绘制导线，完成分电路 6 绘制，如图 8-19 所示。

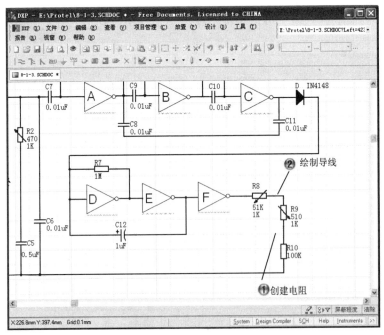

图 8-19　绘制分电路 6

**Step14** 创建二极管，绘制导线，完成分电路 7 绘制，如图 8-20 所示。

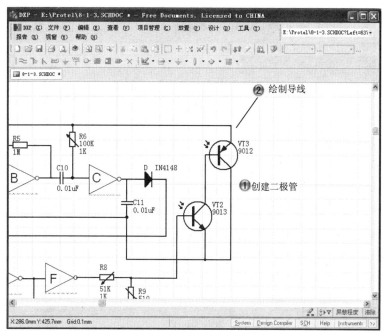

图 8-20　绘制分电路 7

**Step15** 创建电容、电阻和扬声器，绘制导线，完成分电路 8 绘制，如图 8-21 所示。

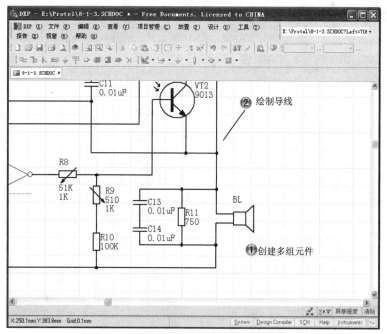

图 8-21　绘制分电路 8

**Step 16** 创建电容、开关和电池，绘制导线，完成分电路 9 绘制，如图 8-22 所示。

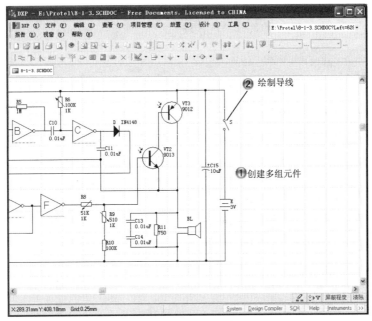

图 8-22　绘制分电路 9

**Step 17** 完成绘制的音频振荡器电路，如图 8-23 所示。

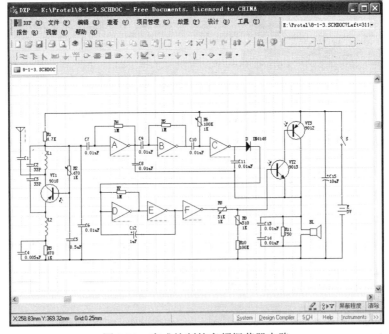

图 8-23　完成绘制的音频振荡器电路

# 8.2　图库基本操作

## 基本概念

通常 Protel 自带的图库中的元件不一定齐全，这时原理图库就可以提供常见的电路元件，通过一些绘制工具，绘制特定的元件并进行保存应用。

## 课堂讲解课时：2 课时

## 8.2.1　设计理论

下面介绍常用的电气元件符号。

常用电气设备的文字符号有：自动重合闸装置文字符号为（ARD）、电容，电容器文字符号为（C）、避雷器文字符号为（F）、熔断器文字符号为（FU）、发电机，电源文字符号为（G）、指示灯，信号灯文字符号为（HL）、继电器，接触器的文字符号为（K）、电流继电器文字符号为（KA）、中间继电器文字符号为（KM）、热继电器，温度继电器文字符号为（KH）、时间继电器文字符号为（KT）、电动机文字符号为（M）、中性线文字符号为（N）、电流表文字符号（PA）、保护线文字符号（PE）、保护中性线文字符号（PEN）、电能表文字符号为（PJ）、电压表文字符号为（PV）、电力开关文字符号为（Q）、断路器文字符号为（QF）、刀开关文字符号为（QK）、隔离开关文字符号为（QS）、电阻器文字符号为（R）、启辉器文字符号为（S）、按钮文字符号为（SB）、变压器文字符号为（T）、电流互感器文字符号为（TA）、电压互感器文字符号为（TV）、变流器，整流器文字符号为（U）、导线，母线文字符号为（W）、端子板文字符号为（X）、电磁铁文字符号为（YA）、跳闸线圈，脱扣器文字符号为（YR）等。

一些常用电气图形符号，如表 8-1 所示。

表 8-1　电气图形符号

| 序号 | 图 形 符 号 | 说　明 |
|---|---|---|
| 1 | | 开关（机械式） |
| 2 | | 当操作器件被吸合时延时闭合的动合触点 |
| 3 | | 当操作器件被吸合或释放时,暂时闭合的过渡动合触点 |
| 4 | | 双绕组变压器 |
| 5 | | 三绕组变压器 |
| 6 | | 电阻器一般符号 |
| 7 | | 可变电阻器<br>可调电阻器 |
| 8 | | 滑动触点电位器 |
| 9 | | 电压表 |
| 10 | | 电流表 |
| 11 | | 控制及信号线路（电力及照明用） |
| 12 | | 原电池或蓄电池 |
| 13 | | 原电池组或蓄电池组 |

续表

| 序号 | 图 形 符 号 | 说 明 |
|------|------------|-------|
| 14 | | 接地一般符号 |
| 15 | | 接机壳或接底板 |
| 16 | | 电铃 |
| 17 | | 扬声器 |
| 18 | | 发声器 |
| 19 | | 电话机 |

## 8.2.2　课堂讲解

下面进行介绍在原理图库中，创建新元件并进行使用的一系列步骤。

在原理图库中绘制一个元件，如图 8-24 所示。

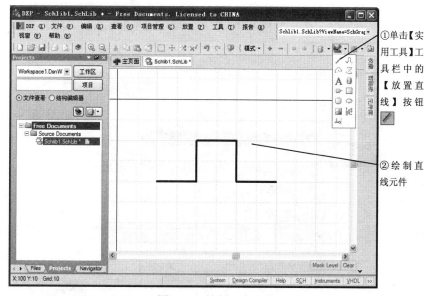

图 8-24　绘制一个元件

绘制一个元件后，进行保存，如图 8-25 所示。

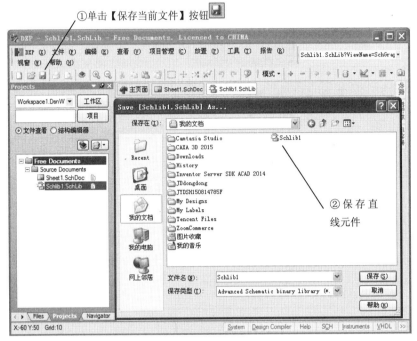

图 8-25　保存元件

进入原理图绘制界面，打开【放置元件】对话框，如图 8-26 所示。

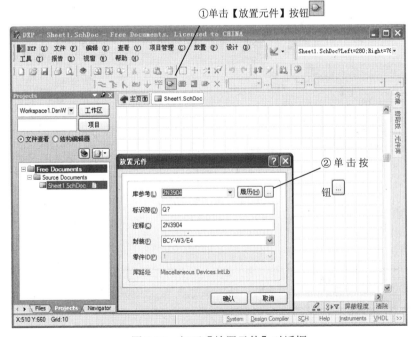

图 8-26　打开【放置元件】对话框

找到元件库进行查找，如图 8-27 所示。

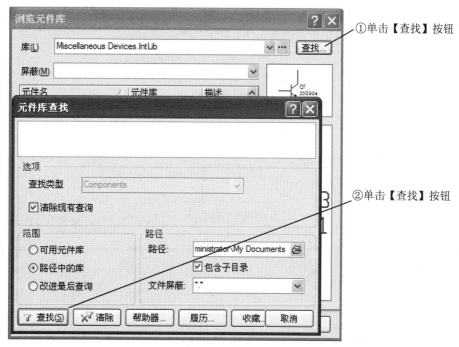

图 8-27　查找元件

在【浏览元件库】对话框中浏览元件，如图 8-28 所示。

图 8-28　浏览元件

单击放置元件，如图 8-29 所示。

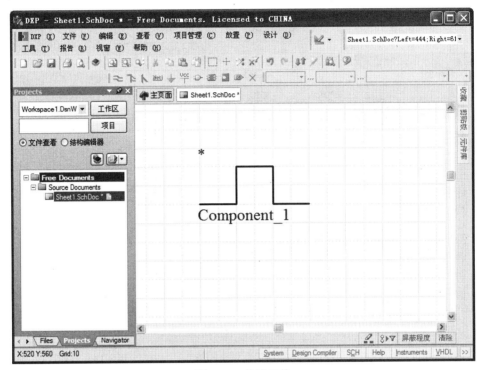

图 8-29　放置元件

### 8.2.3　课堂练习——信号处理电路

课堂练习开始文件：ywj /08/02.exb

课堂练习完成文件：ywj /08/02.exb

多媒体教学路径：光盘→多媒体教学→第 8 章→8.2 练习

**Step1** 创建电压调节器，如图 8-30 所示。

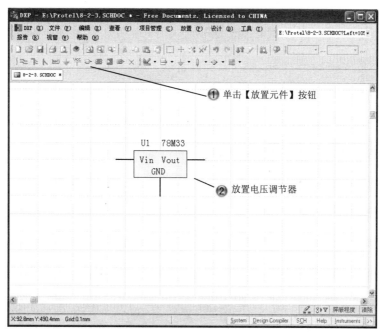

图 8-30　创建电压调节器

**Step2** 创建电容，如图 8-31 所示。

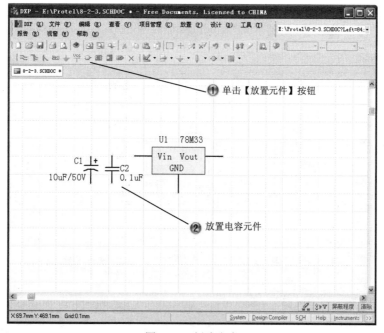

图 8-31　创建电容

**Step3** 绘制导线，完成分电路 1 绘制，如图 8-32 所示。

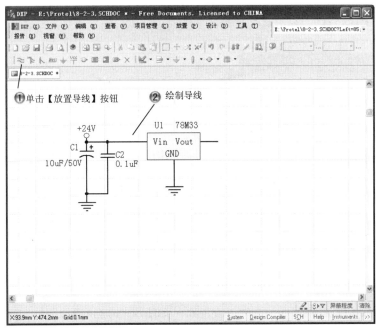

图 8-32　绘制导线

**Step4** 创建电容，绘制导线，完成分电路 2 绘制，如图 8-33 所示。

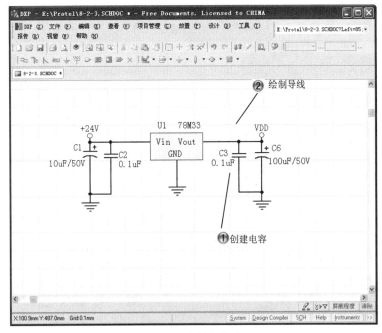

图 8-33　绘制分电路 2

**Step5** 创建 U2 芯片、接头和电阻，绘制导线，完成分电路 3 绘制，如图 8-34 所示。

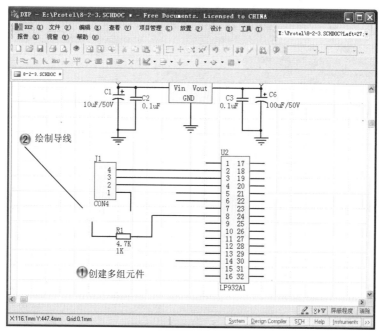

图 8-34　绘制分电路 3

**Step6** 创建接地和电源，如图 8-35 所示。

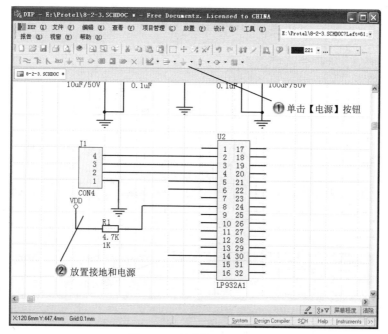

图 8-35　创建接地和电源

●Step7 添加文字，如图 8-36 所示。

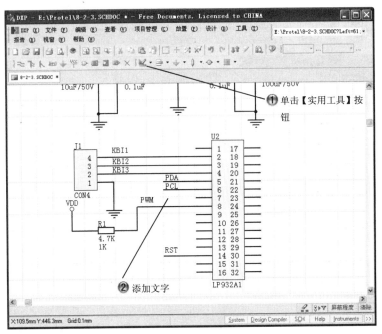

图 8-36　添加文字

●Step8 创建 8 个电阻和 4 个二极管，绘制导线，完成分电路 4 绘制，如图 8-37 所示。

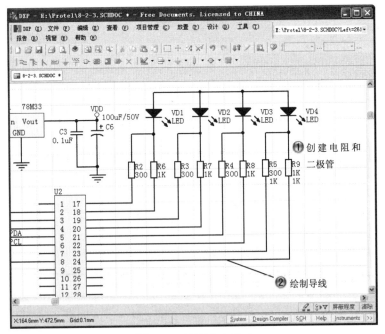

图 8-37　绘制分电路 4

**Step9** 创建电容，如图 8-38 所示。

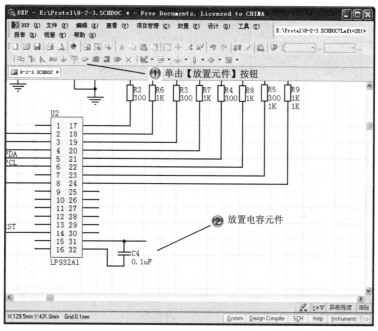

图 8-38　创建电容

**Step10** 创建接地，如图 8-39 所示。

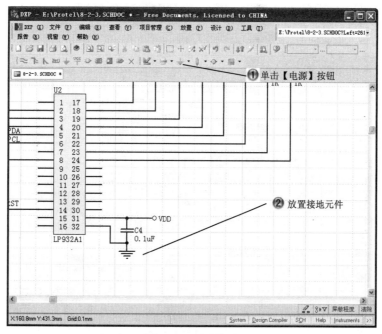

图 8-39　创建接地

**Step 11** 创建 J2 芯片并添加文字，如图 8-40 所示。

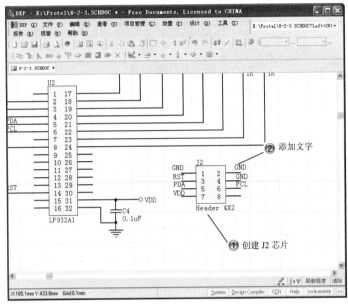

图 8-40  创建 J2 芯片并添加文字

**Step 12** 创建 U3 芯片、电感、电容、二极管、电阻和插头等多组元件，然后绘制导线，完成分电路 5 绘制，如图 8-41 所示。

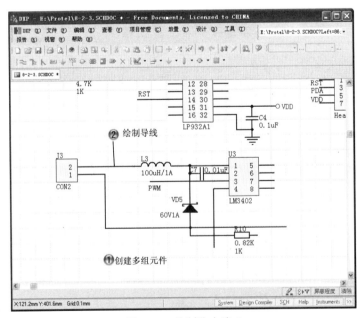

图 8-41  绘制分电路 5

**Step 13** 创建电阻和电容，绘制导线，完成分电路 6 绘制，如图 8-42 所示。

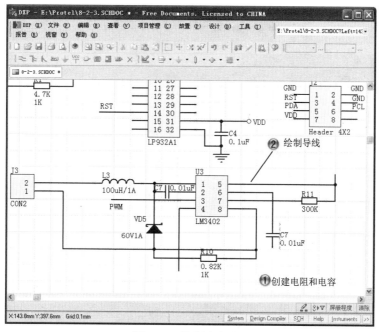

图 8-42　绘制分电路 6

**Step 14** 创建接地元件，如图 8-43 所示。

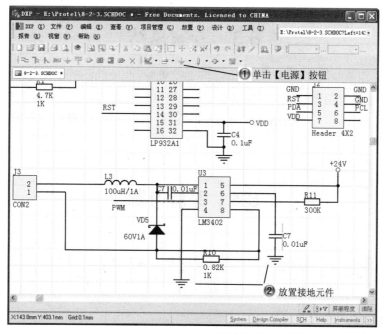

图 8-43　创建接地元件

**Step 15** 完成绘制的信号处理电路，如图 8-44 所示。

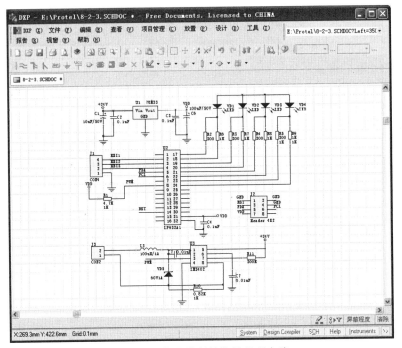

图 8-44　完成绘制的信号处理电路

# 8.3　专家总结

　　本章介绍了原理图库的应用，包括新建、打开和保存图库，以及图库元件的插入操作，灵活运用元件原理图库，可以创建自己需要的元件，方便了绘图和避免重复操作。

# 8.4　课后习题

## 8.4.1　填空题

　　（1）打开原理图库的方法是_____。

　　（2）原理图库的文件使用在_____地方。

## 8.4.2 问答题

（1）创建图库元件和绘制原理图文件有何区别？
（2）如何重复使用原理图库元件？

## 8.4.3 上机操作题

如图 8-45 所示，绘制图库元件并保存，最后添加进原理图中。
一般创建步骤和方法：
（1）绘制线圈。
（2）添加直线图形。
（3）保存元件。
（4）插入元件。

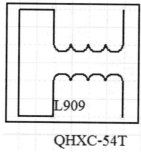

图 8-45　图库元件

# 第 9 章　PCB 元件封装库

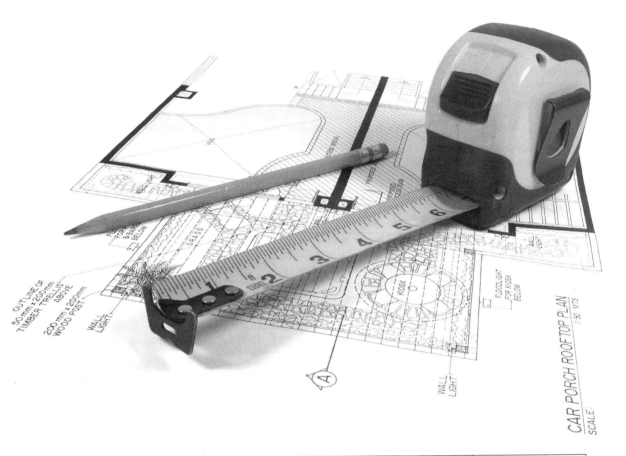

| | 内　容 | 掌握程度 | 课　时 |
|---|---|---|---|
| 课训目标 | PCB 元件封装库 | 熟练运用 | 2 |
| | 绘制元件封装 | 熟练运用 | 2 |
| | | | |
| | | | |

元件封装不仅起着安装、固定、密封、保护芯片及增强电热性能等方面的作用，而且还通过芯片上的接点用导线连接到封装外壳的引脚上，这些引脚又通过印刷电路板上的导线与其他器件相连接，从而实现内部芯片与外部电路的连接。

本章主要介绍的元件封装库和绘制元件封装的方法，创建的元件封装可以直接应用在 PCB 中，对于创建特定的封装十分有用。

本课程主要基于 PCB 元件封装库进行讲解，其培训课程表如下。

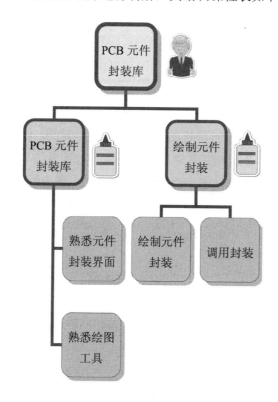

# 9.1　PCB 元件封装库

基本概念

元器件封装，就是指把硅片上的电路管脚，用导线接引到外部接头处，以便与其他器件连接。封装形式是指安装半导体集成电路芯片用的外壳。

课堂讲解课时：2 课时

9.1.1　设计理论

　　元器件封装芯片必须与外界隔离，以防止空气中的杂质对芯片电路的腐蚀而造成电气性能下降。另一方面，封装后的芯片也更便于安装和运输。由于封装技术的好坏还直接影响到芯片自身性能的发挥，和与之连接的 PCB（印制电路板）的设计和制造，因此它是至关重要的。衡量一个芯片封装技术先进与否的重要指标是芯片面积与封装面积之比，这个比值越接近 1 越好。

　　封装主要分为 DIP 双列直插和 SMD 贴片封装两种。从结构方面，封装经历了最早期的晶体管 TO（如 TO-89、TO92）封装发展到了双列直插封装，随后由 PHILIP 公司开发出了 SOP 小外形封装，以后逐渐派生出 SOJ（J 型引脚小外形封装）、TSOP（薄小外形封装）、VSOP（甚小外形封装）、SSOP（缩小型 SOP）、TSSOP（薄的缩小型 SOP）及 SOT（小外形晶体管）、SOIC（小外形集成电路）等。从材料介质方面，包括金属、陶瓷、塑料等，目前很多高强度工作条件需求的电路，如军工和宇航级别仍有大量的金属封装。

　　封装大致经过了如下发展进程：

　　结构方面：TO—DIP—PLCC—QFP—BGA —CSP；

　　材料方面：金属、陶瓷—陶瓷、塑料—塑料；

　　引脚形状：长引线直插—短引线或无引线贴装—球状凸点；

　　装配方式：通孔插装—表面组装—直接安装。

9.1.2　课堂讲解

　　PCB 元件封装库的新建方法，如图 9-1 所示。

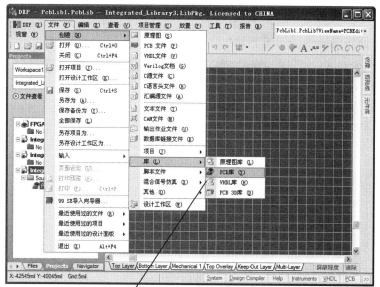

选择【文件】|【创建】|【库】|【PCB 库】菜单命令，
新建一个 PCB 库文件

图 9-1　元件封装库的新建方法

在【PCB 库放置】工具栏中，各种按钮工具如图 9-2 所示。

【PCB 库放置】工具栏中有绘制直线、过孔、焊盘、字符、
坐标、尺寸、各种圆弧和多个填充命令按钮

图 9-2　【PCB 库放置】工具栏

### 9.1.3　课堂练习——平板电视电路

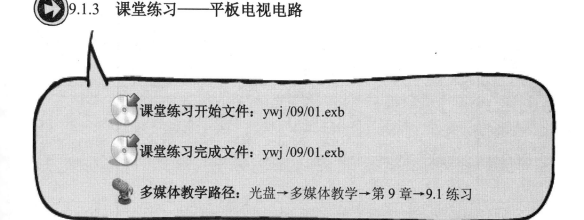

课堂练习开始文件：ywj /09/01.exb

课堂练习完成文件：ywj /09/01.exb

多媒体教学路径：光盘→多媒体教学→第 9 章→9.1 练习

**!Step1** 创建变压器，如图 9-3 所示。

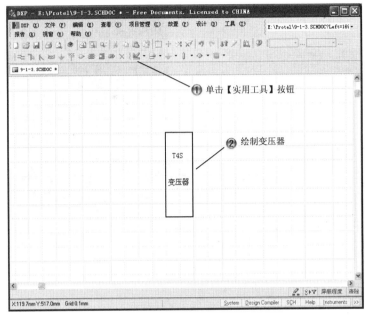

图 9-3　创建变压器

**!Step2** 创建二极管，如图 9-4 所示。

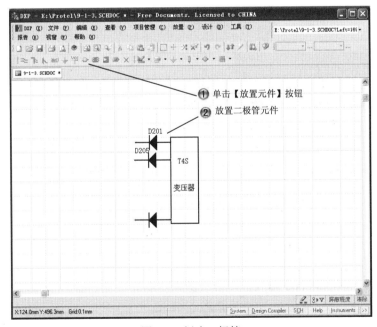

图 9-4　创建二极管

**Step3** 绘制矩形，如图 9-5 所示。

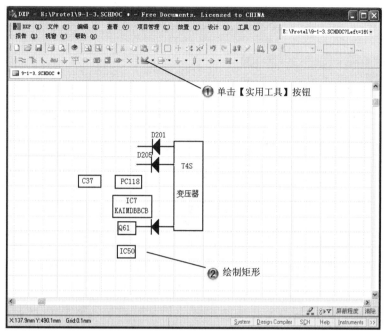

图 9-5　绘制矩形

**Step4** 创建电阻，如图 9-6 所示。

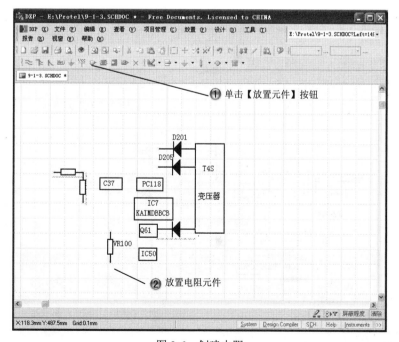

图 9-6　创建电阻

**Step5** 创建电源，如图 9-7 所示。

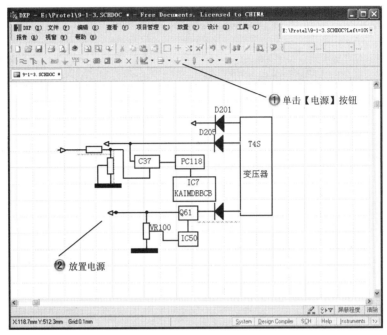

图 9-7　创建电源

**Step6** 创建二极管，如图 9-8 所示。

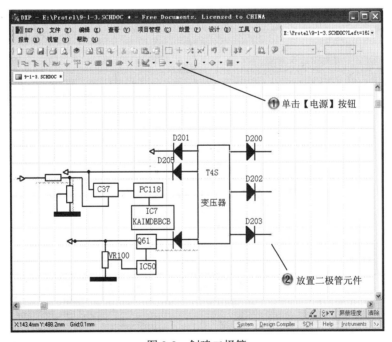

图 9-8　创建二极管

!Step7 绘制矩形，如图 9-9 所示。

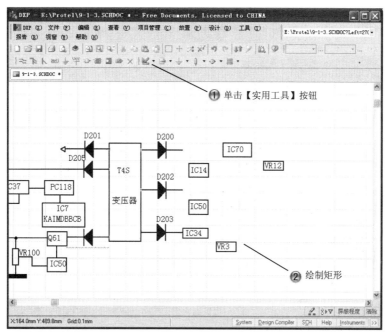

图 9-9　绘制矩形

!Step8 绘制导线，完成分电路 1 绘制，如图 9-10 所示。

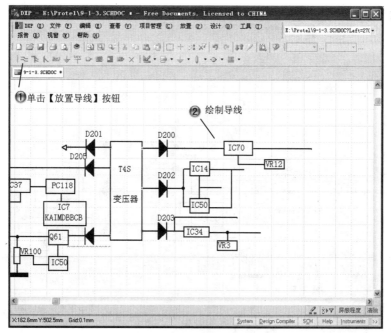

图 9-10　绘制导线

**Step9** 创建电源，如图 9-11 所示。

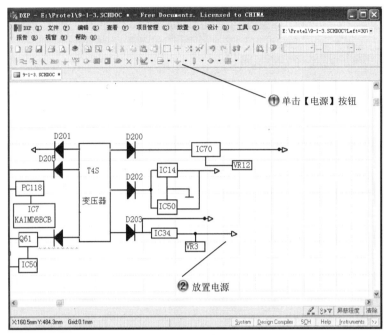

图 9-11　创建电源

**Step10** 添加左侧文字，如图 9-12 所示。

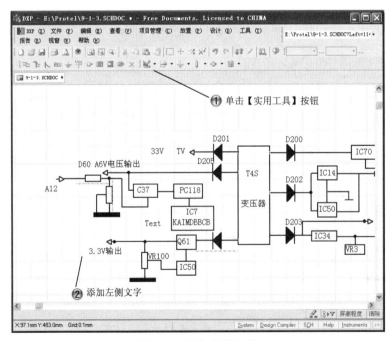

图 9-12　添加左侧文字

**Step 11** 添加右侧文字，如图 9-13 所示。

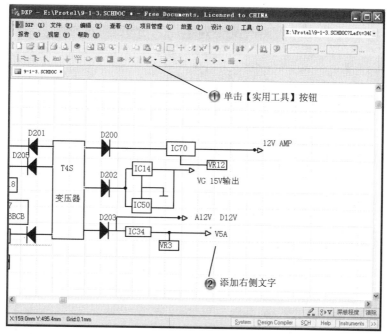

图 9-13　添加右侧文字

**Step 12** 绘制矩形，如图 9-14 所示。

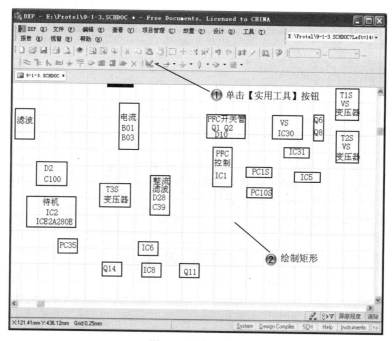

图 9-14　绘制矩形

**⚫Step13** 创建电磁开关、二极管和电感等多组元件，绘制导线，完成分电路 2 绘制，如图 9-15 所示。

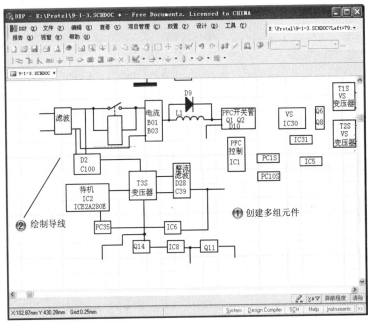

图 9-15　绘制分电路 2

**⚫Step14** 创建接地元件，如图 9-16 所示。

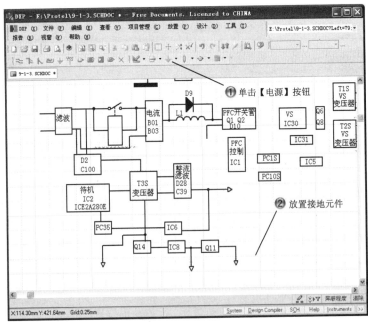

图 9-16　创建接地元件

**Step 15** 添加文字，如图 9-17 所示。

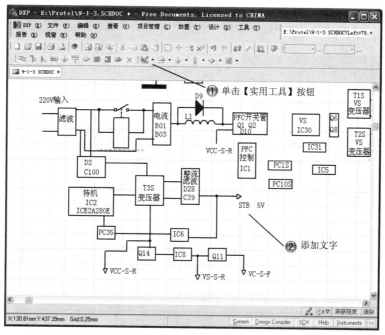

图 9-17　添加文字

**Step 16** 创建二极管，如图 9-18 所示。

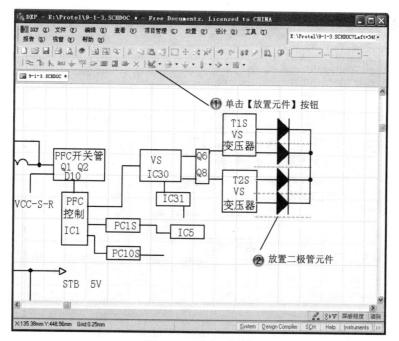

图 9-18　创建二极管

**Step17** 添加文字，如图 9-19 所示。

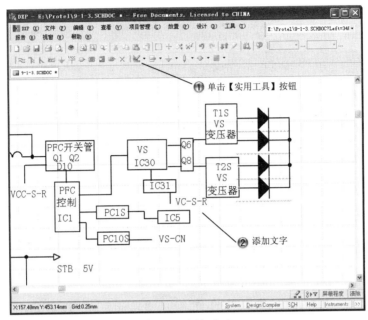

图 9-19　添加文字

**Step18** 创建电感、电阻和电容等多组元件，绘制导线，完成分电路 3 绘制，如图 9-20 所示。

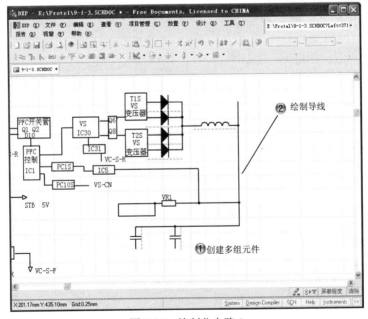

图 9-20　绘制分电路 3

**Step 19** 创建接地元件，如图 9-21 所示。

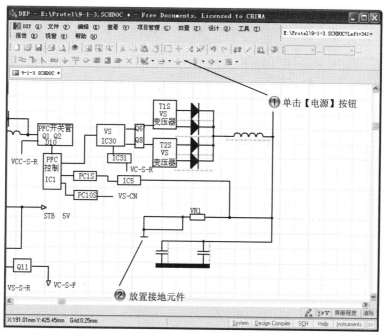

图 9-21　创建接地元件

**Step 20** 绘制矩形，如图 9-22 所示。

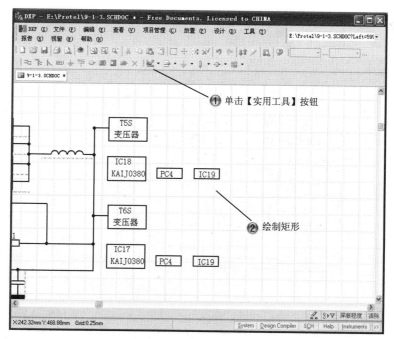

图 9-22　绘制矩形

**Step21** 创建二极管和电阻，绘制导线，完成分电路 4 绘制，如图 9-23 所示。

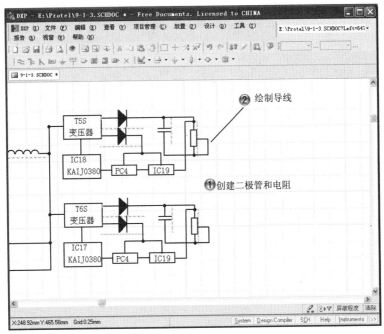

图 9-23　绘制分电路 4

**Step22** 创建接地元件，如图 9-24 所示。

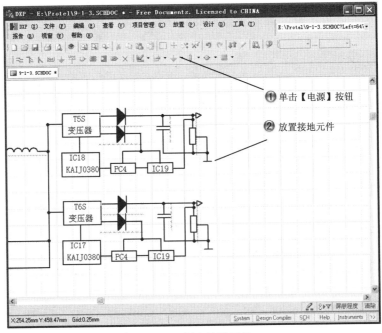

图 9-24　创建接地元件

**Step23** 添加文字，如图 9-25 所示。

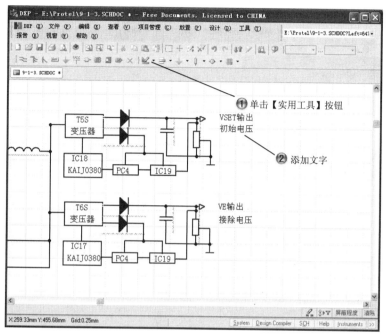

图 9-25　添加文字

**Step24** 绘制矩形，如图 9-26 所示。

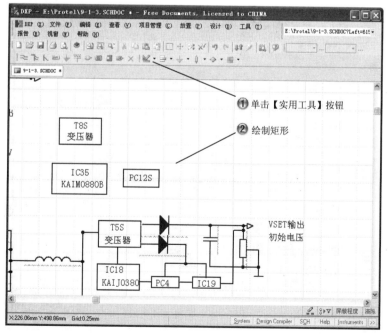

图 9-26　绘制矩形

**Step25** 创建二极管、电感、电容和电阻等多组元件，绘制导线，完成分电路 5 绘制，如图 9-27 所示。

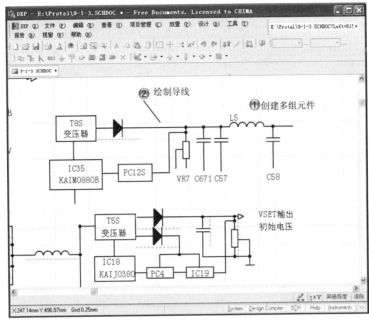

图 9-27 绘制分电路 5

**Step26** 创建接地元件，如图 9-28 所示。

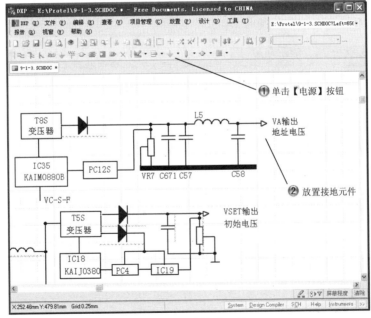

图 9-28 创建接地元件

**Step27** 创建保险丝，如图 9-29 所示。

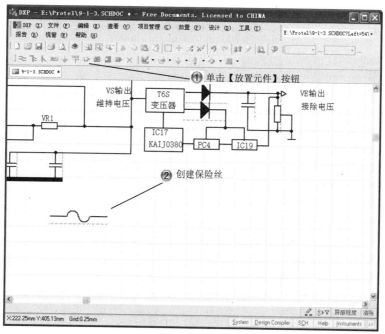

图 9-29　创建保险丝

**Step28** 绘制矩形，如图 9-30 所示。

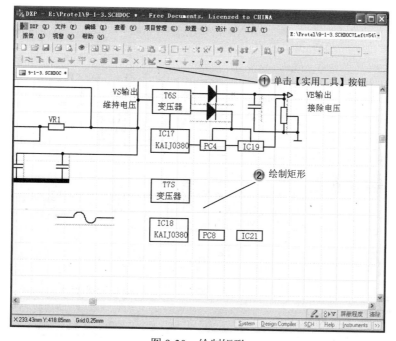

图 9-30　绘制矩形

**Step29** 创建二极管、电阻和电容，绘制导线，完成分电路 6 绘制，如图 9-31 所示。

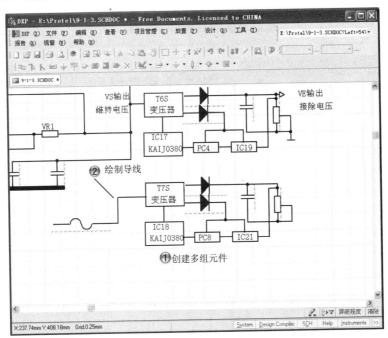

图 9-31　绘制分电路 6

**Step30** 创建接地元件，如图 9-32 所示。

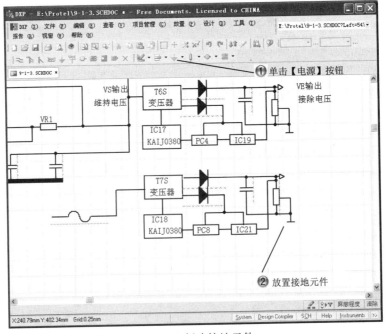

图 9-32　创建接地元件

**Step31** 完成的平板电视电路，如图 9-33 所示。

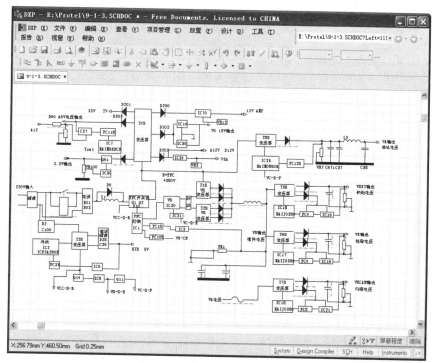

图 9-33　完成的平板电视电路

# 9.2　绘制元件封装

基本概念

课堂讲解课时：2 课时

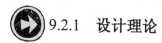

## 9.2.1　设计理论

元器件封装具体的封装形式有以下几种。

1. SOP/SOIC 封装

SOP 是英文 Small Outline Package 的缩写，即小外形封装。SOP 封装技术由 1968～1969 年菲利浦公司开发成功，以后逐渐派生出 SOJ（J 型引脚小外形封装）、TSOP（薄小外形封装）、VSOP（甚小外形封装）、SSOP（缩小型 SOP）、TSSOP（薄的缩小型 SOP）及 SOT（小外形晶体管）、SOIC（小外形集成电路）等。

### 2. DIP 封装

DIP 是英文 Double In-line Package 的缩写，即双列直插式封装。插装型封装之一，引脚从封装两侧引出，封装材料有塑料和陶瓷两种。DIP 是最普及的插装型封装，应用范围包括标准逻辑 IC、存储器 LSI、微机电路等。

### 3. PLCC 封装

PLCC 是英文 Plastic Leaded Chip Carrier 的缩写，即塑封 J 引线芯片封装。PLCC 封装方式，外形呈正方形、32 脚封装，四周都有管脚，外形尺寸比 DIP 封装小得多。PLCC 封装适合用 SMT 表面安装技术在 PCB 上安装布线，具有外形尺寸小、可靠性高的优点。

### 4. TQFP 封装

TQFP 是英文 Thin Quad Flat Package 的缩写，即薄塑封四角扁平封装。四边扁平封装（TQFP）工艺能有效利用空间，从而降低对印刷电路板空间大小的要求。由于缩小了高度和体积，这种封装工艺非常适合对空间要求较高的应用，如 PCMCIA 卡和网络器件。几乎所有 ALTERA 的 CPLD/FPGA 都有 TQFP 封装。

### 5. PQFP 封装

PQFP 是英文 Plastic Quad Flat Package 的缩写，即塑封四角扁平封装。PQFP 封装的芯片引脚之间距离很小，管脚很细，一般大规模或超大规模集成电路采用这种封装形式，其引脚数一般都在 100 以上。

### 6. TSOP 封装

TSOP 是英文 Thin Small Outline Package 的缩写，即薄型小尺寸封装。TSOP 内存封装技术的一个典型特征就是在封装芯片的周围做出引脚，TSOP 适合用 SMT 技术（表面安装技术）在 PCB（印制电路板）上安装布线。TSOP 封装外形尺寸时，寄生参数(电流大幅度变化时，引起输出电压扰动)减小，适合高频应用，操作比较方便，可靠性也比较高。

### 7. BGA 封装

BGA 是英文 Ball Grid Array Package 的缩写，即球栅阵列封装。20 世纪 90 年代随着技术的进步，芯片集成度不断提高，I/O 引脚数急剧增加，功耗也随之增大，对集成电路封装的要求也更加严格。为了满足发展的需要，BGA 封装开始被应用于生产。

采用 BGA 技术封装的内存，可以使内存在体积不变的情况下内存容量提高两到三倍，BGA 与 TSOP 相比，具有更小的体积，更好的散热性能和电性能。BGA 封装技术使每平方英寸的存储量有了很大提升，采用 BGA 封装技术的内存产品在相同容量下，体积只有 TSOP 封装的三分之一；另外，与传统 TSOP 封装方式相比，BGA 封装方式有更加快速和有效的散热途径。

## 9.2.2 课堂讲解

下面介绍在元件封装库中，创建新元件封装并进行使用的一系列步骤。

在元件封装库中绘制一个封装元件，如图 9-34 所示。

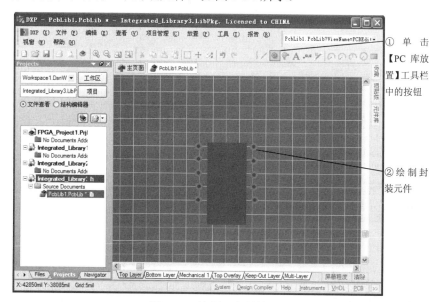

①单击【PC 库放置】工具栏中的按钮

②绘制封装元件

图 9-34 绘制一个封装元件

绘制一个封装元件后，进行保存，如图 9-35 所示。

①单击【保存当前文件】按钮

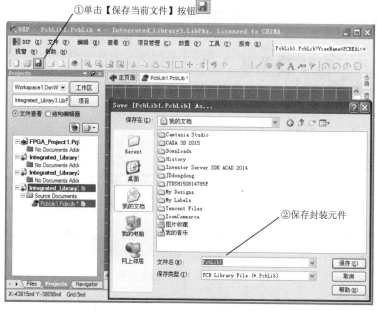

②保存封装元件

图 9-35 保存元件

进入 PCB 绘制界面，打开【放置元件】对话框，如图 9-36 所示。

①单击【放置元件】按钮

图 9-36　打开【放置元件】对话框

找到库进行查找，如图 9-37 所示。

图 9-37　查找元件

在【浏览元件库】对话框中浏览元件，如图 9-38 所示。

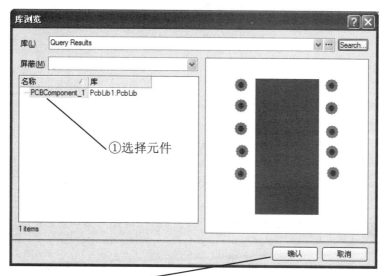

图 9-38　浏览元件

单击放置封装元件，如图 9-39 所示。

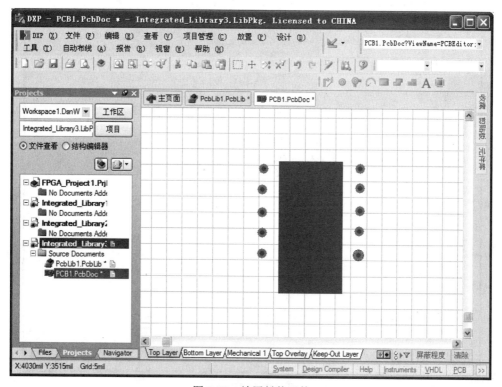

图 9-39　放置封装元件

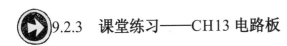

### 9.2.3  课堂练习——CH13 电路板

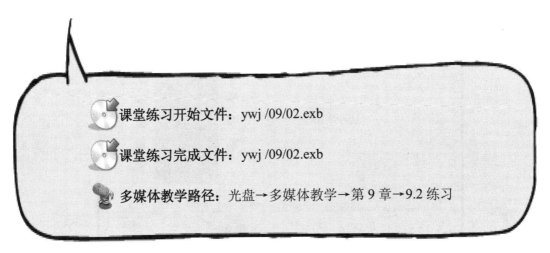

课堂练习开始文件：ywj /09/02.exb

课堂练习完成文件：ywj /09/02.exb

多媒体教学路径：光盘→多媒体教学→第 9 章→9.2 练习

**Step1** 创建开关，如图 9-40 所示。

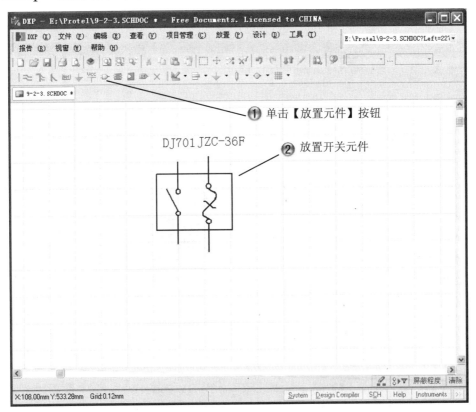

① 单击【放置元件】按钮

② 放置开关元件

DJ701JZC-36F

图 9-40  创建开关

**Step2** 创建二极管，如图 9-41 所示。

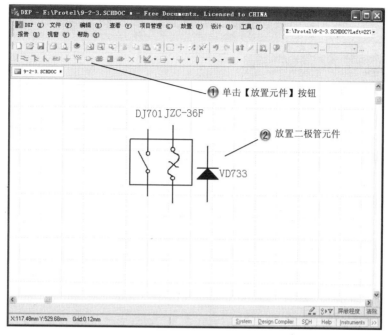

图 9-41　创建二极管

**Step3** 创建三极管，如图 9-42 所示。

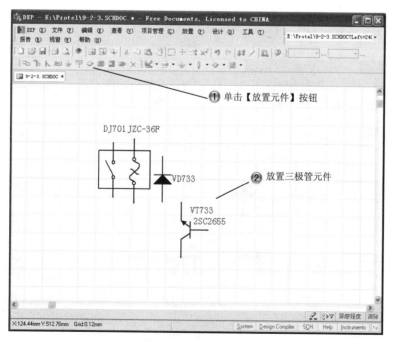

图 9-42　创建三极管

Step4 创建电阻，如图 9-43 所示。

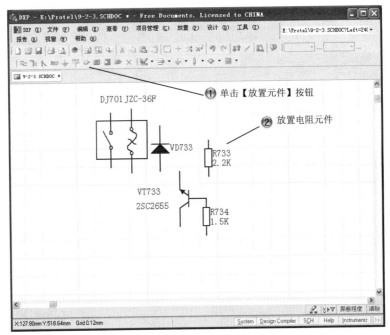

图 9-43　创建电阻

Step5 绘制导线，如图 9-44 所示。

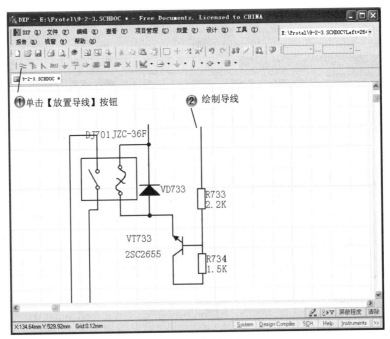

图 9-44　绘制导线

**Step6** 创建接地元件，如图 9-45 所示。

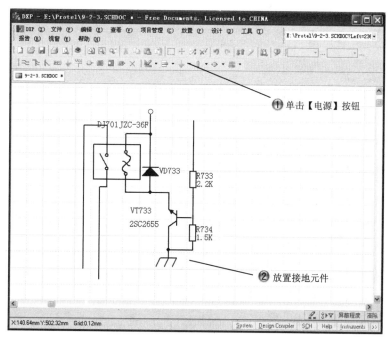

图 9-45　创建接地元件

**Step7** 创建插头元件，如图 9-46 所示。

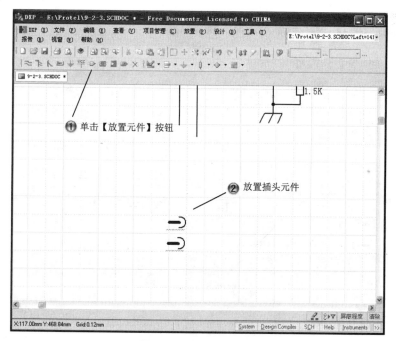

图 9-46　创建插头元件

**Step8** 创建电容，如图 9-47 所示。

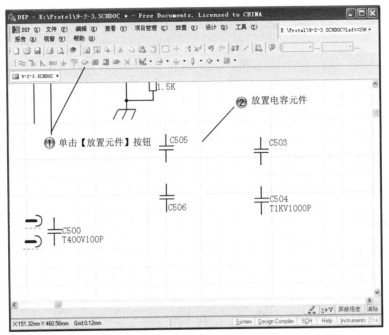

图 9-47　创建电容

**Step9** 创建电阻，如图 9-48 所示。

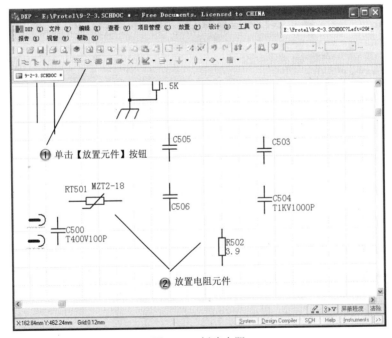

图 9-48　创建电阻

**◎Step10** 创建二极管，如图 9-49 所示。

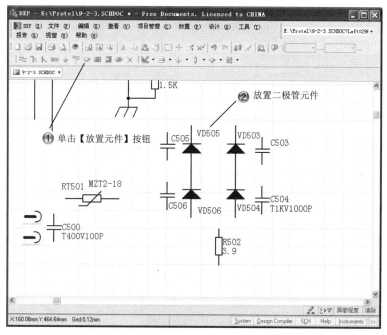

图 9-49 创建二极管

**◎Step11** 创建电感，如图 9-50 所示。

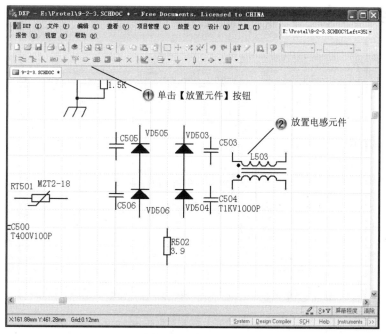

图 9-50 创建电感

**!●Step 12** 绘制导线，完成分电路 1 绘制，如图 9-51 所示。

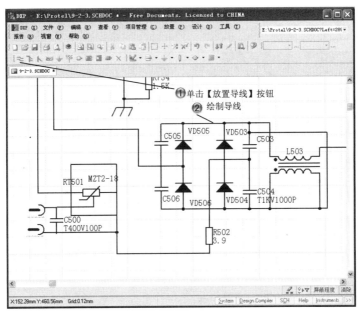

图 9-51　绘制导线

**!●Step 13** 创建电容、电阻、电感、开关和插头等多组元件，绘制导线，完成分电路 2 绘制，如图 9-52 所示。

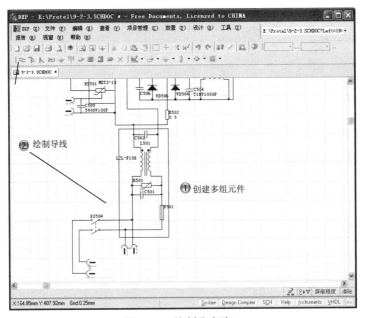

图 9-52　绘制分电路 2

**Step 14** 创建二极管、电阻和电容，绘制导线，完成分电路 3 绘制，如图 9-53 所示。

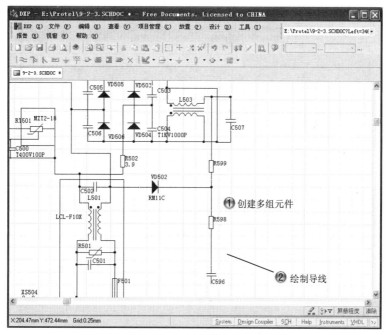

图 9-53  绘制分电路 3

**Step 15** 创建接地元件，如图 9-54 所示。

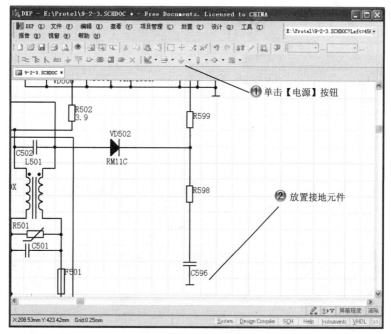

图 9-54  创建接地元件

**Step16** 创建接头元件、电阻、二极管和电容等多组元件，绘制导线，完成分电路 4 绘制，如图 9-55 所示。

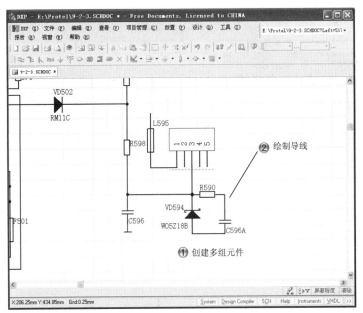

图 9-55　绘制分电路 4

**Step17** 创建接地元件，如图 9-56 所示。

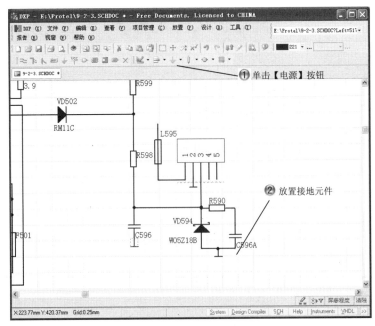

图 9-56　创建接地元件

**Step18** 创建光敏晶栅管、电容和二极管，绘制导线，完成分电路 5 绘制，如图 9-57 所示。

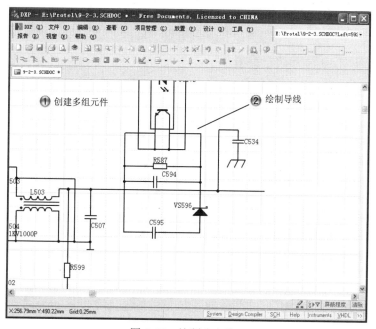

图 9-57　绘制分电路 5

**Step19** 创建二极管、电容和电阻，绘制导线，完成分电路 6 绘制，如图 9-58 所示。

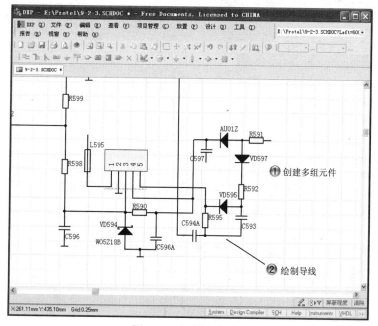

图 9-58　绘制分电路 6

**Step20** 创建接地元件，如图 9-59 所示。

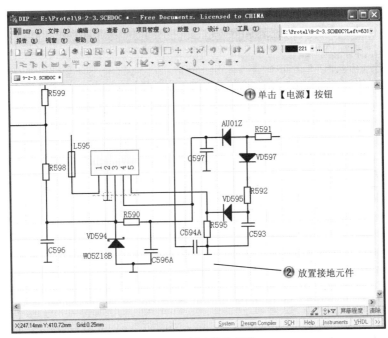

图 9-59　创建接地元件

**Step21** 创建电感，绘制导线，完成分电路 7 绘制，如图 9-60 所示。

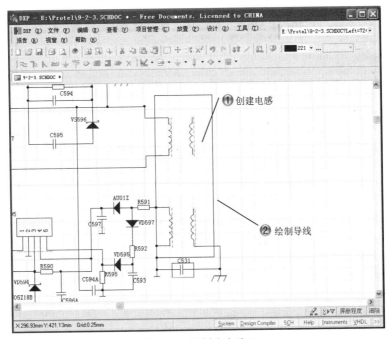

图 9-60　绘制分电路 7

**Step22** 创建电阻、电容、二极管和电压调节器等多组元件，绘制导线，完成分电路 8 绘制，如图 9-61 所示。

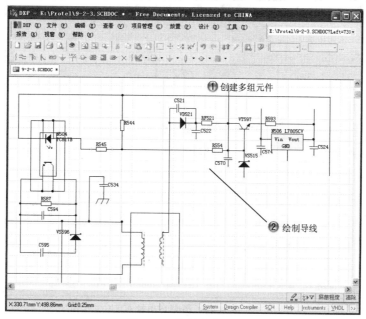

图 9-61 绘制分电路 8

**Step23** 创建接地元件，如图 9-62 所示。

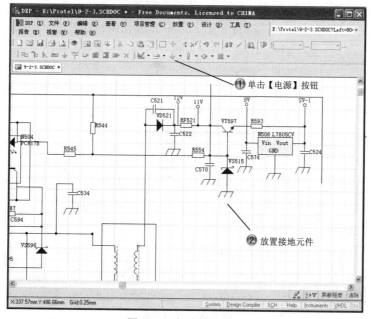

图 9-62 创建接地元件

**Step24** 创建电容和二极管，绘制导线，完成分电路 9 绘制，如图 9-63 所示。

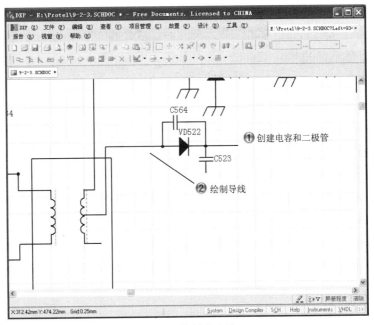

图 9-63　绘制分电路 9

**Step25** 创建电源，如图 9-64 所示。

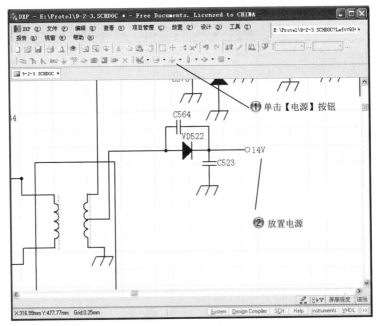

图 9-64　创建电源

**!Step26** 创建电阻，绘制导线，完成分电路 10 绘制，如图 9-65 所示。

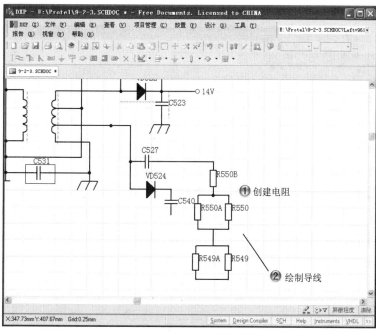

图 9-65　绘制分电路 10

**!Step27** 创建接地元件，如图 9-66 所示。

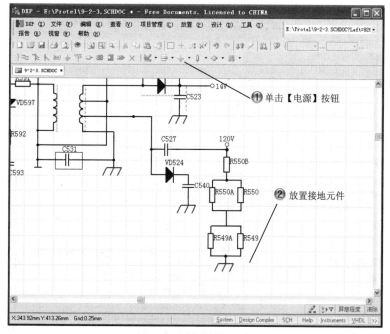

图 9-66　创建接地元件

**⊙Step28** 创建电阻、二极管、电容和电压调节器等多组元件，绘制导线，完成分电路 11 绘制，如图 9-67 所示。

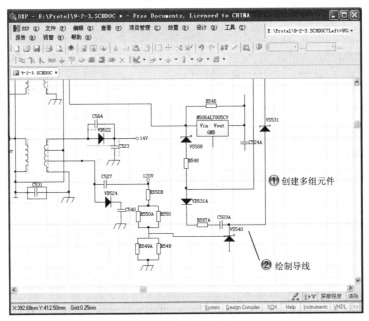

图 9-67　绘制分电路 11

**⊙Step29** 创建接地元件，如图 9-68 所示。

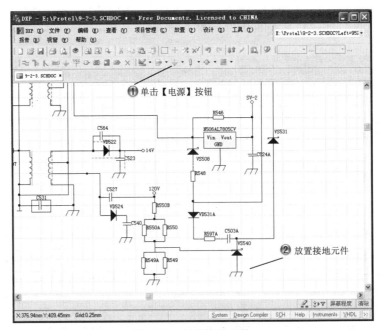

图 9-68　创建接地元件

!Step30 完成绘制的 CH13 电路板，如图 9-69 所示。

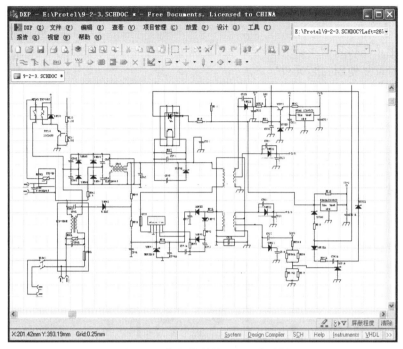

图 9-69　完成绘制的 CH13 电路板

# 9.4　专家总结

　　本章的主要内容是讲解元件封装的应用，使用元件封装库进行封装的创建，并进行保存和使用。现代大多数电子电路，都要用到封装元件，因此，元件封装库的内容比较重要。

# 9.5　课后习题

9.5.1　填空题

　　（1）打开元件封装图库的方法是_____。
　　（2）元件封装的作用是_____。

### 9.5.2　问答题

（1）创建元件封装的步骤有哪些？
（2）如何重复使用封装元件？

### 9.5.3　上机操作题

如图 9-70 所示，绘制封装元件并保存，最后添加进图库中。
一般创建步骤和方法：
（1）绘制线条部分。
（2）添加焊盘。
（3）保存封装元件。

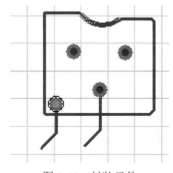

图 9-70　封装元件

# 第 10 章　设计课堂综合范例

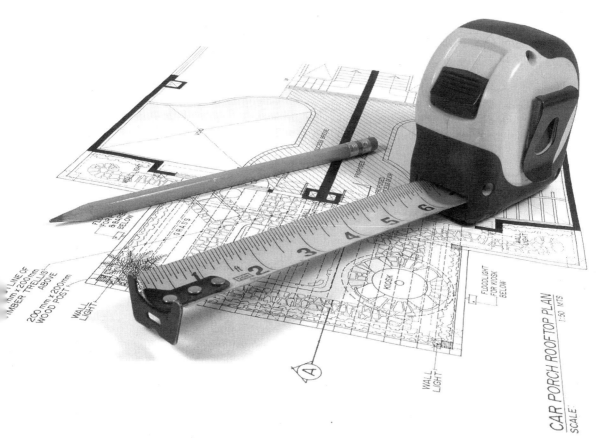

| | 内　容 | 掌握程度 | 课　时 |
|---|---|---|---|
| 课训目标 | 机芯电路设计 | 熟练运用 | 2 |
| | 接收机电路设计 | 熟练运用 | 2 |
| | | | |
| | | | |

**课程学习建议**

　　在进行设计之前，首先要准备好原理图 SCH 的元件库和 PCB 的元件库。原则上先做 PCB 的元件库，再做 SCH 的元件库。在放置元器件时，一定要考虑元器件的实际尺寸大小（所占面积和高度）、元器件之间的相对位置，以保证电路板的电气性能和生产安装的可行性和便利性同时，应该在保证上面原则能够体现的前提下，适当修改器件的摆放，使之整齐美观。

　　本章主要介绍了机芯电路和接收机电路的设计，通过两个实例的讲解，对前面所学内容有一个整体的回顾和认识。

　　本课程主要基于原理图的创建进行讲解，其培训课程表如下。

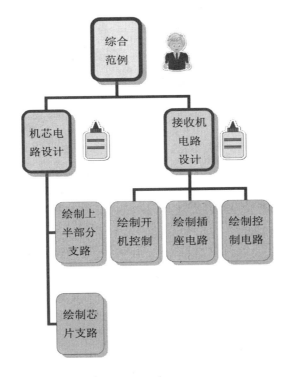

# 10.1　复杂机芯电路设计综合范例

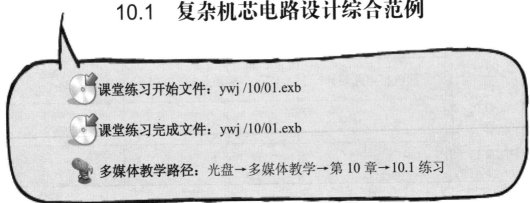

课堂练习开始文件：ywj /10/01.exb

课堂练习完成文件：ywj /10/01.exb

多媒体教学路径：光盘→多媒体教学→第 10 章→10.1 练习

**Step1** 创建开关，如图 10-1 所示。

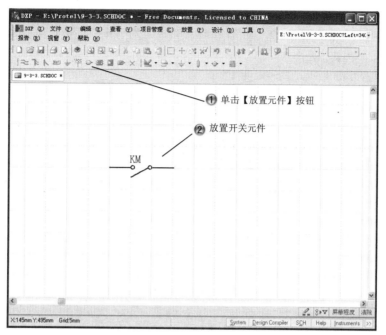

图 10-1　创建开关

**Step2** 创建电感，如图 10-2 所示。

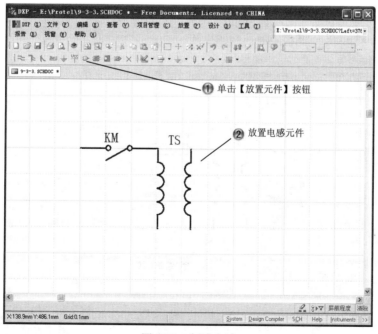

图 10-2　创建电感

**Step3** 创建保险丝，如图 10-3 所示。

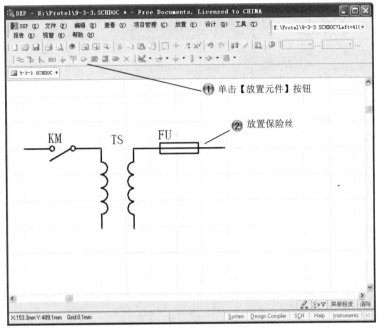

图 10-3　创建保险丝

**Step4** 绘制导线，完成分电路 1 绘制，如图 10-4 所示。

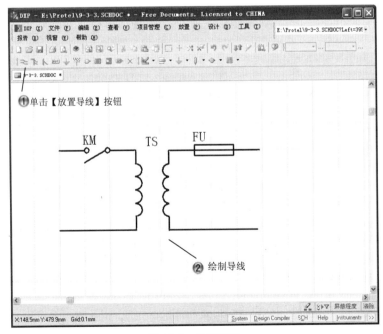

图 10-4　绘制导线

**Step5** 创建二极管，绘制导线，完成分电路 2 绘制，如图 10-5 所示。

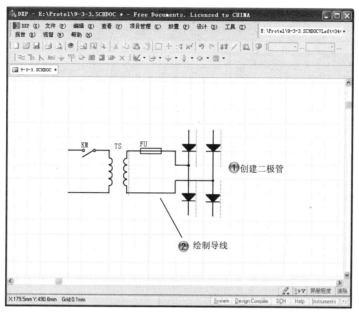

图 10-5　绘制分电路 2

**Step6** 创建电容、二极管、电阻和三极管等多组元件，绘制导线，完成分电路 3 绘制，如图 10-6 所示。

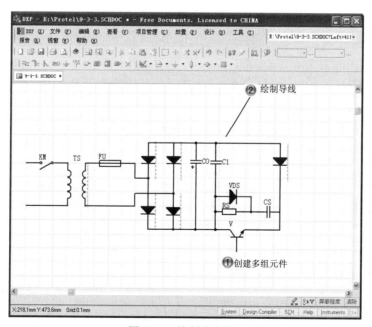

图 10-6　绘制分电路 3

**Step7** 创建电阻、电容和电机，绘制导线，完成分电路 4 绘制，如图 10-7 所示。

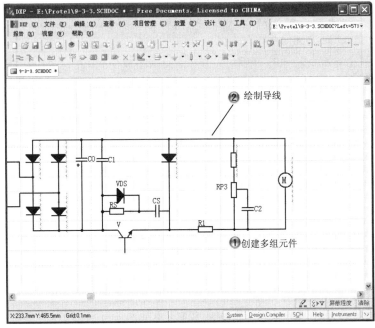

图 10-7　绘制分电路 4

**Step8** 创建电感和电阻，绘制导线，完成分电路 5 绘制，如图 10-8 所示。

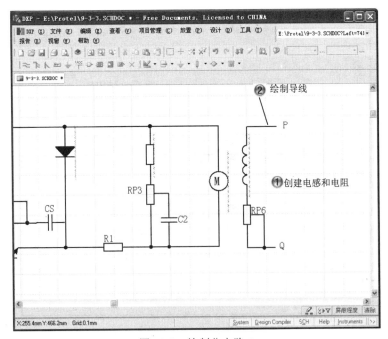

图 10-8　绘制分电路 5

**Step9** 创建芯片，如图 10-9 所示。

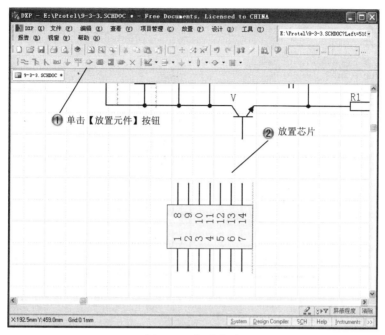

图 10-9　创建芯片

**Step10** 创建 14 个电阻，如图 10-10 所示。

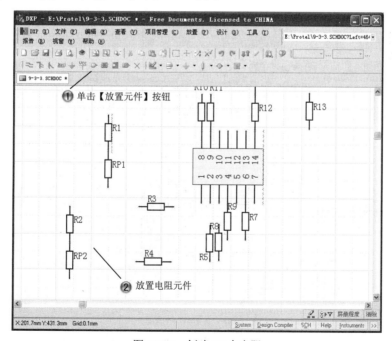

图 10-10　创建 14 个电阻

**Step 11** 创建电容，绘制导线，完成分电路 6 绘制，如图 10-11 所示。

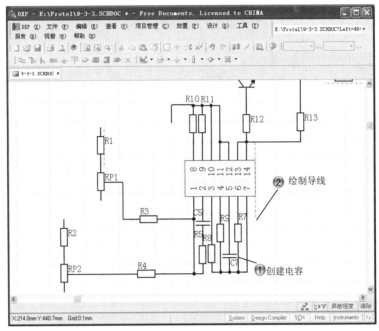

图 10-11　绘制分电路 6

**Step 12** 创建接地元件，如图 10-12 所示。

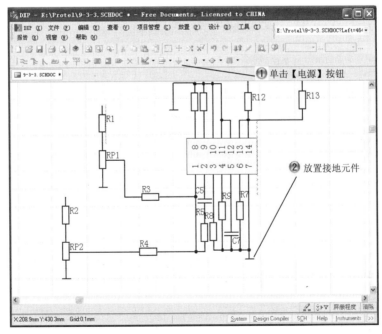

图 10-12　创建接地元件

**Step13** 创建 4 个电阻，如图 10-13 所示。

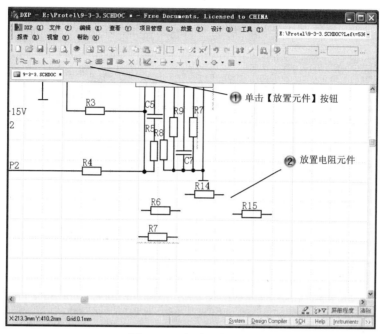

图 10-13　创建 4 个电阻

**Step14** 再创建 2 个电阻，如图 10-14 所示。

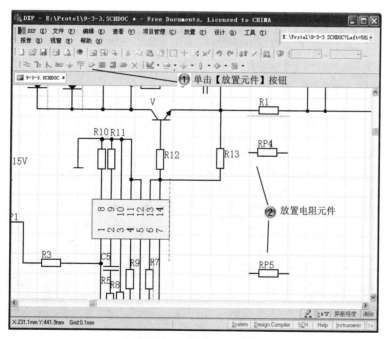

图 10-14　创建 2 个电阻

**Step15** 创建电容和二极管，绘制右边的导线，如图 10-15 所示。

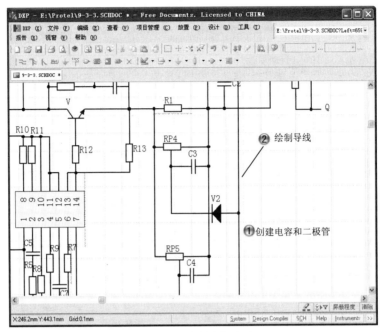

图 10-15　绘制右侧电路

**Step16** 绘制下边的导线，完成分电路 7 绘制，如图 10-16 所示。

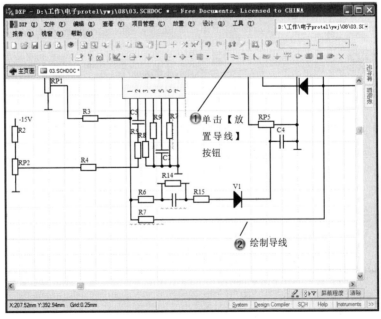

图 10-16　绘制下边的导线

**Step 17** 创建三极管，如图 10-17 所示。

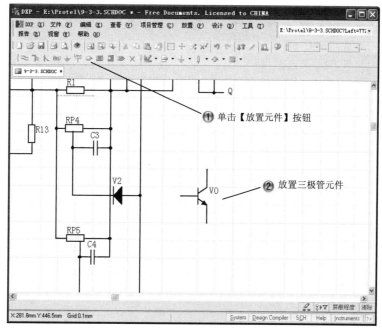

图 10-17　创建三极管

**Step 18** 创建开关，如图 10-18 所示。

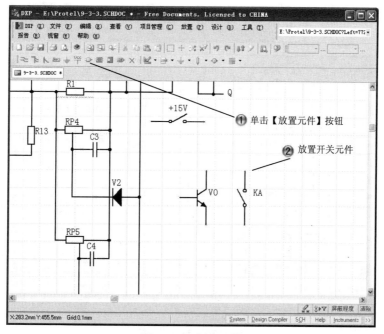

图 10-18　创建开关

**Step19** 创建矩形，如图 10-19 所示。

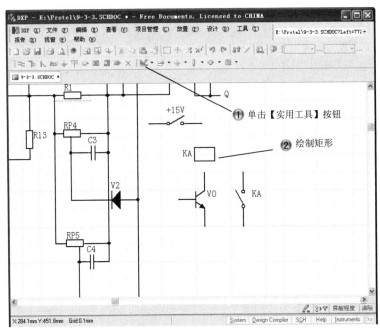

图 10-19　创建矩形

**Step20** 创建三极管，如图 10-20 所示。

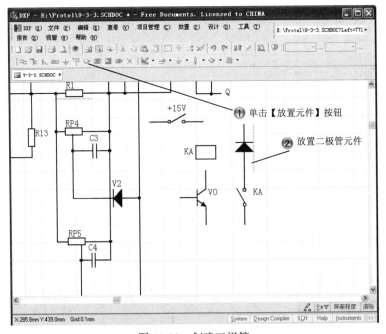

图 10-20　创建三极管

**○Step21** 绘制导线，完成分电路 8 绘制，如图 10-21 所示。

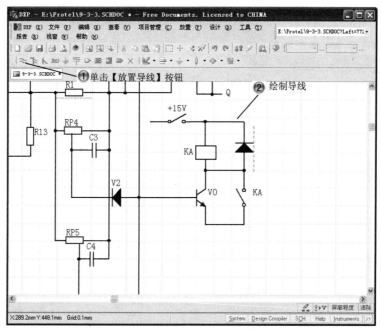

图 10-21　绘制导线

**○Step22** 创建接地元件，如图 10-22 所示。

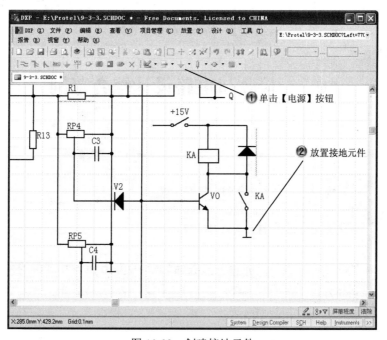

图 10-22　创建接地元件

**Step23** 完成绘制的机芯电路，如图 10-23 所示。

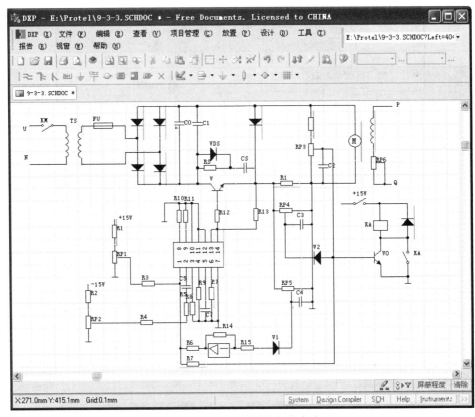

图 10-23　完成绘制的机芯电路

# 10.2　接收机电路设计综合范例

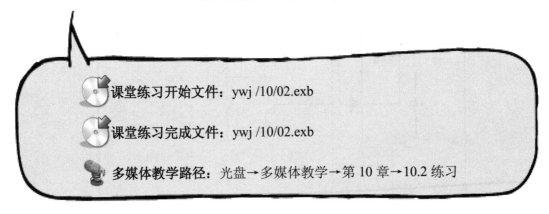

课堂练习开始文件：ywj /10/02.exb

课堂练习完成文件：ywj /10/02.exb

多媒体教学路径：光盘→多媒体教学→第 10 章→10.2 练习

**Step1** 创建电阻，如图 10-24 所示。

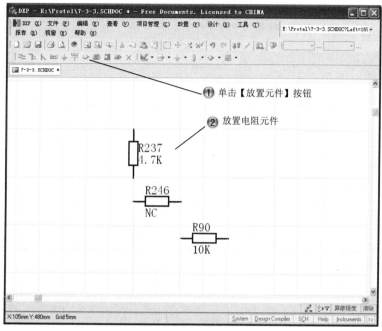

图 10-24　创建电阻

**Step2** 创建三极管，如图 10-25 所示。

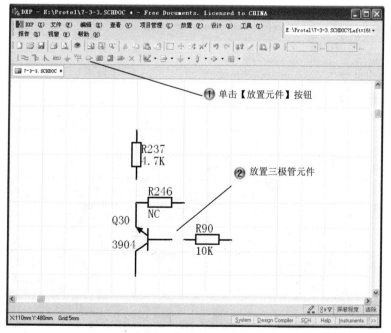

图 10-25　创建三极管

**Step3** 创建电容，如图 10-26 所示。

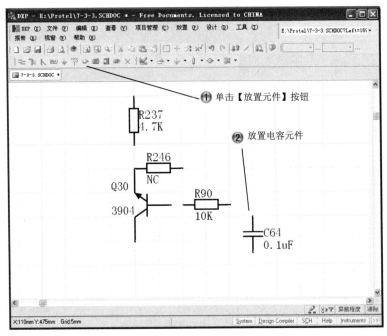

图 10-26　创建电容

**Step4** 绘制导线，完成分电路 1 绘制，如图 10-27 所示。

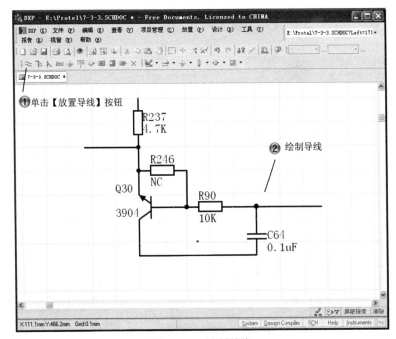

图 10-27　绘制导线

**Step5** 创建电源，如图 10-28 所示。

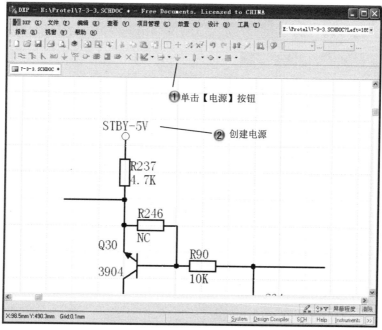

图 10-28　创建电源

**Step6** 创建接地元件，如图 10-29 所示。

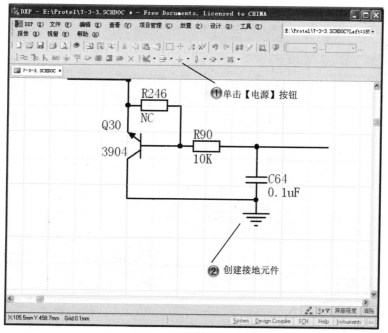

图 10-29　创建接地元件

!Step7 绘制箭头，如图 10-30 所示。

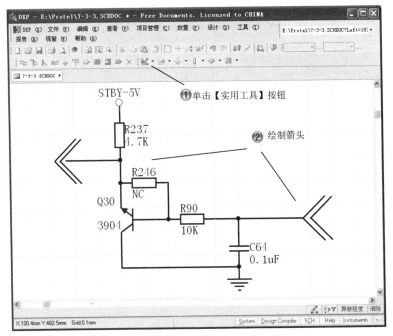

图 10-30　绘制箭头

!Step8 绘制矩形，如图 10-31 所示。

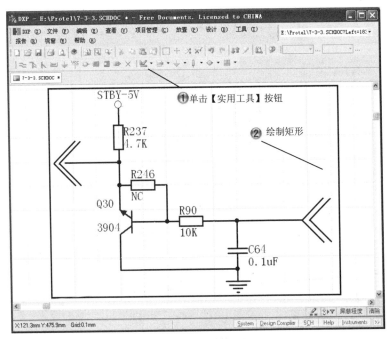

图 10-31　绘制矩形

**Step9** 创建电容和电压调节器，绘制导线，完成分电路 2 绘制，如图 10-32 所示。

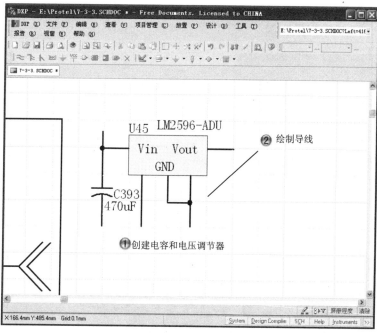

图 10-32　绘制分电路 2

**Step10** 创建电源，如图 10-33 所示。

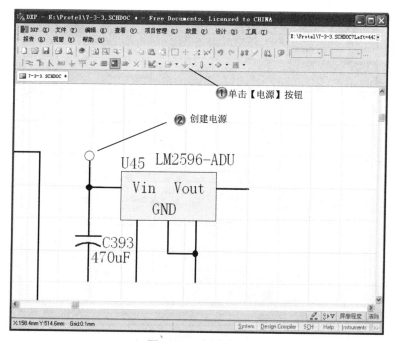

图 10-33　创建电源

**Step11** 创建接地元件，如图 10-34 所示。

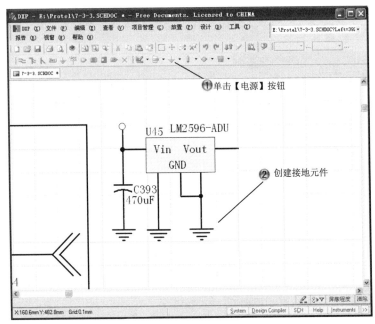

图 10-34　创建接地元件

**Step12** 创建电阻、电容、二极管和电感等多组元件，绘制导线，完成分电路 3 绘制，如图 10-35 所示。

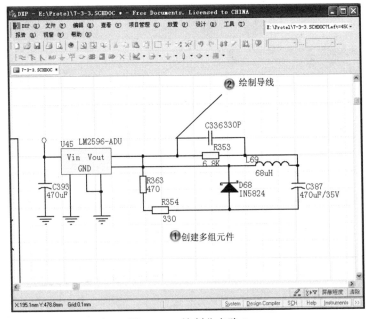

图 10-35　绘制分电路 3

**Step 13** 绘制接地元件，如图 10-36 所示。

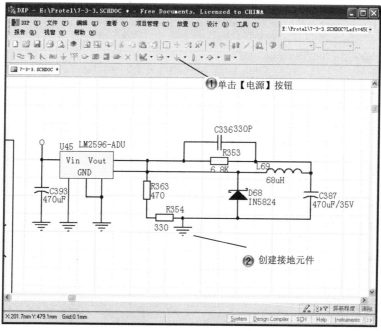

图 10-36　绘制接地元件

**Step 14** 绘制矩形，如图 10-37 所示。

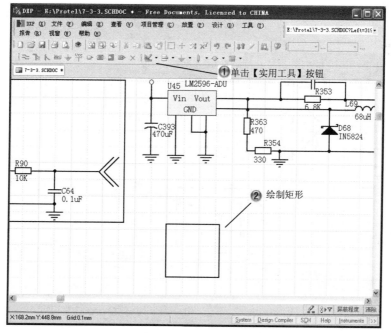

图 10-37　绘制矩形

**Step15** 绘制直线，如图 10-38 所示。

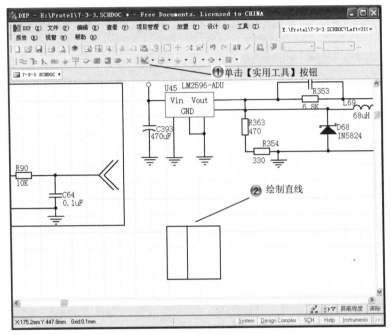

图 10-38　绘制直线

**Step16** 绘制圆形，如图 10-39 所示。

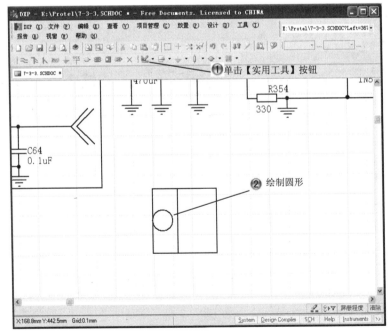

图 10-39　绘制圆形

**Step17** 创建端口，如图 10-40 所示。

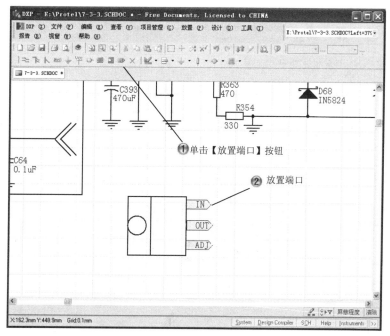

图 10-40　创建端口

**Step18** 创建电阻和电容，绘制导线，完成分电路 4 绘制，如图 10-41 所示。

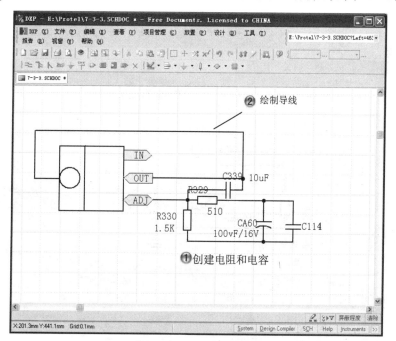

图 10-41　绘制分电路 4

**Step19** 创建电源，如图 10-42 所示。

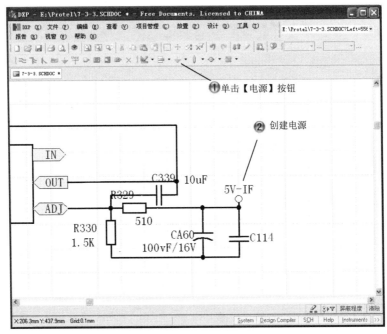

图 10-42　创建电源

**Step20** 创建接地元件，如图 10-43 所示。

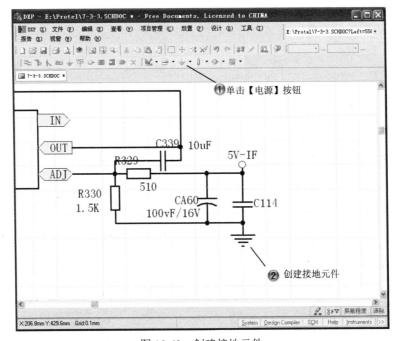

图 10-43　创建接地元件

Step21 创建电容和电阻，绘制导线，完成分电路 5 绘制，如图 10-44 所示。

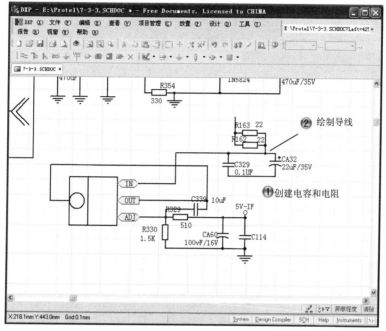

图 10-44　绘制分电路 5

Step22 创建电源，如图 10-45 所示。

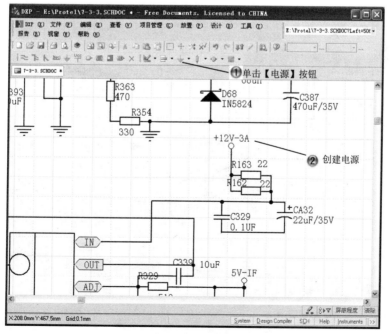

图 10-45　创建电源

**Step23** 创建电容，如图 10-46 所示。

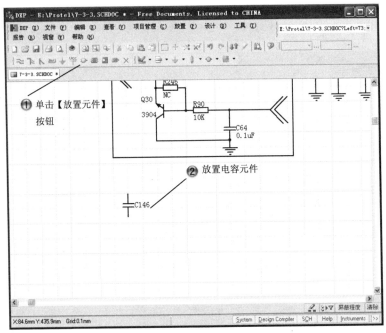

图 10-46　创建电容

**Step24** 创建电源和接地，如图 10-47 所示。

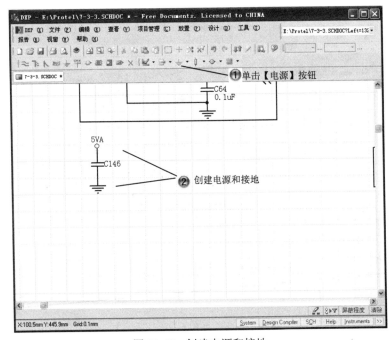

图 10-47　创建电源和接地

**Step25** 创建电阻，如图 10-48 所示。

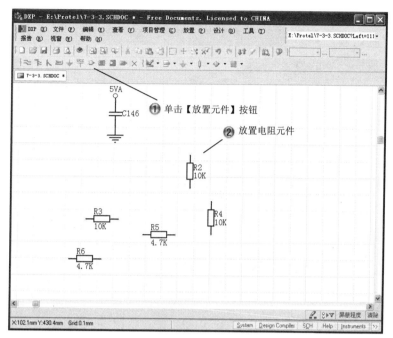

图 10-48　创建电阻

**Step26** 创建三极管，如图 10-49 所示。

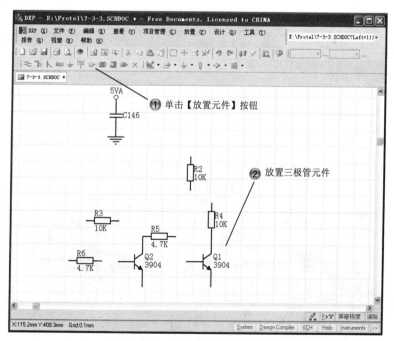

图 10-49　创建三极管

!**Step27** 创建电容，如图 10-50 所示。

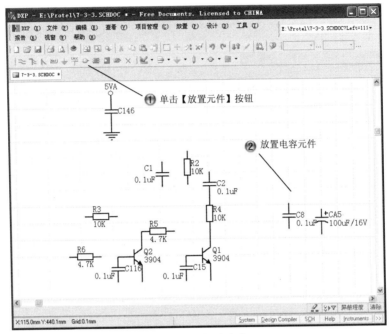

图 10-50　创建电容

!**Step28** 创建 V2 芯片，如图 10-51 所示。

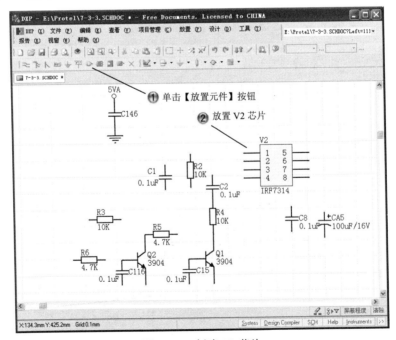

图 10-51　创建 V2 芯片

**Step29** 创建二极管，如图 10-52 所示。

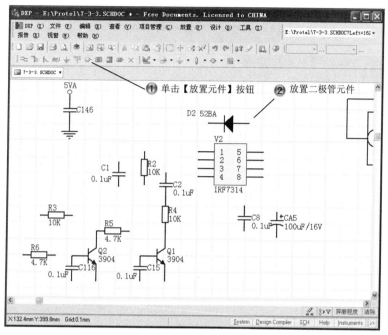

图 10-52  创建二极管

**Step30** 创建仿真电源，如图 10-53 所示。

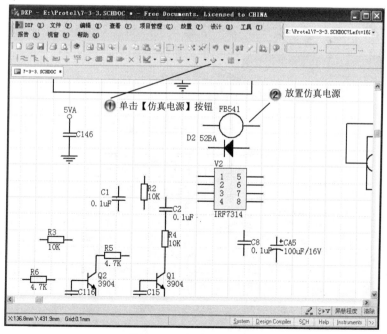

图 10-53  创建仿真电源

**Step31** 绘制导线，完成分电路 6 绘制，如图 10-54 所示。

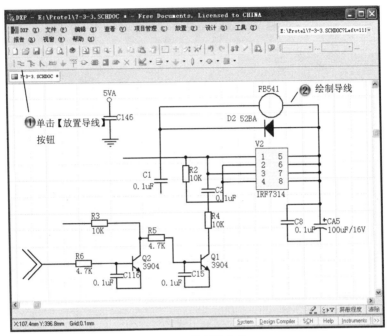

图 10-54　绘制分电路 6

**Step32** 绘制电源，如图 10-55 所示。

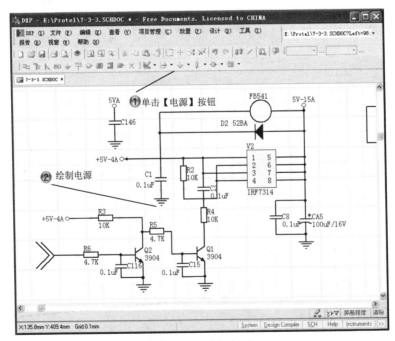

图 10-55　绘制电源

**Step33** 完成绘制的接收机电路，如图 10-56 所示。

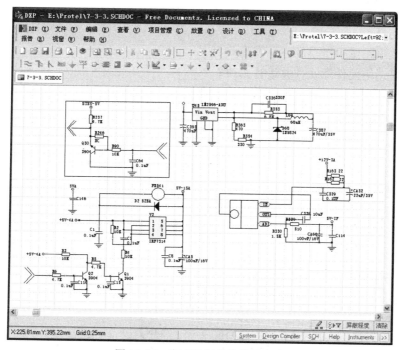

图 10-56  完成绘制的接收机电路

# 10.3  专家总结

本章的两个大的范例系统地介绍了原理图的创建过程和思路，其中接收机电路有多个分系统，需要分开绘制；机芯电路的绘制需要整体考虑元件的布局。绘制原理图时，元件库可以用 Protel 自带的库，但有的时候很难找到合适的，可以自己根据所选器件的标准尺寸资料自己做元件库。

# 10.4  课后习题

## 10.4.1  填空题

（1）绘制原理图的思路是_____。
（2）_____情况下需要新建元件。

### 10.4.2 问答题

（1）修改电路图中错误的方法有哪些？
（2）如何调用元件库元件并进行修改？

### 10.4.3 上机操作题

如图 10-57 所示，综合运用所学知识创建 IC1 控制电路。
一般创建步骤和方法：
（1）绘制 IC1 芯片。
（2）绘制各个元件。
（3）绘制矩形元件。
（4）创建导线。

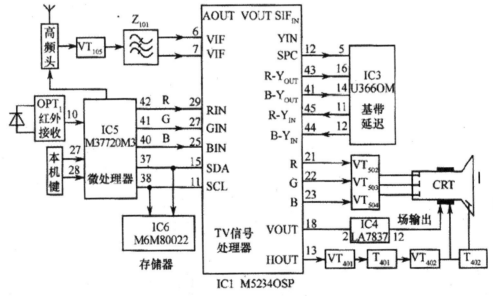

图 10-57 IC1 控制电路